Die Fundierung des Erkennens im „Verstehen“ in Heideggers *Sein und Zeit* und danach

Europäische Hochschulschriften

Publications Universitaires Européennes
European University Studies

Reihe XX
Philosophie

Série XX Series XX
Philosophie
Philosophy
Anthropology-Ethnology

Bd./Vol. 705

PETER LANG
Frankfurt am Main · Berlin · Bern · Bruxelles · New York · Oxford · Wien

Celestine Chibueze Uzondu

Die Fundierung des Erkennens im „Verstehen" in Heideggers *Sein und Zeit* und danach

PETER LANG
Europäischer Verlag der Wissenschaften

Bibliografische Information der Deutschen Nationalbibliothek
Die Deutsche Nationalbibliothek verzeichnet diese Publikation in der Deutschen Nationalbibliografie; detaillierte bibliografische Daten sind im Internet über <http://www.d-nb.de> abrufbar.

Zugl.: München, Hochsch. für Philosophie., Diss., 2006

ISSN 0721-3417
ISBN-10: 3-631-56247-0
ISBN-13: 978-3-631-56247-5

www.peterlang.de

+ Rebecca und Eusebius Uzondu
in liebevollster Erinnerung zugeeignet

Vorwort

Die vorliegende Abhandlung wurde im Sommersemester 2006 an der Philosophischen Fakultät der Hochschule für Philosophie SJ in München als Dissertation angenommen und für die Veröffentlichung geringfügig überarbeitet.

Mein ganz besonderer Dank gilt meinem verehrten Doktorvater Prof. Dr. Gerd Haeffner SJ, der diese Arbeit nicht nur anregte, sondern sie auch mit fachlichem Rat unterstützte und mich darüber hinaus mit viel Verständnis und Geduld betreute. In gleicher Weise danke ich Prof. Harald Schöndorf und Prof. Dr. Antonio Ponsetto SJ für die Erstellung des Erst- und Zweitgutachtens.

Herzlich bedanke ich mich bei Seiner Exzellenz H.H. Dr. Gregory Ochiagha, Bischof von Orlu, der mich für die Vertiefung der Philosophie in München frei stellte und mir während der ganzen Zeit beistand.

Herzlich danken möchte ich auch Seiner Eminenz H.H. Friedrich Kardinal Wetter sowie dem Korbiniansverein des Erzbistums München und Freising e. V. und dessen erstem Vorsitzenden Msgr. Lorenz Kastenhofer für die Gewährung des Stipendiums und des Zuschusses für die Drucklegung. Ebenfalls danke ich der Hausverwaltung des Herzoglichen Georgianums, wo ich während des Promotionsstudiums gelebt habe.

Aus dem *orbis academicus* möchte ich Prof. DDr. John Egbulefu (Rome), Prof. Dr. Luke Mbefo (Duquesne), Prof. Dr. Richard Schaeffler (München), Prof. Dr. Wayne Hellmann (St. Louis), Msgr. Dr. Clement Obielu (München) danken.

Für die Korrektur dieser Arbeit in orthographischer wie grammatikalischer Hinsicht danke ich Doro Weber. Mein aufrichtiger Dank für die langjährige freundliche Unterstützung geht besonders auch an Gabi Kirchner, Maria Weber sowie an die Familien Gudrun und Prof. Dr. Armin Dietz, Hildegard und Dr. Franz Köhl, Heidi und Christoph Eser, Gretl und Dr. Erwin Schiedermaier, Elisabeth und Gerhard Hübner, Helga und Klaus Kirchner.

Last but not least danke ich meinen Geschwistern für ihre Unterstützung und widme meinen Eltern diese Abhandlung in liebevollster Erinnerung.

München, Oktober 2006 Celestine Chibueze Uzondu

Inhaltsverzeichnis

I Einführung in die Problematik

Das Vorwort zu *Sein und Zeit* nennt das Thema der Abhandlung, nämlich die Seinsfrage. Der Titel des Buches wie auch die Bemerkungen zum Motto zeigen, dass die Seinsfrage bei Heidegger mit dem Zeitproblem verbunden wird. Ihr vorläufiges Ziel ist „die Interpretation der Zeit als des möglichen Horizontes eines jeden Seinsverständnisses überhaupt."[1] Daher ist Heideggers Verkoppelung von ‚Sein' und ‚Zeit' im Titel seines Hauptwerkes nicht von ungefähr und musste vor dem Hintergrund der metaphysischen Tradition als spektakuläres und gewagtes Unterfangen erscheinen. Denn ‚Sein' und ‚Zeit' gelten seit den Anfängen der griechischen Philosophie als gegensätzlich oder gar als miteinander unvereinbar. Wer ‚Sein' sagt, glaubt, dass die wahre Wirklichkeit im konstanten, unveränderlichen Immerseienden besteht; wer dagegen ‚Zeit' sagt, begreift eben diese Wirklichkeit als jeweils zeitlich und geschichtlich bedingt, als entstehend und vergehend. Der Titel *Sein und Zeit* konnte als Zurückweisung einer solchen metaphysischen Disjunktion aufgefasst werden. Hinter ihm verbarg sich offenbar die These: die Zeit ist keine Alternative zum Sein; vielmehr ist das Sein selbst zeitlich. Mit dieser formelhaften Abkürzung lassen sich Intention und Programm von Heideggers Hauptwerk in der Tat kennzeichnen.

In der ausführlichen Einleitung liest sich das dem Sinne nach etwa so: Zwar gewannen bereits die Griechen besonders Platon und Aristoteles das Verständnis von Sein aus der Zeit, jedoch „ohne jedes ausdrückliches Wissen um den dabei fungierenden Leitfaden, ohne Kenntnis oder gar Verständnis der fundamentalen ontologischen Funktion der Zeit, ohne Einblick in den Grund der Möglichkeit dieser Funktion. Im Gegenteil: die Zeit selbst wird als ein Seiendes unter anderem Seienden genommen, und es wird versucht, sie selbst aus dem Horizont des an ihr unausdrücklich-naiv orientierten Seinsverständnisses in ihrer Seinsstruktur zu fassen."[2] Vor allem wurden von den drei Zeitmodi durchweg zwei, nämlich Vergangenheit und Zukunft, unterschlagen und so das Sein

---

1 *Sein und Zeit* 1. Fortan als SZ mit Paragrafen und Seitenzahl zitiert.
2 SZ § 6, 26.

immer nur vom Modus der Gegenwart her begriffen, nämlich als Anwesenheit (οὐσία). Fortan beherrschte und beherrscht Heidegger zufolge die aus der Interpretation des Seins als Anwesenheit folgende Ontologie der Vorhandenheit stillschweigend das Verständnis der Dinge dieser Welt und - was verhängnisvoller ist - auch das des Menschen selbst. Verdinglichung und Entfremdung sind die Folgen. Dieser Entwicklung will Heidegger dadurch ein Ende setzen, dass er die vergessene Frage nach dem Sinn von Sein erneut stellt.
Die Frage nach dem Sinn von Sein scheint zunächst sinnlos zu sein, weil Sein erstens der allgemeinste Begriff, zweitens undefinierbar und drittens selbstverständlich sei.[3] Aber dies alles schließt nicht aus, dass ein durchschnittliches Seinsverständnis vorausgesetzt werden kann, das sich auch in der Frage: „Was heißt denn Sein?" artikuliert. Heidegger weist zu Recht darauf hin: „Sein ist jeweils das Sein eines Seienden"[4], aber „Das Sein des Seienden ‚ist' nicht selbst ein Seiendes."[5] Das ist die erste formale Anzeige[6] für die sogenannte *ontologische Differenz*, die das ganze Philosophieren Heideggers von Anfang an wie ein roter Faden durchzieht.[7]

---

[3] vgl. SZ § 1, 3-4.
[4] a.a.O., § 3, 9.
[5] a.a.O., § 2, 6.
[6] Der Begriff der „formalen Anzeige" hat aus methodischer Sicht eine grundlegende Bedeutung auch für die Auffassung in *Sein und Zeit*, obwohl er in diesem Werk nur an zwei Stellen und praktisch ohne jegliche Erklärung erwähnt wird. So wird etwa in § 45 davon gesprochen, dass die Charakterisierung des Daseins als verstehendes Seinkönnen den Sinn einer formalen Anzeige hat (vgl. SZ 231). In § 63 ist dann von einer "formale(n) Anzeige der Existenzidee" die Rede, die geleitet war von dem im Dasein selbst liegenden Seinsverständnis (vgl. a.a.O., 313). Zur Genealogie und Erläuterung dieses Begriffs vgl. Kisiel, T: *The Genesis of Heidegger's Being and Time*, 497; ders.: „Die formale Anzeige: Die methodische Geheimwaffe des frühen Heideggers.", in: M. Happel (Hg.): *Heidegger – neu gelesen*, 22-40; ders.: *Reading Heidegger from the Start Essays in His Earliest Thought*, 33; Dahlstrom, D.: „Heidegger's method: philosophical concepts as formal indication", in: *The Review of Metaphysics* 47 (1994) 775-795; Stünkel, K.M.: *Formal anzeigendes Philosophieren. Heideggers Denken* 1916-1976.
[7] Die Wendung „ontologische Differenz" kommt vor zum ersten Mal in *Vom Wesen des Grundes*, 5; 15. Zum Thema der ontologischen Differenz vgl. den aufschlussreichen Aufsatz von K. Kremer, „Zur ontologischen Differenz Plotin und Heidegger", in: *Zeitschrift für philosophische Forschung* 43 (1989) 673-694.

Unter allem Seienden ragt der Mensch heraus als dasjenige, das die Frage nach dem Sein stellt. Die Heraushebung des Menschen als des exemplarischen Seienden unter allen deutet auf die *ontische Differenz* hin, die die Neuzeit von der *ontischen Indifferenz*[8] der Antike und des Mittelalters abhebt. Heidegger bezeichnet dieses fragende Seiende mit dem *terminus technicus* ‚Dasein': ein reiner Seinsausdruck. Der Wortbestandteil ‚-sein' des Terminus ‚Da-sein' meint Sein als Existenz, während der Wortbestandteil ‚Da-' die ganzheitliche Erschlossenheit bedeutet, nicht nur die Erschlossenheit des Seins als Existenz, sondern mit ihr die Erschlossenheit der Seinsweisen alles nichtdaseinsmäßigen Seienden.[9] Die Frage nach dem Sinn von Sein soll entfacht werden. Um aber die Frage auch nur in Gang zu bringen, muss das Dasein zuvor untersucht werden, das diese Frage stellt. Um diese vorgängige Aufgabe geht es Heidegger in *Sein und Zeit*. Die zwei Abschnitte des ersten Teiles von *Sein und Zeit* bilden die Fundamentalontologie, die allen Regionalontologien voraus- und zugrundeliegen soll; der dritte Abschnitt, der den Titel *Zeit und Sein* tragen sollte sowie auch der zweite Teil sind nicht mehr erschienen. Heideggers *opus magnum* ist faktisch ein Torso geblieben.[10] Das Dasein wird folgendermaßen charakterisiert:

„Das Dasein ist ein Seiendes, das nicht nur unter anderem vorkommt. Es ist vielmehr dadurch ontisch ausgezeichnet, daß es diesem Seienden in seinem Sein um dieses Sein selbst geht."[11]

Das heißt, dass das Sein des Daseins die Struktur der ‚Sorge' hat. Dieser Ausdruck bezeichnet die unverfügbare innere Gelichtetheit der Vollzüge des Daseins, die die transzendentale Subjektivität überhaupt erst möglich macht.[12] Heidegger nennt das Sein des Daseins, das in sich

[8] vgl. Brandner, R.: *Heidegger: Sein und Wissen. Eine Einführung in sein Denken*, 83-84; Oh, Hee Cheon: *Martin Heidegger: Ontologische Differenz und der Anfang des Wissens*, 39.

[9] Herrmann, F.W.v.: *Hermeneutik und Reflexion. Der Begriff der Phänomenologie bei Heidegger und Husserl*, 142; ders.: *Subjekt und Dasein. Grundbegriffe von ‚Sein und Zeit'*, 79.

[10] vgl. SZ § 8, 39 f.

[11] SZ § 4, 12.

[12] vgl. Chernyako, A.: „Das Schicksal des Subjektbegriffes in Sein und Zeit", in: H. Vetter (Hg.): Siebzig Jahre *Sein und Zeit*, 175-187.

ein Selbstverstehen und Verstehen des Seins von nichtdaseinsmäßigem Seienden ist, Existenz.
Das Verstehen des eigenen Seins und das Verstehen der Seinsarten des nichtdaseinsmäßigen Seienden ist noch kein ausdrückliches und reflektiertes Erkennen. Vor aller Reflexion auf Sein und Seinsstrukturen halten wir uns immer schon in einem vielfältigen Seinsverständnis auf. Dieses von Heidegger als vorontologisch, d.h. vor-philosophisch bezeichnete Seinsverständnis kann in der philosophischen Reflexion eigens thematisiert und kategorial ausgelegt werden.
„Wir bewegen uns", so schreibt Heidegger, „immer schon in einem Seinsverständnis. Aus ihm heraus erwächst die ausdrückliche Frage nach dem Sinn von Sein und die Tendenz zu dessen Begriff. [...] *Dieses durchschnittliche und vage Seinsverständnis ist ein Faktum.*"[13]
Das Wort ‚Faktum' erinnert an das Kantische „Faktum der (reinen praktischen) Vernunft"[14], d.h. ein apriorisches und apodiktisches Datum, das man nicht erklären kann und nur hinzunehmen hat. Das Verstehen von Sein ist ein Tiefenwissen[15], das allen möglichen Verhaltensweisen des Daseins zu sich selbst und zum Seienden je bereits voraus- und zugrunde liegt.
Sein steht in einem Wesensbezug zum Seinsverstehen des Daseins. Daher drängt sich die Frage auf: Welche Funktion hat das menschliche Seinsverstehen für das Sein, für das Einfache des Seins überhaupt und für das kategoriale Sein des Seienden. Um diese Frage zu beantworten, bedarf es einer philosophischen Untersuchung des Seinsverstehens als des seinsmäßigen Grundzuges des Daseins. Daher schreibt Heidegger: „Die Seinsfrage ist dann aber nichts anderes als die Radikalisierung einer zum Dasein selbst gehörigen wesenhaften Seinstendenz, des vorontologischen Seinsverständnisses."[16]
In gleicher Weise wie das Seiende im Sein fundiert ist, so gründet auch das theoretische Erkennen im Verstehen des Daseins.

---

[13] SZ § 2, 5.
[14] vgl. *Kritik der praktischen Vernunft* § 7 Anmerkung; vgl. hierzu auch: 47; 30, 22 f; 72, 6 f; 105, 10 f.
[15] Haeffner, G.: *Philosophische Anthropologie*, 45.
[16] SZ § 4, 15; vgl. hierzu auch § 7, 38.

In *Sein und Zeit* ist der Begriff des ‚Verstehens' in zweifacher Weise verwendet, nämlich ontisch-existenziell und ontologisch-existenzial. Ontisch bedeutet er „Sich Verstehen auf etwas", d.h. „etwas können."[17] Ferner bezeichnet er die Methode der Geisteswissenschaften in Abhebung von ‚Erklärung' als Methode der Naturwissenschaften. Bei Dilthey lautet die Unterscheidung beider Methoden so: „Die Natur erklären wir, das Seelenleben verstehen wir."[18] Ontologisch - und darauf kommt es Heidegger an - ist das Verstehen ein Existenzial des Daseins.[19] Die Unterscheidung zwischen *Existenzialien* und *Kategorien* nimmt Heidegger folgendermaßen vor: „Alle Explikate, die der Analytik des Daseins entspringen, sind gewonnen im Hinblick auf seine Existenzstruktur. Weil sie sich aus der Existenzialität bestimmen, nennen wir die Seinscharaktere des Daseins *Existenzialien*. Sie sind scharf zu trennen von den Seinsbestimmungen des nicht daseinsmäßigen Seienden, die wir *Kategorien* nennen."[20]
Das Verstehen als Existenzial meint das Erschlossen-Sein des Daseins und als solches bildet es mit der Befindlichkeit (Pathos) und der Rede (Logos) die Bedingung der Möglichkeit aller spezifischen Erkenntnisweisen. Das Verstehen als Existenzial ist also kein *ontischer*, sondern ein *transzendental-ontologischer* Terminus. Die Heideggersche Fragestellung ist demnach transzendental wie die Kantische transzendental war, sogar noch transzendentaler.[21] Mit Heideggers *Radikalisierung* des Verstehensbegriffs wurde die „hermeneutische Wende" in der Philosophie des 20. Jahrhunderts vollzogen. Diese Wende besteht nach Paul

---

[17] a.a.O., § 31, 143.
[18] vgl. Dilthey, W.: *Gesammelte Schriften* 7, 143. Im Rücken des erkenntnistheoretischen Dualismus von ‚Erklären' und ‚Verstehen' steckt ein latenter ontologischer Dualismus von ‚Natur' und ‚Geist' bzw. ‚Natur' und ‚Geschichte '. Heideggers Radikalisierung des Verstehensbegriffs ist ein Versuch, diesen Dualismus zu überwinden.
[19] vgl. auch Thurnher, R.: „Verstehen als Existenzial. Zur Bedeutung und Wirkungsgeschichte von Heideggers hermeneutischen Ansatz", in: *Scientia* 18 (1989) v.a. 4-9.
[20] a.a.O., § 9, 44.
[21] vgl. Haeffner, G.: „Neue Literatur zur Problematik von ‚Sein und Zeit'", in: *Theologie und Philosophie* 52 (1977) 423.

Ricouer im Übergang von den *regionalen* Hermeneutiken zur *generalen* und *fundamentalen* Hermeneutik.[22]

Nach *Sein und Zeit* wurde Heideggers Denken von einem Ereignis gekennzeichnet, das man Heidegger selbst folgend die ‚Kehre‘ nennt. Sie bildet die Kontinuität und zugleich die Diskontinuität zwischen Heideggers Früh- und Spätphilosophie. Heidegger-Interpreten wie Hans-Georg Gadamer und Theodore Kisiel sehen in der Kehre eine Rückkehr Heideggers zu seinen Urintentionen. Nach der Kehre wird die Sprache der Subjektphilosophie und auch das Pathos von Selbstsein und Eigentlichkeit von *Sein und Zeit* zurückgelassen. Der Mensch wird im Brief *Über den Humanismus* nicht gedacht als „der Herr des Seienden“, sondern als „der Hirt des Seins“[23], die Sprache als „das Haus des Seins“ und zugleich „die Behausung des Menschenwesens.“[24] Das Denken versteht sich in dieser Neubestimmung nicht mehr als Verstehen bzw. Entwerfen, sondern als ein „hörender Vollzug“, und dies aus dem Entbergungsgeschehen des Seins in und aus der Sprache, was Heidegger das ‚Er-eignis‘ nennt. Auf diese Weise rücken die Sprache und die Grundhaltung des Hörens in den Mittelpunkt der Spätphilosophie Heideggers.

Die vorliegende Untersuchung zielt in erster Linie darauf ab, die Grundierung des theoretischen Erkennens in der ursprünglichen Erschlossenheit des Daseins zu untersuchen und in zweiter Linie geht sie der Frage nach: Warum hat Heidegger den Begriff des ‚Verstehens‘, einen der Hauptbegriffe von *Sein und Zeit*, in der Folgezeit aufgegeben zugunsten anderer Begriffe wie etwa Sprechen, Sagen, Ent-sprechen, Nennen, Hören, Ge-hören? Was hat sich gewendet? Was ist in der sogenannten Kehre eigentlich passiert?

[22] vgl. Ricouer, P.: *Ermeneutica filosofica ed ermeneutica biblica*, 14-15.33.
[23] *Über den Humanismus*, 29.
[24] a.a.O., 5.

II Methode und Aufbau der Untersuchung

Der Terminus ‚Methode' stammt aus dem Griechischen μέθ-οδος und bedeutet Nach- und Mitgehen[25] auf dem Weg im Verfolgen eines Zieles. Diese ursprüngliche Bedeutung ist für Heideggers Philosophieren maßgebend. „Wege – nicht Werke"[26] lautet der Leitspruch, den Heidegger wenige Tage vor seinem Tod handschriftlich zusammen mit dem Titelblatt für seine Gesamtausgabe letzter Hand aufsetzte und er will damit auf den offenen Charakter seines Denkens hinweisen. *Holzwege*, *Wegmarken* sind seine Texte. *Unterwegs zur Sprache* ist seine Philosophie. *Der Feldweg* ist dem Denker besonders lieb. Der Plural ‚Wege' weist darauf hin, dass sein Denken nicht den einen und einzigen Weg kennt, sondern dass es auf vielen Wegen wandert und sich zuweilen verirrt.

Die Bedeutung der Wegmetapher für Heideggers Denken kann gar nicht genug hervorgehoben werden. Am Ende von *Sein und Zeit* heißt es:

„Es gilt, einen Weg zur Aufhellung der ontologischen Fundamentalfrage zu suchen und zu gehen. Ob er der einzige oder überhaupt der rechte ist, das kann erst nach dem Gang entschieden werden. Der Streit bezüglich der Interpretation des Seins kann nicht geschlichtet werden, *weil er noch nicht einmal entfacht ist.* Und am Ende läßt er sich nicht ‚vom Zaun brechen', sondern das Entfachen des Streites bedarf schon einer Zurüstung. Hierzu ist die vorliegende Untersuchung unterwegs."[27]

Heidegger ist zeitlebens unterwegs im Denken und zum Denken und damit zur „Sache des Denkens", dem Sein, d.h. demjenigen, was uns Denken heißt.[28] Vermeintlich feste Standpunkte sind lediglich vorübergehende Aufenthalte im Unterwegssein: „Das Bleibende im Denken ist der Weg."[29] Mit dem österreichischen Schrifsteller und Dichter Karl Kraus kann Heidegger sagen: „Der Weg ist das Ziel." Das Menschsein als solches besagt für Heidegger Unterwegssein,

[25] vgl. H.-G., Gadamer: *Der Anfang der Philosophie*, 39.
[26] Gesamtausgabe 1, IV. Fortan als GA mit Band- und Seitenzahl zitiert.
[27] SZ § 83, 437.
[28] *Was heisst Denken*? 12, 79 f.
[29] *Unterwegs zur Sprache*, 99.

Wanderung in der „Nachbarschaft des Seins".[30] Die Wege, auf denen das Dasein sich begibt, werden bereitet von der alles „be-wëgenden Lichtung", die erst Wege ermöglicht.[31]
In summa: Nicht nur die biographische Entwicklung Heideggers hat Wegcharakter, sondern auch das Denken, das Dasein sowie das Sein als die be-wëgende[32] Lichtung. ‚Weg' ist also nicht nur eine äußere Beschreibungskategorie für die Entfaltung des Heideggerschen Philosophierens, sondern dessen zentraler Bestandteil. Sein Denken ist ein ständiges Unterwegssein. Hinter dem Wort ‚Weg' vermutet Heidegger selbst ein Ur-Wort der Sprache, „das sich dem sinnenden Mensch zuspricht. Das Leitwort im dichtenden Denken des Laotse lautet Tao und bedeutet ‚eigentlich' Weg."[33]
Abgesehen von Heideggers persönlichen Irrweg möchten wir in dieser Untersuchung ein Stück auf dem offenen Denkweg Heideggers gehen im Hinblick auf das Zu-Denkende. Wir wollen mit Heidegger denken und be-denken und vielleicht über ihn hinausdenken, indem wir ihn - nach der alten hermeneutischen Regel - besser zu verstehen versuchen, als er sich selbst verstand.[34] Infolgedessen ist die Vorgehensweise dieser Untersuchung hermeneutisch-systematisch. Hermeneutik hier meint eine verstehende Auslegung, die sich vorrangig und möglichst streng an die Texte der Heideggerschen Werke hält. Die Textnähe zeigt sich darin, dass wichtige Gedanken nicht einfach paraphrasierend wiedergegeben,

---

[30] Hum, 31.
[31] US, 197.
[32] Heidegger gebraucht die Schreibweise der schwäbisch-alemannischen Mundart ‚Be-wëgung' (mit Trema auf dem e), wenn er in Abhebung von ‚Bewegung' im geläufigen Sinne von Bewirken eines Ortswechsels oder einer sonstigen Änderung das Ergeben und Stiften von Wegen durch die freigebende Gegend oder Lichtung kennzeichnen will. ‚Be-wëgung' meint nicht primär und ausschließlich das Gehen auf einem bereits vorhandenen Weg, sondern zuvor ein Bahnen des Weges selbst. Vgl. US, 197 f.
[33] ders., US, 198. Zum angeblichen Einfluss östlichen Denkens bei Heidegger vgl. Chen, E. M.: „How Taoist Is Heidegger?", in: *International Philosophical Quarterly* 1 (2005) 5-19; Elberfeld, R.: „Heidegger und ostasiatisches Denken. Annäherungen zwischen fremden Welten", in: D. Thomä (Hg.): *Heidegger-Handbuch*, 469-474; Zimmerman, M.E.: „Heidegger, Buddhism, and deep ecology", in: C. Guignon (Hg.): *The Cambridge Companion to Heidegger*, 240-269.
[34] vgl. *Kritik der reinen Vernunft* B 370; Bollnow, O.F.: *Das Verstehen*, 7-33; Gadamer, H-G.: *Wahrheit und Methode*, 180.

sondern durch Stellenangaben und Zitate belegt werden. Die hermeneutische Textarbeit wird ergänzt durch die systematische Herausarbeitung von Grundstrukturen des Heideggerschen Denkduktus und seiner Denkgehalte.

Die vorliegende Untersuchung setzt sich aus zwei Hauptteilen zusammen: Die Fundierung des Erkennens im Verstehen in *Sein und Zeit* und die Fundierung des Erkennens im Logos nach *Sein und Zeit*. Der erste Teil unterteilt sich in vier Kapitel; der zweite in zwei. Im ersten Kapitel geht es um die Hermeneutik der Alltäglichkeit des Daseins, während das zweite sich mit dem Durchbruch zum eigentlichen Selbstverstehen befasst. Im dritten wird das Thema der Fundierung des Erkennens in der Erschlossenheit und deren Existenzialien, nämlich Befindlichkeit, Verstehen und Rede behandelt. Um das Außenweltproblem und die Transzendenz geht es im vierten Kapitel, das zum zweiten Teil der Untersuchung überleitet. Im fünften Kapitel, dem ersten des zweiten Teiles, wird die Frage nach der Verflechtung (symploke) von Sein und Wahrheit beleuchtet. Das letzte Kapitel wendet sich der Entfaltung von Heideggers Denken zu, aufgezeigt am Wandel seiner Sprachauffassung in *Sein und Zeit* und in der Spätphilosophie.

Die zwei Hauptteile der Untersuchung werden durch Einführung und Konklusion eingerahmt. Erstere bietet nicht nur eine Einleitung in die Problematik, sondern auch einen Exkurs über den Begriff der Grundlegung/Fundierung; letztere enthält eine Gesamtbilanz. Den Abschluss bilden ein umfangreiches Literaturverzeichnis sowie auch ein Personen- und Sachregister.

III Quellenlage der Untersuchung

Von der Literatur über ihn hat Heidegger einmal einem Gesprächkreis von Ärzten, Psychotherapeuten und Psychiatern in Zürich abgeraten.[35] Dieser Rat hat nichts mit professoraler Eitelkeit zu tun. Vielmehr geht es um die Bewahrung der Echtheit seiner Gedanken sowie auch um die Sachangemessenheit. Die echten Gedanken Heideggers haben sich in seinen Werken niedergeschlagen, nicht in der Heidegger-Literatur. Alles, was die Interpreten seiner Werke schreiben, sind lediglich Deutungen bzw. Auslegungen, die seinen Gedanken mehr oder weniger entsprechen können. Dem Rat Heideggers folgend hält sich die Untersuchung zunächst und in erster Linie an die Originaltexte Heideggers als Quellenliteratur. Die uferlose Heidegger-Literatur wird in zweiter Linie als Sekundärliteratur kritisch und sorgfältig ausgewählt und verwendet.

Die vorliegende Untersuchung ist aber im Besonderen durch die Quellenlage motiviert, welche durch die Erscheinung der Heidegger-Gesamtausgabe eingetreten ist. Durch sie sind uns nunmehr zahlreiche Vorlesungen aus dem zeitlichen Umkreis von *Sein und Zeit* zugänglich. Diese erlauben nicht nur, die Untersuchung auf eine breitere Textbasis zu stellen, sondern lassen das Hauptwerk Heideggers auch in einem neuen Licht erscheinen. Sie zeigen, dass *Sein und Zeit* nicht so sehr als ein in sich geschlossenes philosophisches Werk anzusehen ist, sondern vielmehr als Teil eines umfassenden philosophischen Programms zu gelten hat, das in diesem Buch zwar vorgezeichnet, aber nur in ersten Ansätzen und in ersten, wenngleich grundlegenden Stücken ausgeführt ist. Dieser Gesichtspunkt soll im Folgenden mit besonderem Nachdruck zur Geltung gebracht werden.

---

[35] vgl. Boss, M. (Hg.): *Zollikoner Seminare*, 361.

IV Der Begriff der Fundierung

Das Hauptwort ‚Fundierung' leitet sich vom Tätigkeitswort ‚fundieren' ab, das wiederum aus dem Lateinischen *fundus* herstammt. Fundieren heißt dann: den Grund bzw. das Fundament zu etwas legen, etwas mit dem nötigen *fundus* auszustatten, mit den nötigen Mitteln zu versehen.[36] Erkenntnistheoretisch betrachtet bedeutet fundieren (be)gründen, untermauern von Aussagen (logische Fundierung). Der Vorgängerbegriff der Fundierung ist die ‚Grundlegung', die die neuzeitliche Philosophie kennzeichnet. Der neuzeitlichen Philosophie geht es im Großen und Ganzen um die Erkenntnistheorie und die Erkenntniskritik. In seinem Werk *Erkenntnis und Interesse* schreibt Jürgen Habermas:

„Wollte man die philosophische Diskussion der Neuzeit in Form einer Gerichtsverhandlung rekonstruieren, wäre diese zur Entscheidung einer einzigen Frage einberufen worden: wie zuverlässige Erkenntnis möglich sei."[37]

Descartes war der erste in der Neuzeit, der mit seinem Hauptwerk *Meditationes de prima philosophia, in quibus Dei existentia et animae humanae a corpore distinctio demonstrantur* versuchte, die Philosophie neu zu begründen, das Fundament der Metaphysik neu zu legen. Für ihn galt die Erkenntnistheorie als *prima philosophia.* Ausgangspunkt für die Gewinnung eines „archimedischen Punkts" des Wissens ist der radikale Zweifel an den von Jugend auf eingeprägten Meinungen, die sich oft als falsch herausgestellt haben. Um sicher zu gehen, will Descartes nur das als wahr gelten lassen, was sich als unbezweifelbar gewiss erweist. Ähnlich wie die antike Skepsis verweist Descartes in der ersten Meditation auf Sinnestäuschungen und Traumbilder, um damit die Sinneswahrnehmungen als trügerisch zu entlarven. Um jeden denkbaren Zweifel auszuräumen, unsterstellt Descartes die Existenz eines *genius malignus*, eines fast allmächtigen Betrüger-Dämons, der uns sogar bei klar und deutlich angesehenen mathematischen Sachverhalten täuscht. Mag ich mich auch in allem täuschen oder getäuscht werden, so bin doch ich es,

---

[36] vgl. „Fundieren", in: *Grimm Deutsches Wörterbuch* Bd. IV/I,1, 542; Drosdowski, G. *et alii* (Hg.): *Duden* Bd. 5, 266.

[37] Habermas, J: *Erkenntnis und Interesse*, 11.

der getäuscht wird, mag auch ein noch so mächtiger Betrüger am Werk sein: „fallat quantum potest, numquam tamen efficiet, ut nihil sim quamdiu me aliquid esse cogitabo.“[38] Hieraus ergibt sich, dass der Satz „ego sum, ego existo“ notwendigerweise wahr ist, solange er gedacht oder ausgesprochen wird. Das heißt: Jeder Akt des Denkens bzw. des Bewusstseins schließt die Gewissheit der eigenen Existenz ein. Daher die berühmte Cartesische Formel: „ego cogito, ergo sum.[39]

Indem Descartes das „cogito ergo sum“ zum ersten Prinzip der Philosophie erhob, war ein Wegweiser errichtet, von dem sehr bald gesagt wurde, was Hegel in die Worte fasst:

„Mit ihm [Descartes, C.U.] treten wir eigentlich in eine selbstständige Philosophie ein, welche weiß, daß sie selbständig aus der Vernunft kommt und daß das Selbstbewußtsein wesentliches Moment des Wahren ist. Hier, können wir sagen, sind wir zu Hause und können, wie der Schiffer nach langer Umherfahrt auf der ungestümen See ‚Land‘ rufen; [...] mit Cartesius hebt in der Tat die Bildung, das Denken der neueren Zeit an.“[40]

[38] „Er täusche mich, soviel er kann, niemals wird er doch fertigbringen, daß ich nichts bin, solange ich denke, daß ich etwas sei" vgl. *Meditationes* II, 3.

[39] „Ac proinde haec cognitio, *ego cogito, ergo sum*, est omnium prima et certissima, quae cuilibet ordine philosophanti occurat“ (Princ. I, 7/ AT VIII, 7). Ähnliche Formulierungen finden sich im *Discours „je pense, donc je suis*“ (Disc. IV, 1/ AT VI, 32) und in den *Meditationes „Ego sum, ego existo*“ (Med. II, 3 & II, 6/ AT VII, 25 & 27). Erste Spuren des cogito-Arguments lassen sich auch in den *Regulae* ausmachen: „Ita unusquisque animo potest intueri se existere, se cogitare [...]“ (Reg. AT X, 368). „[Si] Socrates dicit se dubitare de omnibus, hinc necessario sequitur: ergo hoc saltem intelligi, quod dubitat [...]“ (Reg. AT X, 421). Für eine übersichtliche Zusammenschau der verschiedenen Rezeptionsphasen der Auseinandersetzung Heideggers mit Descartes vgl. v. Herrmann, F-W.: Sein und Cogitationes. Zu Heideggers Descartes-Kritik, in: Vittorio Klostermann (Hg.): Durchblicke. Martin Heidegger zum 80. Geburtstag, 235-254.

[40] Hegel: *Vorlesung über die Geschichte der Philosophie* III, Werke Bd. 20, 120; vgl. hierzu auch Gadamer, H-G.: *Der Anfang des Wissens*, 35. Wie ein gezielter Gegen-Kommentar zu dieser affirmativen Auffassung Hegels liest sich folgende Passage von Heidegger: „Dieser angebliche Neuanfang der neuzeitlichen Philosophie mit Descartes besteht nicht nur nicht, sondern ist in Wahrheit der Beginn eines weiteren Verfalls der Philosophie. Descartes bringt die Philosophie nicht zu sich selbst zurück und auf ihren Grund und Boden, sondern drängt sie noch weiter vom Fragen ihrer Grundfrage ab.“ (GA 36/37, 39).

Das von Descartes begonnene Unternehmen der Neugrundlegung der Philosophie wurde von Kant auf eine radikale Weise in seinem *opus magnum Kritik der reinen Vernunft* fortgeführt. Er untersuchte, wie weit das menschliche Erkenntnisvermögen reicht und was es mit der Erkenntnis der letzten Dinge, Gott, Freiheit und Unsterblichkeit, auf sich hat. Dabei setzte er der menschlichen Erkenntnisfähigkeit neue Grenzen.

Wie Kopernikus verlangt auch Kant von uns also einen Perspektivewechsel in unserer Weltanschauung. Kopernikus hatte nicht mehr die Erde, sondern die Sonne in den Mittelpunkt des Universums gestellt. Kant fordert uns auf, den Blick von den Erkenntnisgegenständen auf die Erkenntnisvoraussetzung zu lenken:

„Bisher nahm man an, alle unsere Erkenntnis müsse sich nach den Gegenständen richten; aber alle Versuche über sie a priori etwas durch Begriffe auszumachen, wodurch unsere Erkenntnis erweitert würde, gingen unter dieser Voraussetzung zu nichte. Man versuche es daher einmal, ob wir nicht in den Aufgaben der Metaphysik damit besser fortkommen, daß wir annehmen, die Gegenstände müssen sich nach unserer Erkenntnis richten, welches so schon besser mit der verlangten Möglichkeit einer Erkenntnis derselben a priori zusammenstimmt, die über Gegenstände, ehe sie uns gegeben werden, etwas festsetzen soll."[41]

Mit Kants *Kritik der reinen Vernunft* ist in der Tat eine, wie er es nannte, veränderte Denkart in die Philosophie eingekehrt, die bis heute als „kopernikanische Wende" bezeichnet wird. Die Grundfrage der Kritik lautet: „Wie ist Metaphysik als Wissenschaft möglich?"[42] Kant weiß sich dem Ideal der wissenschaftlichen Erkenntnis verpflichtet. Dabei steht für ihn von vornherein fest, was wissenschaftliche Erkenntnis ist. Die Mathematik und die auf empirischen Prinzipien gegründete Naturwissenschaft, deren hervorragendste Verkörperung die Physik ist, sind für ihn das Paradigma der Wissenschaft. Soll Metaphysik Wissenschaft sein, dann muss sie diesem Maßstab strenger Wissenschaft entsprechen. Die Metaphysik muss nach Kant den sicheren Gang der Wissenschaft

[41] *Kritik der reinen Vernunft*, B XVI.
[42] a.a.O., B 22.

einschlagen.[43] Die Kantische Wissenschaftsauffassung ist wesentlich die Erkenntnis des Allgemeinen und Notwendigen. Die Wissenschaften stellen nicht nur einzelne und zufällige Tatsachen fest, sondern wollen allgemein und notwendig geltende Gesetze erkennen. Wissenschaft ist ‚Gesetzeswissenschaft', d.h. gesichertes Wissen um allgemeine und notwendige Gesetze. Darin wirkt ein alter Gedanke der philosophischen Tradition nach, der auf griechisches Denken zurückgeht. Schon seit Platon und Aristoteles sind nicht die wandelbaren Einzeldinge, sondern nur die allgemeinen und notwendigen, daher unveränderlichen Wesenheiten und Wesensgesetze Gegenstände sicheren Wissens und wahrhafter Wissenschaft. Daher gilt das Einzelne als solches nicht als wahrer und würdiger Gegenstand der Wissenschaft. Dieselbe Tendenz geht, wenn auch in völlig veränderter Gestalt, in das neuzeitliche Wissenschaftsverständnis ein. Zwar geht die Naturforschung von der Beobachtung und Feststellung einzelner Tatsachen aus. Diese werden jedoch induktiv auf die Allgemeinheit und Notwendigkeit von Naturgesetzen gebracht und daraus erklärt.

Der Wissenschaftsbegriff Kants steht unter der Wesensbestimmung allgemeiner und notwendiger Erkenntnis. Soll Metaphysik Wissenschaft sein, muss sie ein Wissen von allgemeiner und notwendiger Geltung vermitteln. Und dies noch mehr als andere Wissenschaften, weil sie unbegrenzt allgemeine und unbedingt notwendige Gesetze zu erstellen hat, die von jedem möglichen Gegenstand der Erkenntnis apriori gelten. Die Möglichkeit der Metaphysik als Wissenschaft hat sich daran zu entscheiden, wie eine derart allgemeine und notwendige Erkenntnis möglich ist.

Metaphysik als Wissenschaft ist nur möglich, wenn Wissenschaft möglich ist. Wissenschaft als Gesetzeswissen ist nur möglich, wenn allgemein und notwendig gültige Erkenntnis möglich ist. Wie ist diese möglich? Mit dieser Frage setzte Kants Auseinandersetzung sowohl mit dem Rationalismus als auch mit dem Empirismus ein und kommt zur Lehre vom synthetischen Urteil a priori.

[43] vgl. a.a.O., B XIV.

Schon in der Einleitung zur *Kritik der reinen Vernunft* unterscheidet Kant wie folgt: „Entweder das Prädikat B gehört zum Subjekt A als etwas, was in diesem Begriffe A (versteckter Weise) enthalten ist; oder B liegt ganz außer dem Begriff A, ob es zwar mit demselben in Verknüpfung steht. Im ersten Fall nenne ich das Urteil analytisch, in dem andern synthetisch [...] Die erstere könnte man auch Erläuterungs-, die andere Erweiterungsurteile heißen."[44]

Leibniz hatte als Kriterium der Wahrheit und Gewissheit das analytische Urteil angesetzt. Seither gilt es als Erkenntnisprinzip des Rationalismus, jede Aussage müsse aus analytischen Sätzen abgeleitet oder auf solche zurückgeführt werden. Dies bestreitet der Empirismus. Er geht von der Erfahrung aus, die jeweils neue, im Subjekt des Satzes noch nicht enthaltene Inhalte liefert, daher synthetische ermöglicht und erfordert. Das synthetische Urteil wird zum Erkenntnisprinzip des Empirismus. Demnach wurden analytische Sätze als Urteile a priori, synthetische Sätze als Urteile a posteriori betrachtet. Analytische Sätze sind allgemein und notwendige Urteile, deren Geltung nicht erst von der jeweiligen Erfahrung abhängig ist, sondern ihr vorausliegt (a priori). Synthetische Sätze sind Tatsachenaussagen, deren Geltung nicht analytisch einsichtig ist, sondern aus der Erfahrung stammt (a posteriori). Kant durchbricht dieses Schema durch den Aufweis, dass wissenschaftliche Erkenntnis weder in analytischen noch in synthetischen Urteilen a posteriori begründet sein kann, sondern nur in synthetischen Urteilen a priori. Ein solches Urteil ist einerseits nicht analytisch, sondern synthetisch, d.h. sein Prädikat sagt einen weiteren, über den Begriff des Subjekts hinausgehenden Inhalt aus. Es ist andererseits nicht a posteriori, sondern a priori, d.h. die synthetische Aussage ist nicht nur in der Einzelheit und Zufälligkeit der Erfahrung begründet, sondern in einer vorgängigen, erfahrungsunabhängigen Einsicht von allgemeiner und notwendiger Geltung. Eine einfache Aussage der Arithmetik wie 5 + 7 = 12 ist ein synthetischer, kein analytischer Satz, weil 12 weder in 5 noch in 7 enthalten, aber in seiner allgemeinen und notwendigen Geltung nicht a posteriori, sondern a priori einsichtig ist.[45] Dasselbe gilt von

[44] a.a.O., B 10 f.
[45] a.a.O., B 15 f.

Grundsätzen der Geometrie. „Daß die gerade Linie zwischen zwei Punkten die kürzeste sei, ist ein synthetischer Satz.“[46]
Nun stellt sich die Frage: Wie sind synthetische Urteile a priori möglich? Was heißt ‚a priori‘? Wie ist ursprünglich, vor aller Erfahrung, ein Wissen von allgemeiner und notwendiger Geltung konstituiert? Die Frage danach heißt seit Kant die transzendentale Frage. Für den Begriff und die Sache der Transzendentalphilosophie ist die Aussage grundlegend:
„Ich nenne alle Erkenntnis *transzendental*, die sich nicht sowohl mit Gegenständen, sondern mit *unserer Erkenntnisart* von Gegenständen, *so fern diese a priori möglich sein soll*, überhaupt beschäftigt. Ein System solcher Begriffe würde Transzendental-Philosophie heißen.“[47]
Dabei geht es nicht um gegenständliche Erkenntnis, sondern um die Erkenntnisart selbst, insofern sie a priori möglich ist, d.h. um die Bedingungen a priori der Möglichkeit gegenständlicher Erkenntnis.
Erkenntnis kommt nach Kant nur durch die Synthesis von Anschauung und Denken zustande. Daher sagt Kant:
„Ohne Sinnlichkeit würde uns kein Gegenstand gegeben, und ohne Verstand keiner gedacht werden. Gedanken ohne Inhalt sind leer, Anschauungen ohne Begriffe sind blind.“[48]
Faktische Einigung setzt aber ursprüngliche Einheit voraus. Kant verweist am Beginn der *Kritik der reinen Vernunft* darauf, „daß es zwei Stämme der menschlichen Erkenntnis gebe, die vielleicht aus einer gemeinschaftlichen, aber uns unbekannten Wurzel entspringen.“[49] Und gegen Ende spricht er von dem „Punkte, wo sich die allgemeine Wurzel unserer Erkenntniskraft teilt und zwei Stämme auswirft.“[50] Kant geht der Frage nach dem Einheitsgrund der Erkenntniskräfte nicht weiter nach. Doch scheint er ihn anfangs (A) in der Einbildungskraft, später (B) im reinen Denken des Verstandes oder der Vernunft anzusetzen. Doch bleibt Kant unentschieden, die gemeinschaftliche Wurzel bleibt unbekannt.

[46] a.a.O., B 16.
[47] a.a.O., B 25; vgl. A 11 f.
[48] a.a.O. B 75; vgl. A 16.
[49] a.a.O., A 15, B 29.
[50] a.a.O. A 835, B 863.

Dieses Problem zu lösen, die Zweiheit aus einer ursprünglichen Einheit zu begreifen, versucht der Deutsche Idealismus. Der ganze Idealismus ist ein Ringen des Denkens um das Absolute; dies geschieht nicht primär aus theologischen, sondern aus philosophischen, vorab erkenntnistheoretischen Gründen. Absolut gültiges Wissen kann nur unter der unbedingten Bedingung des Absoluten gewonnen und gesichert werden. Für Fichte ist das Absolute das absolute Ich oder das absolute Subjekt, das in der Tathandlung sich selbst setzt und sich das Nicht-Ich entgegensetzt: „Ich setze im Ich dem theilbaren Ich ein theilbares Nicht-Ich entgegen."[51] Bald wendet Schelling dagegen ein, dass damit die Subjekt-Objekt-Zweiheit nicht wirklich überstiegen wird, sondern das Absolute in den einen Pol des Gegensatzes, die Subjektivität, zurückfällt, wenn das Absolute als ich-hafte, subjektive Größe aufgefasst, dagegen die Objektivität als bloßes Nicht-Ich annuliert wird. Dagegen muss das Objekt als gleichwertiger Gegenpol des Subjekts verstanden und anerkannt, die Subjekt-Objekt-Zweiheit noch radikaler überstiegen werden. Dies führt Schelling zur „absoluten Identität", die vor aller Differenz, auch vor der ersten und höchsten Differenz des Bewusstseins zwischen Subjekt und Objekt, absolute Indifferenz ist, weder Subjekt noch Objekt oder beides zugleich in absoluter, noch undifferenzierter Einheit. Schelling geht so weit, diese Identität als reine „Identität der Identität"[52] zu bezeichnen. Es gibt nichts außer der Identität; sie ist nur unendlich mit sich selbst gleich. Dagegen wendet Hegel wiederum ein, dass aus reiner und absoluter Identität keinerlei Differenz entspringen oder begriffen werden kann. Gegen Schellings differenzenlos gedachtes Absolute zieht er hier offen zu Felde:

„Dies eine Wissen, daß im Absoluten Alles gleich ist, der unterscheidenden und erfüllten oder Erfüllung suchenden und fordernden Erkenntnis entgegenzusetzen oder sein Absolutes für die Nacht ausgeben, worin, wie man zu sagen pflegt, alle Kühe schwarz sind, ist die Naivität der Leere an Erkenntnis."[53]

---

[51] Fichte: *Sämtliche Werke* I, 110.
[52] Schelling: *Sämtliche Werke* IV, 121.
[53] Hegel: *Phänomenologie des Geistes*, Vorrede 13.

Wenn das Absolute nichts als reine Identität vor aller Differenz ist, dann kann aus derart absoluter Identität keinerlei Differenz hervorgehen noch aus ihr abgeleitet oder begriffen werden. Sie wird zur Nacht, in der nichts unterscheidbar, nichts Bestimmtes mehr zu erkennen oder gar zu erklären ist. Der Standpunkt der Vernunft hebt sich selber auf. Die Identität des Absoluten muss daher so gedacht werden, dass sie schon ursprünglich das Vermögen und die Notwendigkeit der Differenzierung in sich birgt, d.h. dass sich das Absolute selbst in seiner Identität durch Setzung und Aufhebung nicht identischer Momente realisiert. Der absoluten Identität Schellings setzt Hegel die dialektische Identität entgegen: „Identität der Identität und der Nicht-Identität."[54]

Nachdem der Deutsche Idealismus sowie die ihn ablösenden Strömungen ihre Kraft verloren und verschiedene neue Ansätze keinen durchgreifenden Erfolg gebracht hatte, entstand um die Mitte des 19. Jahrhunderts in der deutschen philosophischen Landschaft der Neukantianismus, der sich in Marburger (Hermann Cohen, Paul Natorp, Ernst Cassirer) und Badische Schule (Wilhelm Windelband, Heinrich Rickert, Emil Lask) gabelt. Er trat auf mit dem Kampfruf: „Zurück zu Kant!" Der Rückgang auf Kant konnte aber nicht im trivialen Sinne als Rückgang auf einen Autoritätsträger geschehen, da die Kantische Aussagen alles andere als klar waren und die Interpretationen stark divergierten. Es ging also zunächst darum, Kants Aussagen klarer zu machen, als sie bei ihm selbst formuliert waren und auch darum, sie der neuen geistigen Lage anzupassen. In diesem Sinne geht es dem Neukantianismus vielmehr um eine ‚Kantrevision' und ‚Kantverbesserung'. Demnach fragt er mit Nachdruck nach der Möglichkeitsbedingungen der Erkenntnis, insbesondere der naturwissenschaftlichen Erkenntnis. Für Hermann Cohen, den Gründer der Marburger Schule, ist Philosophie grundsätzlich Erkenntnistheorie.[55] Sie fragt: Was macht das Sein des Seienden aus, indem sie fragt: Was macht das Erkanntsein des Erkannten aus? Die bei Kant noch bestehenden zwei Stämme der Erkenntnis Sinnlichkeit und Verstand, werden hier der Tendenz nach auf einen einzigen Stamm reduziert. Die Sinnlichkeit wird so weit nur irgendmöglich ausgeschaltet, zugunsten

[54] ders.: *Jenaer Schriften* 96.
[55] vgl. Cohen, Herrmann: *Die Logik der reinen Erkenntnis.*

einer vollkomenen Autonomie des Denkens und seiner Bestimmung. Daraus folgt, dass das Sein, und zwar das ganze alltägliche Sein von irgendetwas, Produkt des Denkens ist. Mit anderen Worten: Das Sein ist nicht Voraussetzung des Erkennens und wird nicht in ihm abgebildet, sondern durch die Prinzipien des Denkens allererst erzeugt. Am Ende wissenschaftlicher Konstruktion steht das Sein.
In diesen Überlegungen Cohens kommt der Grundzug des Marburger Neukantianismus zum Ausdruck: Die philosophische Grundeinstellung ist geprägt von einem prinzipiellen Mißtrauen gegenüber jeder Art von vorwissenschaftlicher Erfahrung und einem Zutrauen auf die Wissenschaft, durch deren Filter alle menschlichen Überzeugungen hindurchgehen müssen, um irgendeinen Wert zu haben. Die Überzeugung, dass nur die Wissenschaft das Wahre gibt, verbunden mit der Erkenntnis, dass das, was die Wissenschaft gibt nicht das Gegebene, sondern das Konstruierte ist, ist das, was man heute unter Konstruktivismus versteht.
Gegen die Einseitigkeit der Marburger Schule haben sowohl Dilthey als auch der südwestdeutsche Neukantianismus Stellung genommen. Heinrich Rickert, der Lehrer Heideggers, hat schließlich in seinem Werk *Die Grenzen der naturwissenschaftlichen Begriffsbildung* durch eine Art Logik der historischen Erkenntnis versucht, diese Einseitigkeit zu ergänzen. Das Erkenntnisinteresse der Naturwissenschaften richtet sich auf das Allgemeine. Ganz anders in den Geisteswissenschaften, wo der Gegenstand eben in seiner Einmaligkeit und Unersetzbarkeit interessiert. Das Ziel der Geisteswissenschaften bildet die Auffassung des Singularen, Individualen, wobei auch oft zugestanden wird: *Individuum est ineffabile*.[56]
Die von Edmund Husserl (1859-1938) ins Leben gerufene phänomenologische Bewegung am Anfang des 20. Jahrhunderts kann man ohne weiteres als eine philosophische Reaktion gegen die Auflösung des Seins ins Gedachtsein im Neukantianismus der Marburger Schule verstehen. Die phänomenologische Untersuchungsmaxime lautet: „Auf die ‚Sachen selbst' zurückgehen", „zu den Sachen selbst". Diese Maxime

[56] vgl. Dilthey: *Der Aufbau der geschichtlichen Welt in den Geisteswissenschaften*, GS Bd. 7, 87; Rickert, H.: *Die Grenzen der naturwissenschaftlichen Begriffsbildung*, I. Kap. VI., 101 f.

stellt Husserl in § 2 der Einleitung in dem zweiten Band der Logischen Untersuchung auf und wiederholt sie in § 19 der Ideen I:

„Vernünftig oder wissenschaftlich über Sachen urteilen, das heißt aber, sich nach den Sachen *selbst* richten, bzw. von den Reden und Meinungen auf die Sachen selbst zurückgehen, sie in ihrer Selbstgegebenheit befragen und alle sachfremden Vorurteile beiseitetun."[57]

Die phänomenologische Untersuchungsmaxime und das phänomenologische Prinzip aller Prinzipien[58] zielen auf das spezifisch Methodische der Phänomenologie. Husserls Phänomenologie ist der letzte groß angelegte Versuch der Neuzeit, in der Philosophie durch eine neue Methode zu unumstößlichen und ewigen Wahrheiten zu gelangen. Phänomenologie versteht sich als *prima philosophia,* als neue Wissenschaft von Ursprüngen, als Grundwissenschaft, die allen anderen Wissenschaften, auch der Logik, zugrundeliegt. Sie ist als solche „die geheime Sehnsucht der ganzen neuzeitlichen Philosophie."[59]

Der Begriff der Fundierung wird von Husserl in dem ersten Teil des zweiten Bandes der *Logischen Untersuchungen* (mit dem Untertitel: *Untersuchung zur Phänomenologie und Theorie der Erkenntnis*) formal in folgender Weise definiert:

„Wenn ein α wesensgesetzlich zu seiner Existenz eines μ bedarf, so daß es nur mit μ zusammen in einer umfassenden Einheit existieren kann, so ist α durch μ fundiert."[60]

Die Fundierung kann gegenseitig und einseitig sein. Als Beispiel gegenseitiger Fundierung führt Husserl Farbe und Ausdehnung vor, da keine Farbe ohne eine gewisse Ausdehnung, keine Ausdehnung ohne eine gewisse Farbe denkbar ist. Im Falle der einseitigen Fundierung vermag das

---

[57] Husserl: Ideen *zu einer reinen Phänomenologie und phänomenologischen Philosophie* I, § 19, 35; vgl. hierzu auch Thurnher, R.: „Zu den Sachen selbst! – Zur Bedeutung der Phänomenologischen Grundmaxime bei Husserl und Heidegger", in: A. Schramm (Hg.): *Philosophie in Österreich*, 261-273.

[58] Dessen vollständige Fassung lautet: „ *daß jede originär gebende Anschauung eine Rechtsquelle der Erkenntnis sei, daß alles, was sich uns in der ‚Intuition' originär, (sozusagen in seiner leibhaften Wirklichkeit) darbietet, einfach hinzunehmen sei, als was es sich gibt, aber auch nur in den Schranken, in denen es sich da* gibt [...]" vgl. E. Husserl: *Ideen* I, § 24, 43 f.

[59] Husserl: *Ideen* 1, 118.

[60] vgl. ders.: *Logische Untersuchungen* 2/1: *Untersuchung zur Phänomenologie und Theorie der Erkenntnis*, 261 f.

Fundierte nicht ohne das Fundierende zu sein, wohl aber umgekehrt.[61] Im späteren Denken Husserls gelangt der Begriff der einseitigen Fundierung zu weitreichender Anwendung. Er betriff hier erstens die Ordnung der Konstitutionsstufen und zweitens das Verhältnis verschiedenartiger intentionaler Akte und ihrer noematischen Korrelate zueinander. Alle höherstufigen und komplexen Akte und Gegenständlichkeiten sind in ursprünglichen, einfachen Grundakten und Gegenständen fundiert: z.B. die kategoriale Anschauung in der schlichten sinnlichen Wahrnehmung[62], die logisch-prädikativen Urteile in vorprädikativer Erfahrungsevidenz, alle Akte des Wertens und Wollens letztlich in Erfahrung von schlicht sinnlich beschaffenen Substraten (Urdoxa bzw. Protodoxa).[63]

Husserl verdankt Heidegger die Inspiration für seine Untersuchungen in *Sein und Zeit* in folgender Weise: „Die folgenden Untersuchungen sind nur möglich geworden auf dem Boden, den *E. Husserl* gelegt, mit dessen ‚Logischen Untersuchungen' die Phänomenologie zum Durchbruch kam."[64]

Wenig später heißt es ausdrücklich in einer Anmerkung:

„Wenn die folgende Untersuchung einige Schritte vorwärts geht in der Erschließung der ‚Sachen selbst', so dankt der Verf. in erster Linie *E. Husserl*, der den Verf. während seiner Freiburger Lehrjahre durch eindringliche persönliche Leitung und durch freieste Überlassung unveröffentlichter Untersuchungen mit den verschiedensten Gebieten der phänomenologischen Forschung vertraut machte."[65]

Andererseits versucht Heidegger sich von Husserls Phänomenologie zu emanzipieren. Ihm scheint die Husserlsche Phänomenologie nicht phänomenologisch genug, sogar ‚un-phänomenologisch'.[66] Die Phänome-

---

[61] vgl. a.a.O., 264 f.

[62] vgl. LU 2/2 : VI. *Elemente einer phänomenologischen Aufklärung der Erkenntnis*, 144 f; 152 f.

[63] vgl. *Erfahrung und Urteil* 21f; 51 f.

[64] SZ § 7, 38.

[65] a.a.O.; vgl. Thurnher, R.: „Husserls *Ideen* und Heideggers *Sein und Zeit*", in: A. Bäumer & M. Benedikt (Hg): *Gelehrtenrepublik und Lebenswelt. Edmund Husserl und Alfred Schütz*, 145 f.

[66] vgl. Fehér, I.M.: „Phenomenology, Hermeneutics, Lebensphilosophie: Heidegger's Confrontation with Husserl, Dilthey, and Jasper", in: T. Kisiel & J. van Buren (ed.):

nologie als Möglichkeit ist weit größer als jede dagewesene und fixierte phänomenologische Strömung.[67] Im Methodenparagraphen von *Sein und Zeit* schreibt Heidegger:

„Die Eläuterungen des Vorbegriffes der Phänomenologie zeigen an, daß ihr Wesentliches nicht darin liegt, als philosophische ‚Richtung' *wirklich* zu sein. Höher als die Wirklichkeit steht die *Möglichkeit*. Das Verständnis der Phänomenologie liegt einzig im Ergreifen ihrer als Möglichkeit."[68]

In *Sein und Zeit* und danach versucht Heidegger diese Möglichkeit, zu ergreifen und fruchtbar zu machen. Methodisch setzt er sich mit seiner a-reflexiven und a-theoretischen hermeneutischen Phänomenologie von Husserls reflexiver transzendentalen Phänomenologie ab.

Seine Abkehr von der Husserlschen Phänomenologie wird in seiner etymologischen Auslegung der Phänomenologie ersichtlich. Der Begriff Phänomenologie setzt sich aus *phainomenon* und *logos* zusammen. *Phainomenon* heißt „das Sich-an-ihm-selbst-Zeigende, das Offenbare"[69], während *logos* als *apophainestai* so viel heißt wie Sehenlassen von den Sachen her.[70] Die Zusammensetzung in der Phänomenologie ergibt nicht viel mehr als die folgende Formel:

„Das was sich zeigt, so wie es sich von ihm selbst her zeigt, von ihm selbst her sehen lassen."[71]

Reading Heidegger from the Start, 80; Thurnher, R.: „Zu den Sachen selbst! - Zur Bedeutung der phänomenologischen Grundmaxime bei Husserl und Heidegger", in: A. Schramm (Hg.): *Philosophie in Österreich*, 271.

67 „Das Große der Entdeckung der Phänomenologie liegt nicht in den faktisch gewonnenen, abschätzbaren und kritisierbaren Resultaten [...], sondern darin, daß sie die *Entdeckung der Möglichkeit des Forschens in der Philosophie ist*. Eine Möglichkeit ist aber nur in ihrem eigensten Sinne recht verstanden, wenn sie als Möglichkeit genommen und wenn sie als Möglichkeit erhalten bleibt. Sie als Möglichkeit erhalten, besagt aber, nicht einen zufälligen Stand der Forschung und Fragestellung als endgültig wirklichen zu fixieren und verhärten zu lassen, sondern die Tendenz zu den Sachen selbst offen zu halten und von den ständig andrängenden und versteckt wirkenden unechten Bindungen zu befreien. Das eben eben besagt das Motto: zu den Sachen selbst, sie auf sich selbst zurückschlagen zu lassen." Vgl. GA 20, 184.

68 SZ § 7, 38.

69 SZ § 7, 28; vgl. hierzu auch GA 20, 111.

70 vgl. a.a.O., 32; GA 20, 115; Biemel, W.: „Heideggers Stellung zur Phänomenologie in der Marburger Zeit", in: ders: *Gesammelte Schriften* Bd. 1, 288.

71 a.a.O., 35; vgl. hierzu auch GA 20, 117.

Sehen und Auge, insbesondere aber Hören und Ohr bezeichnen die phänomenologische Grundeinstellung nach Heidegger. Während Husserl die Phänomenologie auf das Sehen festlegt, spitzt Heidegger sie mit den Jahren immer nachdrücklicher auf das Hören zu. Für Heidegger ist das Ohr, nicht das Auge das Vorzimmer des Geistes. Das Dasein ist zunächst ganz Ohr dem Ruf des Gewissens, und dann der Stimme der Stille, dem ‚Seyn' nämlich.

Den formalen Phänomenologie-Begriff versucht Heidegger zu entformalisieren, indem er fragt:

„Was ist es, was in einem ausgezeichneten Sinne ‚Phänomen' genannt werden muß? Was ist seinem Wesen nach *notwendig* Thema einer *ausdrücklichen* Aufweisung?"[72]

Heideggers Antwort ist von verblüffender Kühnheit:

„Offenbar solches, was sich zunächst und zumeist gerade nicht zeigt, was gegenüber dem, was sich zunächst und zumeist zeigt, verborgen ist, aber zugleich etwas ist, was wesenhaft zu dem, was sich zunächst und zumeist zeigt, gehört, so zwar, daß es seinen Sinn und Grund ausmacht."[73]

Ausdrückliches Thema der Phänomenologie soll also das sein, was sich nicht zeigt (eine Auffassung, die Husserl natürlich vor den Kopf stieß), was aber dennoch verlangt, offenbar zu werden, da es den Grund von allem ausmacht. Das Phänomen, das Heidegger im Blick hat, ist offenbar das Sein. Das Sein als das Phänomen aller Phänomene[74], d.h. das Phänomen katexochen bzw. das Ur-phänomen ist das selbst nichterscheinende Erscheinenlassen, die unzugängliche Zugänglichkeit der Dinge.[75] Das Sein bildet also den Gesichtkreis, worin sich Seiendes

---

[72] a.a.O., 35. Der vulgäre Phänomenbegriff und der phänomenologische Phänomenbegriff fallen keinesfalls zusammen, wie Richard Schmitt in seinem Kommentar zu *Sein und Zeit* nahe legt, vgl. Schmitt, R.: *Martin Heidegger on Being Human*, 146.

[73] a.a.O. Vgl. hierzu auch Hartmann, K.: „The Logic of Deficient and Eminent Modes in Heidegger", in: *Journal of the British Society for Phenomenology* 2 (1974) 119.

[74] vgl. Taminaux, J.: „Heidegger and Husserl's Logical Investigations", in: J. Kockelmans (ed.): *A Companion to Martin Heidegger's Being and Time*, 83.

[75] vgl. Blumenberg, H.: „Licht als Metapher der Wahrheit", in: *Studium Generale* 7 (1957) 433. Aristoteles zufolge: „Wie sich nämlich die Augen der Eulen gegen das

zeigen kann. Ein Sichzeigen des Seienden gibt es nur, wenn es den apriorischen Zeigeraum des Seins gibt. Das Sein lässt Seiendes erscheinen ohne selbst in Erscheinung zu treten. Damit gelangt Heidegger zur Phänomenologie des Unscheinbaren.[76] Die Phänomenologie des Unscheinbaren, d.h. des Seins heißt aber Ontologie. Die Phänomenologie wird ontologisch und die Ontologie phänomenologisch. Phänomenologie und Ontologie decken sich folglich.[77]

Nun stellt sich die Frage: Wie soll aber die Phänomenologie die Zugangsart zum Sein freilegen? Wie lässt sich denn das, was sich nicht zeigt, überhaupt zeigen? Es liegt auf der Hand, dass die Phänomenologie ihre zugangserschließende Aufgabe nur erfüllen kann, wenn sie sich als Hermeneutik versteht, als hermeneutische Phänomenologie.[78] Daher erklärt sich Heideggers leider allzu knappe Bezugnahme auf die Hermeneutik am Ende seiner langen Ausführungen über die Phänomenologie. Der Einführung des Hermeneutikbegriffs in § 7 gingen unmittelbar Überlegungen über die Verstellung, Verschüttung und Verdeckung der Seinsfrage voraus. Sie gründen offenbar in einer Selbstverstellung des Daseins. Die Seinsvergessenheit geht nämlich mit einer Daseinsvergessenheit einher. Aufgabe der Hermeneutik des Daseins, die sich jetzt auch als Ontologie des Daseins bezeichnen lässt, ist es, das Dasein für sich selbst und das Sein für die Philosophie zurückzugewinnen. Allein eine solche destruierende Hermeneutik kann also das Sein und das Dasein phänomenologisch sichtbar werden lassen. Wer Phänomenologie treiben will, muss zunächst die das Sehen verhindernden Verdeckungen kraft eines hermeneutischen Rückganges auf die verborgenen Motive der Verschüttung destruieren. Die eigent-

---

Tageslicht verhalten, so verhält sich der Geist (nous) in unserer Seele (psyche) zu dem, was seiner Natur nach unter allen am offenbarsten ist" vgl. Met II 1, 993b 9-11.

[76] GA 15, 399; vgl. hierzu auch Nitta, Y: „Der Weg zu einer Phänomenologie des Unscheinbaren", in: D. Papenfuss & O. Pöggeler (Hg.): *Zur philosophischen Aktualität Heideggers*, 43-54.

[77] SZ § 7, 35.

[78] vgl. Herrmann, F.W.v.: *Hermeneutische Phänomenologie des Daseins*, 366-374, ders.: *Weg und Methode. Zur hermeneutischen Phänomenologie des seinsgeschichtlichen Denkens*, 15-22; Vigo, A.G.: „Heidegger-Phänomenologie und Hermeneutik in den frühen Freiburger Vorlesungen (1919-1921)", in: H. Vetter & M. Flatscher (Hg.): *Hermeneutische Phänomenologie - phänomenologische Hermeneutik*, 241-269.

liche Methode der hermeneutischen Phänomenologie bleibt also die Destruktion. Deshalb wird die Hermeneutik des Daseins die Basis bilden, von der her die phänomenologische Ontologie ihren Ausgangspunkt nehmen wird. Dies ist der bündige Sinn der geschlossenen Philosophiekonzeption, mit der Heidegger seine einleitenden Überlegungen faktisch beschließt:

„Philosophie ist universale phänomenologische Ontologie, ausgehend von der Hermeneutik des Daseins, die als Analytik der *Existenz* das Ende des Leitfadens alles philosophischen Fragens dort festgemacht hat, woraus es *entspringt* und wohin es *zurückschlagt*."[79]

Auf diese Weise hat Heidegger Husserls Phänomenologie in die Hermeneutik des faktischen Lebens umgewandelt. Die Philosophie bzw. Ontologie wird hermeneutisch und die Hermeneutik philosophisch bzw. ontologisch.

Das Verhältnis von Husserls und Heideggers Phänomenologieverständnis könnte man mit dem Bild von Elbe und Oder veranschaulichen. Beide Flüsse entspringen ebenfalls nicht weit voneinander, sie schlagen die gleiche Richtung ein, um dann jedoch in einem respektablen Abstand voneinander mehr oder weniger parallel zu verlaufen. Und schließlich münden sie in verschiedene Meere, die Elbe in der Nordsee und die Oder in der Ostsee.[80]

Wie zeigt sich das menschliche Dasein in seinem Alltag? Mit anderen Worten: Wie verhält sich das Dasein im Alltagsleben zu sich selbst und zu dem nichtdaseinsmäßigen Seienden? Dieser Frage geht das erste Kapitel nach, indem es das alltägliche Leben des Daseins phänomenologisch-hermeneutisch aufzuzeigen und aufzuweisen versucht.

---

[79] SZ § 7, 38.

[80] Das Bild von Elbe und Oder wurde von Christian Bermes entlehnt, vgl. ders.: „Reduktion und Verstehen. Husserls Phänomenologie und die Hermeneutik", in: H. Vetter & M. Flatscher (Hg.): *Hermeneutische Phänomenologie – phänomenologische Hermeneutik*, 11-25.

Teil 1: Die Fundierung des Erkennens im Verstehen in *Sein und Zeit*

Die philosophische Lage hinsichtlich der Erkenntnistheorie im ausgehenden 19. und in den ersten Jahrzehnten des 20. Jahrhunderts ist durch den Versuch einer Entschärfung und Überwindung der neuzeitlich-erkenntnistheoretischen Fragestellung und damit durch den Verzicht auf den fundamentalphilosophischen Vorrang der Erkenntnistheorie gekennzeichnet. Vor allem der Streit um die Existenzweise der Erkenntnisprinzipien, das Problem der Voraussetzungslosigkeit der erkenntnistheoretischen Erkenntnis selbst und die Frage nach dem vorausgesetzten Erkenntnisbegriff stellten Aporien dar, auf Grund derer sich die Einsicht durchsetzte, dass die erkenntnistheoretische Fragestellung selbst eine derivate und fundierte ist und somit auf eine vorgängige Disziplin des Denkens verweist. In deren Bestimmung gehen die Standpunkte allerdings weit auseinander.

Die grundlegende Aufgabe der Philosophie ist zwar nach Husserl die Erkenntniskritik, aber diese stellt sich nicht mehr die Frage, wie das Evidenzerlebnis des subjektiven Bewußtseins objektive Geltung erlangen kann[81], sondern betrachtet das *cogito* in der Ausklammerung der ‚Generalthesis'[82] immer noch als intentionales, auf seine *cogitata* bezogenes Subjekt. Die cartesianische Reduktion führt auf die phänomenologisch aufzuklärende transzendentale Subjektivität und zugleich auf das transzendentale Phänomen ‚Welt' in ihrer korrelativen Einheit.[83]

Die Motive der psychologischen Erkenntnistheorie verschärfend konzipiert die Lebensphilosophie einen Begriff von Erkenntnis, der theoretisch nicht mehr thematisiert werden kann, weil theoretisches Erkennen

[81] vgl. Husserl: *Cartesianische Meditationen*, 114 f.

[82] Die ‚Generalthesis' ist nach Husserl jene Setzung, die das Bewußtsein als Voraus-Setzung aller Einzelsetzung immer schon vollzogen hat, die Setzung der Welt und alles Innerweltlichen als schlechthin seiend; und ebenso die Glaubensgewißhet, in der wir uns im natürlichen Weltleben auf Grund dieser Setzung unreflektiert befinden – diejenige Gewißheit, dass die Welt seiend in Geltung ist. Vgl. Werner, M.: *Die Phänomenologie Edmund Husserls*, 37.

[83] vgl. Husserl: *Die Krisis der europäischen Wissenschaft*, 155.

nur eine abkünftige Form der ursprünglichen Lebenserfahrung ist. Daher ist es auch unmöglich, „einen archimedischen Punkt außerhalb dieser Lebenserscheinungen zu finden, von dem her man die Erkenntnis als ein in sich begründetes und von allem vortheoretischen Lebensverhalten unabhängiges Gebäude errichten könnte."[84]

In seinem Hauptwerk *Sein und Zeit* sieht Heidegger den „Skandal der Philosophie" darin, dass das Problem der Beweisbarkeit der Außenwelt überhaupt für ein sinnvolles gehalten wird: „Die Frage, ob überhaupt eine Welt sei und ob deren Sein bewiesen werden könne, ist als Frage, die das Dasein als In-der-Welt-sein stellt - und wer anders sollte sie stellen? - ohne Sinn."[85] „Zu beweisen ist nicht, daß und wie eine ‚Außenwelt' vorhanden ist, sondern aufzuweisen ist, warum das Dasein als In-der-Welt-sein die Tendenz hat, die ‚Außenwelt' zunächst ‚erkenntnistheoretisch' in Nichtigkeit zu begraben, um sie dann erst zu beweisen. Der Grund dafür liegt im Verfallen des Daseins und der darin motivierten Verlegung des primären Seinsverständnisses auf das Sein als Vorhandenheit"[86] Die erkenntnistheoretische Fragestellung muss nach Heidegger „[...] in die existenziale Analytik des Daseins als ontologisches Problem zurückgenommen werden."[87]

Die existenziale Analytik des Daseins geht von der Hermeneutik der Alltäglichkeit des Daseins aus, die Heidegger im ersten Abschnitt des ersten Teils von *Sein und Zeit* vornimmt, mit deren Ergebnis er im zweiten Abschnitt zur ursprünglichen existenzialen Interpretation dieses Seienden vordringt. Sie zielt auf die Auseinanderlegung der Existenz in ihre strukturellen Momente - die Existenzialien.

---

[84] Bollnow, F.O.: *Das Verstehen*, 71

[85] SZ § 43, 202.

[86] a.a.O., 206.

[87] a.a.O., 208.

1 Die Hermeneutik der Alltäglichkeit

Zunächst steht die existenziale Analytik des Daseins vor der Schwierigkeit, die Heidegger in der Einleitung zu *Sein und Zeit* feststellt: „Das Dasein ist zwar ontisch nicht nur nahe sogar das nächste – wir sind es sogar je selbst. Trotzdem oder gerade deshalb ist es ontologisch das Fernste."[88] Nun drängt sich die Frage auf: Was besagen hier die Ausdrücke „das nächste" und „das Fernste"? Worin besteht das „trotzdem oder gerade deshalb"? Ist diese Gegenläufigkeit von ontischer und ontologischer Rangordnung ein Spezifikum des Daseins oder gilt sie prinzipiell? Aus welcher Perspektive spricht dieser Satz? Heidegger sagt ergänzend, an der ontologischen Ferne ändere auch das Faktum nichts, dass Dasein je schon ein vorontologisches Seinsverständnis habe, denn dies beweise noch lange nicht dessen Entspringen aus der eigensten Seinsverfassung. Die ontologische Ferne resultiere nach Heidegger daraus, dass Dasein sein eigenes „Sein aus dem Seienden" versteht, „zu dem es sich wesenhaft ständig und zunächst verhält, aus der ‚Welt'"[89] Der Terminus ‚Welt' meint an dieser Stelle noch nicht das Existenzial Welt, das zum Dasein als In-der-Welt-Sein gehört, sondern traditionell die Summe alles Vorhandenen. Dieses Nicht-bei-sich-selber-Sein des Daseins entspringt nicht einem Fehlverhalten, sondern gehört wesenmäßig zu seiner eigenen Seinsart. Das Sichverstehen aus Welt ist seinerseits nur aufgrund der ontisch-ontologischen Verfassung des Daseins möglich. Daher ist gerade dieser Vorrang der Grund dafür, dass dem Dasein seine eigenste Seinsverfassung verdeckt bleibt. Hiermit hat sich die Formulierung „trotzdem oder gerade deshalb" aufgehellt.

Angesichts dessen sieht sich Heidegger vor das Problem gestellt, von welchem Seinsmodus er den Ausgang seiner existenzialen Analytik nehmen soll: Er entscheidet sich für die durchschnittliche Alltäglichkeit, d.h. den Zustand, in dem sich Dasein „zunächst und zumeist"[90] zeigt, in

---

[88] a.a.O., § 5, 15; vgl. dazu auch SZ § 63, 311.

[89] a.a.O., vgl. SZ § 9, 43.

[90] Heidegger unterscheidet zunächst und zumeist wie folgt: „‚Zunächst' bedeutet: die Weise, in der das Dasein im Miteinander der Öffentlichkeit ‚offenbar' ist, mag es auch ‚im Grunde' die Alltäglichkeit gerade existenziell ‚überwunden' haben. ‚Zumeist'

der modalen Indifferenz zwischen Eigentlichkeit und Uneigentlichkeit[91], um nicht von vornherein einer im Voraus konstruierten, möglicherweise falschen Idee von Existenz aufzusitzen und um jegliche Wertung auszublenden. Diese Indifferenz ist für die existenzialontologische Analytik des Daseins von grundlegender Bedeutung, weil sie ja das Sein des Daseins nicht in der jeweiligen Differenz des Existierens, sondern seiner Einheit aufweisen will. Das Sein des Daseins muss als solches, vor und unabhängig seiner differenten Seinsweisen Eigentlichkeit und Uneigentlichkeit, begriffen werden; denn nur auf dieser Grundlage lässt sich dann die Differenz seiner Seinsweisen, d.h. Eigentlichkeit und Uneigentlichkeit als Modifikationen von Einem, einsehen. Der Bezugspunkt der existenzialontologischen Analyse ist also notwendig die Existenz als das eine Sein des Daseins, das das Dasein selbst je und immer schon in der Differenz seiner Seinsweisen ist. Heidegger spricht aber nun von dieser „modalen Indifferenz" nicht als dem methodischen Bezugspunkt der existenzialen Analyse, sondern darüberhinaus als einer Seinsweise des Daseins selbst, so, als gäbe es neben oder über der Differenz eigentlichen und uneigentlichen Existierens auch noch eine dritte Weise, die diesbezüglich gleichgültig, also weder das eine noch das andere, wäre. Die Indifferenz bezogen auf die Seinsmodi des Existierens wäre selbst ein dritter Seinsmodus des Existierens. Aus dem Kontext der Ausführungen von § 9 wird deutlich, dass Heidegger darunter nichts anderes als die „alltägliche Indifferenz der Durchschnittlichkeit" versteht, das indifferente „Zunächst und Zumeist". Ist dieses aber wirklich eine bezogen auf die Jemeinigkeit der Existenz indifferente Art und Weise des Existierens? Oder lässt sie sich nur eine solche methodisch in den Blick bringen, so dass sie aus dem Blickwinkel einer methodisch geleisteten Abstraktion von der Weise des Existierens anvisiert wird? Kann die durchschnittliche Alltäglichkeit wirklich modal indifferent sein oder kann sie nur als eine solche betrachtet werden? Sicher letzteres, auch wenn Heidegger selbst das Missverständnis nahe legt, die durchschnittliche Alltäglichkeit wäre als modale Indifferenz eine

---

bedeutet: die Weise, in der das Dasein nicht immer, aber ‚in der Regel', sich für Jedermann zeigt" (SZ § 71, 370).

[91] vgl. SZ § 12, 53.

bezüglich der Jemeinigkeit unbestimmte Seinsweise des Daseins. Dies kann nicht der Fall sein, wenn Jemeinigkeit ein Existenzial ist. Die Seinsweise der durchschnittlichen Alltäglichkeit ist selbst entweder durch die ausdrückliche Übernahme des je eigenen Seins oder durch das unausdrückliche Verfallen an das Man existenziell bestimmt. Gerade deshalb aber, weil sie weder etwas neben und außerhalb den Seinsmodi der Eigentlichkeit und Uneigentlichkeit noch einen von ihnen im ausschließlichen Gegensatz zu seinem anderen bezeichnet, sondern beide gleichermaßen umgreift, kann sie als die modale Indifferenz ihrer zum methodischen Bezugspunkt der existenzialontologischen Analyse werden, die noch von der Differenz der Seinsmodi der Existenz vorerst absieht, um das In-der-Welt-Sein des Daseins als solches in den Blick zu bringen.

Die existenzialontologische Analyse klammert die traditionellen anthropologischen Bezeichnungen (Ich, Subjekt, Person, Geist usw.) ein, damit das Dasein „sich an ihm selbst von ihm selbst her zeigen“[92] können, wie es die phänomenologische Methode erfordert. Die phänomenologische Aufweisung und Aufzeigung setzt die Verdecktheit des Daseins voraus.

„Die Seinsart des Daseins fordert daher von einer ontologischen Interpretation, die sich die Ursprünglichkeit der phänomenalen Aufweisung zum Ziel gesetzt hat, daß sie sich das Sein dieses Seienden gegen seine eigene Verdeckungstendenz erobert. Die existenziale Analyse hat daher für die Ansprüche bzw. die Genügsamkeit und beruhigte Selbstverständlichkeit der alltäglichen Auslegung ständig den Charakter einer Gewaltsamkeit.“[93]

Dem privativen Charakter der Wahrheit als ἀ-λήθεια entspricht die geforderte Gewaltsamkeit.[94] Die Aufgabe des Philosophen sieht Heidegger demnach darin, durch neue Formen der Rede die Diesseitigkeit des Daseins aufzuhellen, allgemeine, aber wesentliche Verhältnisse des menschlichen Lebens, die insbesondere im üblichen

[92] SZ § 5, 16.
[93] a.a.O., § 63, 311.
[94] vgl. a.a.O., § 43, 222.

Gerede des Alltags oder auch in den Lehrbüchern der Theorie verdeckt bleiben, aus der Unverborgenheit bloßer Unterstellungen ans Licht zu ziehen. Gemäß dieser Auffassung ist die Wahrheit die Unverborgenheit in einer Lichtung des Daseins, die durch phänomenologische Destruktion gewissermaßen als Schneisen in das Dickicht des Alltäglichen und Üblichen geschlagen werden. Die Existenzialanalytik ist also eine Phänomenologie des Daseins, d.h. das Phänomen Dasein soll freigelegt werden von allen Verdeckungen und Verstellungen.

Die Freilegung des Seins des Daseins in seiner durchschnittlichen Alltäglichkeit scheint Heidegger umso nötiger, als sie „immer wieder in der Explikation des Daseins übersprungen" wurde. Deren Folge:

„Das ontisch Nächste und Bekannte ist das ontologisch Fernste, Unerkannte und in seiner ontologischen Bedeutung ständig Übersehene."[95]

Heidegger sieht den Grund dafür, dass die Seinsweise der durchschnittlichen Alltäglichkeit immer wieder übersehen wird, darin, dass sie durch einen aus ihr selbst allererst entsprungenen, abkünftigen Modus verdeckt wird, nämlich durch den des theoretischen Verhaltens, insbesondere durch dessen markanteste Form, die Wissenschaft. Die Vorrangstellung oder gar Absolutsetzung theoretischer Existenz verhindert die genuine Einsicht in das Sein des Daseins, welches zunächst und zumeist durch vor- bzw. nicht-theoretische Verhaltensweisen gekennzeichnet ist.

Mit der Hermeneutik der Alltäglichkeit soll ein in der Philosophie verbreitetes Bild destruiert werden, welches Heidegger zufolge von Descartes bis zur Phänomenologie Husserls reicht. Es geht um die Destruktion der Vorstellung, dass das ursprüngliche Verhältnis des Menschen zur Welt theoretischer Art ist. Heidegger indessen macht deutlich: Theoretische Beschreibung der Welt oder eines Teils von ihr sind etwas Abgeleitetes, primär hingegen ist der praktische Umgang des Menschen mit der Welt. Weil das so ist, muss die Philosophie zu einer Hermeneutik des Alltags und zu einer Auslegung des menschlichen Lebens werden beziehungsweise mit einer Erfassung alltäglicher

[95] a.a.O., § 9, 43.

Lebensvollzüge beginnen, die vor allen Beschreibungen der Einzelwissenschaften z.B. Anthropologie, Biologie, Psychologie[96] ansetzt und gleichzeitig viele Ansätze der traditionellen Philosophie desavouiert. Es wäre aber auch grundverkehrt, aus der Orientierung an der durchschnittlichen Alltäglichkeit voreilig zu schließen, das Dasein werde doch letztlich am niedrigsten Charakter des Menschen begriffen und definiert. Eine solche Auffassung gründet in einem Missverständnis dessen, was mit dem existenzial-ontologischen Titel ‚Alltäglichkeit' bzw. ‚Durchschnittlichkeit' angesprochen wird. Die Orientierung an der Alltäglichkeit will überhaupt keinen Versuch zu einer bloßen Definition einleiten; sie soll vielmehr „der rechten Vorgabe dieses Seienden" dienen. Die durchschnittliche Alltäglichkeit bietet einen angemessenen Zugang zum Selbst des Daseins, weil sie eine vorherrschende Grundart ist. Deswegen heißt es: „Aus dieser Seinsart heraus und in sie zurück ist alles Existieren, wie es ist."[97] Es geht um die Faktizität des Daseins. Die Faktizität des Daseins besagt, dass es nichts gibt, was dem Dasein noch vorausgehen könnte. Es ist nicht hintergehbar. Das Dasein in seiner Alltäglichkeit muss daher der Ausgangspunkt jeglichen Denkens und Nachdenkens über den Menschen sein. Heideggers Ausgangsfrage lautet also: „Wer ist es, der in der Alltäglichkeit das Dasein ist?"[98]

1.1 Die Alltäglichkeit des Daseins

Im vierten Kapitel des ersten Abschnitts von *Sein und Zeit* schreibt Heidegger:

„Dasein ist Seiendes, das je ich bin, das Sein ist je meines. Diese Bestimmung zeigt eine ontologische Verfassung an, aber auch nur das. Sie enthält zugleich die ontische - obzwar rohe - Angabe, dass je ein Ich dieses Seiende ist und nicht Andere. Das Wer beantwortet sich aus dem Ich selbst, dem Subjekt, dem Selbst. Das Wer ist das, was sich im

[96] vgl. a.a.O., § 10
[97] a.a.O.
[98] a.a.O., § 24, 114.

Wechsel der Verhaltungen und Erlebnisse als Identisches durchhält und sich dabei auf diese Mannigfaltigkeit bezieht."[99]
Trotzdem ist das Wer des alltäglichen Daseins zunächst und zumeist nicht ich selbst. Warum ist das so? Weil das menschliche Dasein als das In-der-Welt-Sein, das ja mit den unbestimmten Anderen in der Welt zusammen lebt und wohnt, die Strukturen des Mitseins und Mitdaseins hat. In dieser Seinsart gründet der Modus des alltäglichen Selbstseins. Das Subjekt der Alltäglichkeit nennt Heidegger das ‚Man'.
Wer und was nun ist das alltägliche Dasein, das gerade nicht als ich selbst, sondern nur als das ‚Man' denkt, spricht und handelt? Nach Heideggers Auslegung des Daseins verhält es sich wie folgt: „Zunächst ‚bin' nicht ‚ich', im Sinne des eigenen Selbst, sondern die Anderen in der Weise des Man. Aus diesem her und als dieses werde ich mir ‚selbst' zunächst ‚gegeben'. Zunächst ist das Dasein Man und zumeist bleibt es so. Wenn das Dasein die Welt eigens entdeckt und sich nahebringt, wenn es ihm selbst sein eigentliches Sein erschließt, dann vollzieht sich dieses Entdecken von ‚Welt' und Erschließen von Dasein immer als Wegräumen der Verdeckungen und Verdunkelungen, als Zerbrechen der Verstellungen, mit denen sich das Dasein gegen es selbst abriegelt."[100]
Das Dasein ist also zunächst und zumeist aufgegangen in der besorgten Welt und verloren in das Man als seine alltägliche und verborgene Seinsart. Das ist aber nichts anderes als „eine Flucht des Daseins vor ihm selbst als eigentlichem Selbst-sein-können."[101] Deshalb ist das Selbst des alltäglichen Daseins „das Man-selbst, das wir von dem eigentlichen, das heißt eigens ergriffenen Selbst unterscheiden. Als Man-selbst ist das jeweilige Dasein in das Man zerstreut und muß sich erst finden."[102] Das alltägliche Dasein als Miteinandersein in der Welt lebt zunächst und zumeist beruhend auf und abhängig von der Lebens- und Weltanschauung und der Wertvorstellung usw. des bzw. der Anderen und der Welt. Heidegger definiert die Synonymie von Man und Anderen wie folgt: „Jeder ist der Andere und Keiner er selbst. Das Man, mit dem

[99] a.a.O., § 25, 114.
[100] a.a.O., § 27, 129.
[101] a.a.O., § 40, 184.
[102] a.a.O., § 27, 129.

sich die Frage nach dem Wer des alltäglichen Daseins beantwortet, ist das Niemand, dem alles Dasein im Untereinandersein sich je schon ausgeliefert hat."[103] Diesem Außeneinfluss ist das Dasein als Mitsein unweigerlich ausgesetzt: „Das Dasein steht als alltägliches Miteinandersein in der *Botmäßigkeit* der Anderen. Nicht es selbst *ist*, die Anderen haben ihm das Sein abgenommen. Das Belieben der Anderen verfügt über die alltäglichen Seinsmöglichkeiten des Daseins. Diese Anderen sind dabei nicht *bestimmte* Andere. Im Gegenteil, jeder Andere kann sie vertreten. Entscheidend ist nur die unauffällige, vom Dasein als Mitsein unversehens schon übernommene Herrschaft der Anderen. Man selbst gehört zu den Anderen und verfestigt ihre Macht. ‚Die Anderen', die man so nennt, um die eigene wesenhafte Zugehörigkeit zu ihnen zu verdecken, sind die, die im alltäglichen Miteinandersein zunächst und zumeist ‚da sind'. Das Wer ist nicht dieser und nicht jener, nicht man selbst und nicht einige und nicht die Summe Aller. Das ‚Wer' ist das Neutrum, *das Man*."[104] Dieses neutrale Jeder und zugleich Niemand diktiert Heidegger zufolge die Seinsart der Alltäglichkeit:

„Wir genießen und vergnügen uns, wie *man* genießt; wir lesen, sehen und urteilen über Literatur und Kunst, wie *man* sieht und urteilt; wir ziehen uns aber auch vom ‚großen Haufen' zurück, wie *man* sich zurückzieht; wir finden ‚empörend', was *man* empörend findet."[105]

Die wesentlichen Momente des Man kennzeichnet Heidegger als Abständigkeit, Durchschnittlichkeit und Einebnung: „Abständigkeit, Durchschnittlichkeit, Einebnung konstituieren als Seinsweisen des Man das, was wir als ‚die Öffentlichkeit' kennen. Sie regelt zunächst alle Welt- und Daseinsauslegung und behält in allem Recht. Und das nicht auf Grund eines ausgezeichneten und primären Seinsverhältnisses zu den ‚Dingen', nicht weil sie über eine ausdrücklich zugeeignete Durchsichtigkeit des Daseins verfügt, sondern auf Grund des Nichteingehens ‚auf die Sachen', weil sie unempfindlich ist gegen alle Unterschiede des

[103] a.a.O., 128.
[104] a.a.O., 126.
[105] a.a.O., 127.

Niveaus und der Echtheit. Die Öffentlichkeit verdunkelt alles und gibt das so Verdeckte als das Bekannte und jedem Zugängliche aus."[106]
In der Öffentlichkeit wird „jeder Vorrang geräuschlos niedergehalten. Alles Ursprüngliche ist über Nacht als längst bekannt geglättet. Alles Erkämpfte wird handlich. Jedes Geheimnis verliert seine Kraft. Die Sorge der Durchschnittlichkeit enthüllt wieder eine wesenhafte Tendenz des Daseins, die wir die *Einebnung* aller Seinsmöglichkeiten nennen."[107] Die Öffentlichkeit bzw. das Publikum ist die Welt des Scheins, nicht des Seins. Die Dinge sehen nur so aus, wie sie in Wahrheit nicht sind. Folglich können wir zwischen Wahrheit und Unwahrheit, Echtheit und Unechtheit, Sein und Seiendem usw. nicht mehr genau unterscheiden.
Mit der Unklarheit der Unterscheidung ist das Dasein oft der folgenden Gefahr ausgesetzt: Man kann nicht mehr aufzeigen, bei wem die Verantwortung und Schuld liegt, wofür man verantwortlich sein muss und woran man schuldig ist. „Das Man ist überall dabei, doch so, daß es sich auch schon immer davongeschlichen hat, wo das Dasein auf Entscheidung drängt. Weil das Man jedoch alles Urteilen und Entscheiden vorgibt, nimmt es dem jeweiligen Dasein die Verantwortlichkeit ab. Das Man kann es sich gleichsam leisten, daß ‚man' sich ständig auf es beruft. Es kann am leichtesten alles verantworten, weil keiner es ist, der für etwas einzustehen braucht."[108] Diese Ent-schuldigung bzw. Entpflichtung des Daseins von aller Verantwortlichkeit nennt Heidegger Seinsentlastung: „Das Man entlastet so das jeweilige Dasein in seiner Alltäglichkeit. Nicht nur das; mit dieser Seinsentlastung kommt das Man dem Dasein entgegen, sofern in diesem die Tendenz zum Leichtnehmen und Leichtmachen liegt. Und weil das Man mit der Seinsentlastung dem jeweiligen Dasein ständig entgegenkommt, behält es und verfestigt es seine hartnäckige Herrschaft."[109]
Obwohl das Man zunächst und zumeist nur ein sehr negatives Moment als Seinsart des alltäglichen Daseins zu sein scheint, gehört es als ein

[106] a.a.O.
[107] a.a.O.
[108] a.a.O.
[109] a.a.O., 127-128.

Existenzial und als ein ursprüngliches Phänomen zur positiven Verfassung des Daseins.[110]

1.2 Das Verfallen des ‚Man'

In den Schlussparagrafen des fünften Kapitels des ersten Abschnitts von *Sein und Zeit* analysiert Heidegger die alltäglichen Seinsweisen des Daseins. Die Analysen in den §§ 35 f schließen an die Überlegungen zur „Diktatur des Man" in § 27 an und bereiten die Überlegungen zu Gewissen und eigentlichem Selbstseinkönnen vor.[111]

Obgleich Heideggers Ausführungen zum Verfallen des Daseins oft im Sinne einer radikalen Kulturkritik verstanden worden sind, die sich zunächst scheinbar bruchlos in eine Reihe mit der zivilisationskritischen Literatur der ersten Jahrzehnte des 20. Jahrhunderts stellen lassen, wehrt er sich selbst ganz entschieden gegen ein derartiges Verständnis: „Der Titel [das Verfallen, C.U.], der keine negative Bewertung ausdrückt, soll bedeuten: das Dasein ist zunächst und zumeist bei der besorgten ‚Welt'. Dieses Aufgehen bei ... hat meist den Charakter des Verlorenseins in die Öffentlichkeit des Man. Das Dasein ist von ihm selbst als eigentlichem Selbstseinkönnen zunächst immer schon abgefallen und an die ‚Welt' verfallen. Diese Verfallenheit an die ‚Welt' meint das Aufgehen im Miteinandersein, sofern dieses durch Gerede, Neugier und Zweideutigkeit geführt wird."[112]

Gerede, Neugier und Zweideutigkeit lassen sich als „uneigentliche Parallelen" der Dreieinheit der Erschlossenheit: Rede, Verstehen und Befindlichkeit auffassen. Ihnen gilt jetzt eine nähere Betrachtung.

1.2.1 Das Gerede

Zunächst beteuert Heidegger wie bereits erwähnt, dass der Ausdruck Gerede (und dies gilt nach meinem Dafürhalten auch für die übrigen Formen des Verfallens) nicht in einem abwertenden Sinne gebraucht

[110] vgl. a.a.O., 129.

[111] vgl. a.a.O., §§ 54 f.

[112] a.a.O., § 38, 175.

wird. Er bedeutet terminologisch „ein positives Phänomen, das die Seinsart des Verstehens und Auslegens des alltäglichen Daseins konstituiert."[113] Der Artikulation des Sinns in der Rede korrespondiert in der Sphäre des Man die Selbstverständlichkeit des Geredeten; kein eigenes Verständnis ist dafür nötig: „Die Sache ist so, weil man es sagt."[114] Dies deutet zugleich die Bodenlosigkeit des Alles-Verstehens an: „Das Gerede ist die Möglichkeit, alles zu verstehen ohne vorgängige Zueignung der Sache. Das Gerede behütet schon vor der Gefahr, bei einer solchen Zueignung zu scheitern. Das Gerede, das jeder aufraffen kann, entbindet nicht nur von der Aufgabe echten Verstehens, sondern bildet eine indifferente Verständlichkeit aus, der nichts mehr verschlossen ist."[115]

Entsprechendes gilt auch für das „Geschreibe".[116]

Die Rede, die zur wesenhaften Seinsverfassung des Daseins gehört, kann ins Gerede umschlagen. Solcher Umschlag führt zum Verlust der Erschlossenheit, weil das Gerede das innerweltlich Seiende verschließt und verdeckt. Das Dasein selbst ist von Haus aus dem Gerede des Man ausgesetzt. Um es mit Heidegger zu sagen:

„Dieser alltäglichen Ausgelegtheit, in die das Dasein zunächst hineinwächst, vermag es sich nie zu entziehen. In ihr und aus ihr und gegen sie vollzieht sich alles echte Verstehen, Auslegen und Mitteilen, Wiederentdecken und neu Zueignen. Es ist nicht so, daß je ein Dasein unberührt und unverführt durch diese Ausgelegtheit vor das freie Land einer ‚Welt' an sich gestellt würde, um nur zu schauen, was ihm begegnet."[117]

Mit anderen Worten: Die vom Gerede beherrschte Öffentlichkeit bildet den Ausgangspunkt für alle Verstehensvollzüge des Daseins.

1.2.2 Die Neugier

Die Neugier bildet die un-eigentliche Parallele zum Verstehen. Auch sie hat wie das Verstehen die Tendenz zum „vernehmenden Begegnen-

[113] a.a.O., § 35, 168.
[114] a.a.O.
[115] a.a.O., 169
[116] a.a.O.
[117] a.a.O.

lassen“[118], allerdings auf andere Art. Ist diese Tendenz, die Wahrheit im bloßen Vernehmen zu suchen, ein Grundzug abendländischer Philosophie überhaupt so ist die Neugier nur noch auf das bloße Aussehen aus. Mit der Begrifflichkeit von der Freiburger Vorlesung *Phänomenologie des religiösen Lebens* wäre die Neugier „das neugerige Sich-Umsehen in der Welt“, das Heidegger mit der Begierde der Augen (concupiscentia oculorum) gleichsetzt.[119] Es nimmt also kein Wunder, dass in *Sein und Zeit* der Neugier die Augenmetaphorik[120] zukommt. Es geht der Neugier nicht darum, das Gesehene zu verstehen, sondern sie strebt, die Last des In-der-Welt-Seins abzuschütteln: Sie ist ein Unverweilen in der Welt. Das Dasein versucht sich durch Zerstreuung, durch immer neue Möglichkeiten, die, kaum dass sie verstanden sind, schon wieder verlassen werden, aus der Welt zu ziehen. Im Ganzen ist somit die Neugier durch Aufenthaltlosigkeit gekennzeichnet: Sie ist „überall und nirgends“.[121] Die neuzeitliche *curiositas* soll nach Heidegger nicht mit dem (Er)staunen als der Grundstimmung des Philosophierens verwechselt werden. Die Ansicht, das Erstaunen bzw. Sich-Wundern sei der Anfang der Philosophie, geht auf Plato zurück:

„Das Sich-Wundern ist ein Seelenzustand, der sehr typisch für einen Philosophen ist. Denn es gibt keinen anderen Anfang der Philosophie als diesen.“[122]

Dieses Sich-Wundern ist ein Pathos, das einem widerfährt und das Streben nach Wissen auslöst. Das Staunen darüber, dass etwas ist führt zum Fragen: Wie fing alles an und wie wird alles enden? Was heißt es, dass etwas ist? Was heißt es, dass nicht nichts ist? Heißt nichts etwas?

---

[118] a.a.O., § 36, 170

[119] vgl. GA 60, 224.

[120] vgl. Confessiones lib. X, cap. 35: „Ad oculos enim videre proprie pertinet. Utimur autem hoc verbo etiam in ceteris sensibus cum eos ad cognoscendum intendimus. Neque enim dicimus: audi quid rutilet; aut, olefac quam niteat; aut, gustam quam splendeat; aut, palpa quam fulgeat: videri enim dicuntur haec omnia. Dicimus autem non solum, vide quid luceat, quod soli oculi sentire possunt, sed etiam, vide quid sonet; vide quid oleat; vide quid sapiat; vide quam durum sit. Ideoque generalis experientia sensuum concupiscentia sicut dictum est oculorum vocatur, quia videndi officium in quo primatum oculi tenent, etiam ceteri sensus sibi de similitudine usurpant, cum aliquid cognitionis explorant.“

[121] SZ § 36, 173.

[122] *Theaitetos* 155d 2-4.

Die Griechen waren die ersten, die solche Fragen stellten und haben auf diese Weise das Philosophieren eingeleitet.
Diese platonische Sicht wird weitergeführt bei Aristoteles. Im ersten Buch der Metaphysik heißt es:
„Durch das Sich-Wundern (θαυμάζειν) beginnen Menschen zu philosophieren, damals [bei den ersten Philosophen] wie heute."[123]
An einer anderen Stelle heißt es:
„Es beginnen ja alle mit der Verwunderung darüber, daß etwas so ist, wie es ist, wie etwa bezüglich der automatischen Kunstwerke oder bezüglich der Wendung der Sonne oder der Irrationalität der Diagonalen, denn wunderbar erscheint es jedem, der den Grund noch nicht erforscht hat, wenn etwas durch das kleinste Maß nicht meßbar sein soll."[124]
Umgekehrt aber gilt: „Über nichts würde sich ein der Geometrie Kundiger mehr verwundern, als wenn die Diagonale kommensurabel sein sollte."[125]
Das Erstaunliche steht also im Gegensatz einerseits zum unverständlich Erscheinenden und andererseits zum wissenschaftlich Aufgeklärten. Nach Aristoteles staunen wir, dass etwas so ist, wie es ist, solange wir nicht wissen, warum es so ist. „Wer über eine Sache im Zweifel (ἀπορῶν) ist und sich wundert (θαυμάζειν), ist darüber offenbar in Unwissenheit [...] Sie philosophierten also, um der Unwissenheit zu entgehen (ἄγνοια)."[126]
Das zunächst unverständlich Erscheinende wird aufgeklärt, indem die zu seiner Erkenntnis notwendigen ontologischen oder logischen Fakten ans Licht gebracht werden. Das Sich-Wundern ist also eine Bewegung, die von Nichtwissen ausgeht und ins Wissen mündet.[127] Die Entzauberung der Welt durch die neuzeitliche Wissenschaft und Technik kann man ohne weiteres auf diese Form vom Staunen zurückführen. Es verführt die Menschen zur Illusion des Alles-Kennens und des Alles-Wissens. Dagegen sieht Heidegger im Staunen als dem „bewundernden

[123] Meta I 2, 982b 11-13.
[124] a.a.O., 983a 12-16.
[125] a.a.O., 983a 20.
[126] a.a.O., 982b 19-20.
[127] Zum (Er)staunen als der Anfang der Philosophie vgl. hierzu auch Marten, R.: *Heidegger lesen*, 222-226; Guzzoni, U.: „Das Erstaunliche und die Philosophie", in: *Information Philosophie* 2 (2001) 7-19; Haeffner, G.: „ Über das Verhältnis von Staunen und Erkennen", in: R. Esterbauer (Hg.): *Orte des Schönen*, 13-36.

Betrachten des Seienden“[128] und im Staunen als der Grundstimmung der geistigen Begegnung mit dem schlechtweg Unerklärlichen und Ungeheuren[129] den Gegenzug zur *curiositas*. Für ihn ist das eigentliche Erstaunliche das Faktum des Seins:
„Das Erstaunliche ist für die Griechen das Einfache, Unscheinbare, das Sein selbst. Dieses Erstaunliche, im Staunen Sichzeigende ist das Ungeheure, was zum Geheuren so unmittelbar gehört, daß es nie aus dem Geheuren erklärt werden kann.“[130]
Im Nachwort zu *Was ist Metaphysik*? nennt Heidegger das „Wunder aller Wunder: daß es ist.“[131] Die Urfaktizität bzw. die Urgegebenheit stellt für Heidegger die äußerste *limes* der menschlichen Erkenntnis dar. Darüber hinaus kann man nicht gehen. Sie ist und bleibt ohne Warum. Die Philosophie als „Festhalten am Unerklärlichen“ liegt nach Heidegger der Philosophie als „Wille zur (Auf-)Klärung“ bzw. „Rechenschaft ablegen“[132] (λόγον διδόναι, rationem reddere) zugrunde. Die Erstere ist die Voraussetzung für die Letztere. Voraussetzen heißt in *Sein und Zeit*: „etwas verstehen als den Grund des Seins eines anderen Seienden.“[133]
Gerede und Neugier sind nicht unabhängig voneinander, auch darin sind sie ihren Vorbildern – Rede und Verstehen – analog: das Gerede gibt gleichsam die Tips für die Neugier, indem es sagt, „was man gelesen und gesehen haben muß.“[134] Andererseits ist es die Neugier, die dem Gerede gleichsam den Stoff liefert. Beide arbeiten also hevorragend zusammen: der Neugier kann nichts verschlossen bleiben und dem Gerede bleibt nichts unverstanden.

1.2.3 Die Zweideutigkeit

Neugier und Gerede täuschen dem alltäglichen Dasein, ein echtes bzw. eigentliches Lebens vor, und damit zeigt sich eine dritte Erscheinung, die

[128] SZ § 36, 172.
[129] vgl. GA 54, 149.
[130] a.a.O, 150.
[131] WiM-N 50.
[132] vgl. *Der Satz vom Grund*, 181.
[133] SZ § 44, 228.
[134] a.a.O., § 36, 173.

das alltägliche Dasein auszeichnet, nämlich die Zweideutigkeit. Diese Zweideutigkeit erstreckt sich nicht nur auf die Welt, sondern sie beeinflusst auch das Verhältnis des Einzelnen zu den Anderen[135] und sogar das Verhältnis des Einzelnen zu sich selbst. Jeder erkennt und bespricht alles, was vorliegt und vorkommt; jeder weiß, was erst geschehen soll, wie es gemacht werden müsse, jeder ahnt alles und ist allem auf der Spur. Ja, es kommt so weit, dass, wenn das, was man geahnt hat, nun verwirklicht ist, die Zweideutigkeit sofort dafür sorgt, dass das Interesse an der nun realisierten Sache abstirbt; denn man hätte es ja auch machen können, da man es doch mit-ahnte, und man ist schließlich sogar ungehalten, dass das Geahnte nun Wirklichkeit ist, weil damit die Möglichkeit weggenommen wurde, weiter zu ahnen. „Zweideutig ist das Dasein immer ‚da', das heißt in der öffentlichen Erschlossenheit des Miteinanderseins, wo das lauteste Gerede und die findigste Neugier den ‚Betrieb' im Gang halten, da, wo alltäglich alles und im Grunde nichts geschieht."[136]

So treibt der Mensch einer Entfremdung zu, in der sich ihm das eigenste Seinkönnen verbirgt. Die versuchend-beruhigende Entfremdung des Verhaltens führt dazu, dass sich der Mensch in sich selbst verfängt. Heidegger nennt das *Absturz*: „Das Dasein stürzt aus ihm selbst in es selbst, in die Bodenlosigkeit und Nichtigkeit der uneigentlichen Alltäglichkeit. Dieser Sturz aber bleibt ihm durch die öffentliche Ausgelegtheit verborgen, so zwar, dass er ausgelegt wird als ‚Aufstieg' und ‚konkretes Leben'."[137]

Die Bewegung des Daseins, die Heidegger hier in der Metaphorik von Absturz und Aufstieg beschreibt entspricht den Geschichten vom Absturz und Aufstieg der Seelen, die Platon in *Phaidros* und in *Politea* erzählt. Dass die Seelen, die im Gefolge der Götter die Ideen am *topos hyperuranios* geschaut haben, beim Sturz auf die Erde in den Zustand

[135] „Das Miteinandersein im Man ist ganz und gar nicht ein abgeschlossenes, gleichgültiges Nebeneinander, sondern ein gespanntes, zweideutiges Aufeinander-aufpassen, ein heimliches Sich-gegenseitig-abhören. Unter der Maske des Füreinander spielt ein Gegeneinander" (SZ § 36, 174).

[136] SZ § 37, 174.
[137] a.a.O., 178.

der Vergessenheit geraten und bloße Abbilder für die eigentlichen Urbilder halten; und dass sie nur durch Gewalt und fremde Hilfe zum Aufstieg aus der Höhle und zur *anamnesis* bewegt werden können: dieses Muster ist in neuplatonischen und gnostischen Mythen, zu denen Hans Jonas zufolge die Daseinsanalytik paßt wie ein „Schlüssel ins Schloß“[138], zu vielfältigen Variationen gelangt. Der gnostische Mythos stellt das kosmische Erlösungsdrama so: Abgefallen von einem ursprünglichen göttlichen Pneuma und Licht und geworfen in die Fremde und Finsternis der Welt, in der das Pneuma nun gefangen und in Körper eingekerkert ist, haben die Menschen ihre Heimat und Herkunft vergessen und sind an die Welt verfallen, bis der Ruf des vom Ursprung gesandten Heilsboten die Abkehr vom Bann der Welt bewirkt. Indem er die Geschichte seiner Herkunft erzählt, weckt er die Erinnerung an sie, die Voraussetzung für die erlösende Heimkehr zum Ursprung ist. Wenn Heidegger dieses Geschehen des Abfalls vom göttlichen Ursprung, von der Verfallenheit an die Welt und der Wiedererinnerung mit dem Ursprung in die innere Bewegtheit des Daseins transponiert, ist dies nicht einfach als Säkularisierung ursprünglich mythisch-religiöser Strukturen zu verstehen, die vielmehr selber abkünftig sind, weil sie der ursprünglichen Bewegtheit des Daseins entspringen. Mythen nämlich sind, in dieser einen Deutung Heideggers, nur Ausdruck und Auslegung des mythischen, uneigentlichen Selbstverständnisses, in dem das Dasein zunächst immer bereits befangen ist, wenn es sich reluzent von den Dingen versteht.[139]

Gerede, Neugier und Zweideutigkeit sind existenziale Bestimmtheiten, d.h. sie gehören unablösbar zum Dasein. Der gemeinsame Nenner dieser alltäglichen Seinsmöglichkeiten des Daseins heißt das Verfallen. Das Verfallen wird also als ein Existenzial des Daseins verstanden, für welches der Einzelne nicht zur Verantwortung oder Rechenschaft gezogen werden kann. Dieser Mangel an Zurechenbarkeit ist der wesentliche Grund, warum Heidegger sich von „einer moralisierenden Kritik des alltäglichen Daseins und von ‚kulturphilosophischen‘

---

[138] Jonas, H.: „Gnosis, Existenzialismus und Nihilismus“, in: ders., *Zwischen Nichts und Ewigkeit. Zur Lehre vom Menschen*, 6.

[139] SZ § 38, 179 f.

Aspirationen"[140] distanziert. Sich in Strom öffentlicher Ausgelegtheit treiben zu lassen, zu reden, was man redet (Ge-rede) und zu schreiben, was man schreibt (Ge-schreibe), aufzumerken, wo man aufmerkt (Neugier) und gar nicht ermitteln zu können, was einem selbst tatsächlich zugehört und was man nur vermittels der bedenklosen Teilnahme an einem überkommenen Bestand institutionalisierter Praktiken als zu sich zugehörig erfährt (Zweideutigkeit) - dies macht uns aus, ob wir es wollen oder nicht. Die verfallene Lage des Daseins entspricht der in § 27 herausgestellten „Diktatur des Man." Gerade weil wir als Menschen nicht einfach zwischen der authentischen Gestaltung unseres Lebens (Eigentlichkeit) und einer mehr oder weniger konformistischen Lebensform (Uneigentlichkeit) wählen können, ist das Selbstverständnis der Analysen Heideggers zunächst einmal rein deskriptiv. Deskriptiv ist das Selbstverständnis seiner Analyse auch deshalb, weil er nicht etwa der Auffassung ist, dass eine bestimmte Form von Gesellschaft das Verfallen ihrer Mitglieder besonders begünstige, was dann gegebenfalls in „fortgeschrittenen Stadien der Menschheitskultur beseitigt werden könnte."[141]

Ob und inwieweit sich normative Erwägungen mit den Verfallenheitsanalysen verbinden bzw. verbinden lassen, ist eine Frage, die kontrovers diskutiert wird. Gegenstand einer kontroversen Diskussion ist ebenfalls das Problem, ob die von Heidegger immer wieder beteuerte nichtnormative Dimension seiner Verfallenheitsanalysen nicht doch mit unausgewiesenen starken normativen Unterstellungen operiert.[142] Be-

[140] a.a.O., § 34, 167.
[141] a.a.O., § 38, 176.
[142] Zur Debatte über das Problem der ethischen Implikation bei Heidegger vgl. Müller, M.: Existenzphilosophie im geistigen Leben der Gegenwart, 42 Anm. 1; Fahrenbach, H.: Existenzphilosophie und Ethik, 99-131; Gadamer, H.-G.: „Heidegger und die Ethik", in: ders.: Hegel, Husserl, Heidegger. Gesammelte Werke Bd. 3, 333-374; Vetter, H.: Heidegger und die Ethik. Materialien zur Klärung einiger möglicher Mißverständnisse, in: H. Vetter *et alii* (Hg.): Verantwortung: Beiträge zur praktischen Philosophie, 162 f; Adorno, T.W.: Jargon der Eigentlichkeit, 81; Guilead, R.: Être et Liberté : une étude sur le dernier Heidegger, 119-125; Marx, W.: Gibt es auf Erden ein Maß? Grundbestimmung einer nicht-metaphysischen Ethik, 15 f; Herrmann, F.W.v.: „Das Ereignis und die Frage nach dem Wesen der Technik, Politik und Kunst", in: C. Jamme & K. Harries (Hg.): Martin Heidegger Kunst-Politik-Technik, 244; Rigobello, A.: Heideggers Kritik des Begriffes ‚Wert' und die praktische

züglich der Frage nach dem Ethischen in Heideggers Philosophie lassen wir den Denker selbst zu Wort kommen. Nach der Lektüre von *Sein und Zeit* fragte ein junger Freund Heidegger: „Wann schreiben Sie eine Ethik?" Jean Beaufret wiederholt diese Frage in etwas differenzierterer Form in seinem Schreiben an Heidegger, auf den dieser mit dem berühmten Humanismus-Brief antwortet: „ce que je cherche à faire, depuis longtemps déjà, c'est préciser le rapport de l'ontologie avec une éthique possible?"[143] In welchem Verhältnis stehen Ontologie und Ethik? Muss die Ontologie durch eine Ethik ergänzt werden, zumal wenn die *Humanitas* so wesentlich für das Denken des Seins ist? Heideggers Antwort ist in sich gedoppelt: Bei allem Verständnis für den Wunsch nach einer bindenden Ethik angesichts der derzeitigen „offenkundigen Ratlosigkeit" des Menschen sowie seiner Ausgeliefertheit ins „Massenwesen und in die Technik", erteilt Heidegger seinem französischen Briefpartner zunächst eine deutliche Absage:

Bedeutung von ‚Eigentlichkeit', in: D. Papenfuss & O. Pöggeler (Hg.): Zur philosophischen Aktualität Heideggers Bd.1, 197-206; Dybel, P.: „Heidegger und das Problem der Ethik", in: M. Fürst *et alii* (Hg.): Mesotes, Supplementband: Martin Heidegger, 141-148; Cullen, B.A.: „Heidegger, Metontologie und die Möglichkeit einer philosophischen Ethik", in, D. Papenfuss O. Pöggeler (Hg): Zur philosophischen Aktualität Heideggers Bd. 1, 207-213; Brandner, R.: Warum Heidegger keine Ethik geschrieben hat, 13 f; Caputo, J.: The Mystical Element in Heidegger's Thought, 254-257; Rapp, F.: Ontologie ohne Ethik? Zur Klärung der Heidegger-Kontroverse, in: Zeitschrift für philosophische Forschung 43 (1989) 695-701; Seel, M.: „Heidegger und die Ethik des Spiels", in: Forum für Philosophie Bad Homburg (Hg.): Martin Heidegger. Innen- und Außensichten, 244-272; Camele, A.M.: Heideggerian Ethics, in: Philosophy Today vol. 21, 284-293; Kockelmans, J.J.: On the Truth of Being. Reflections on Heidegger's Later Philosophy, 253ff; Kettering, E.: NÄHE. Das Denken Martin Heideggers, 368ff; Vogel, L.: The Fragile „We". Ethical Implications of Heidegger's „Being and Time"; Macann, C.E.: „Who is Dasein? Towards an ethic of authenticity", in: ders. (ed.), Martin Heidegger. Critical Assessments IV, 214-246; Gelven, M.: A Commentary on Heidegger's Being and Time, 110, 160; Kreiml, J.: Zwei Auffassungen des Ethischen bei Heidegger: ein Vergleich von *Sein und Zeit* mit dem ‚Brief über den Humanismus'; Wucherer-Huldenfeld, A.K.: „Das ursprünglich Ethische im Ansatz von Heideggers ‚Sein und Zeit'", in: R. Esterbauer (Hg.), Orte des Schönen, 217-237; Tugendhat, E.: „‚Wir sind nicht fest verdrahtet': Heideggers ‚Man' und die Tiefendimensionen der Gründe (1999)", in: ders.: Aufsätze 1992-2000, 138-162; Reid, J.D.: „Ethical Criticism in Heidegger's Early Freiburg Lectures", in: RM 59 (2005) 69-71.

[143] vgl.Hum 38.

„Das Denken, das nach der Wahrheit des Seins fragt und dabei den Wesensaufenthalt des Menschen vom Sein her und auf dieses hin bestimmt, ist weder Ethik noch Ontologie. Darum hat die Frage nach der Beziehung beider zueinander in diesem Bereich keinen Boden mehr."[144]
Die Frage selbst ist deshalb schon falsch gestellt, weil sich Heideggers Seinsdenken zu dieser Zeit gar nicht mehr als Ontologie geschweige denn als Ethik versteht. Dies ist die eine Seite der Heideggerschen Antwort. Andererseits verleiht er der Beaufretschen Frage auf einem anderen Boden ein neues Gewicht, wenn er das Denken an die Wahrheit des Seins in sich als „ursprüngliche Ethik" bezeichnet, ursprünglich im Sinne der Heraklitischen Besinnung auf das ‚ἦθος' als den ‚Aufenthalt', Ort des Wohnens.
„Das Wort [‚ἦθος',C.U.] nennt den offenen Bezirk, worin der Mensch wohnt. Das offene seines Aufenthaltes läßt das erscheinen, was auf das Wesen des Menschen zukommt und also ankommend in seiner Nähe sich aufhält. Der Aufenthalt des Menschen enthält und bewahrt die Ankunft dessen, dem der Mensch in seinem Wesen gehört. Das ist nach dem Wort des Heraklit δαίμον, der Gott. Der Spruch sagt: der Mensch wohnt, insofern er Mensch ist, in der Nähe Gottes."[145]
Zusammenfassend: Zum einen verweist Heidegger die traditionelle Ethik in den Vorhof des Denkens, weil in ihr noch nicht die Ursprungsdimension erreicht wird, zum anderen weist er auf den ethischen Charakter seines Seinsdenken im Sinne einer „ursprünglichen Ethik" hin, die dem Menschen den Ort seines Wohnens entwirft. Es ist also möglich die Fundamentalontologie Heideggers als ‚Fundamentalethik' zu kennzeichnen, ja von Heideggers gesamten Denken könne dies, wie schon Rainer Thurnher überzeugend nachgewiesen hat, gesagt werden.[146]
Indem Heidegger im Zusammenhang mit dem Verfallen erneut den Aspekt der Geworfenheit des Daseins akzentuiert, erinnert er noch einmal an die Befindlichkeitsanalyse zu Beginn des Kapitels. Die Verbindung wird von ihm denn auch explizit hergestellt:

[144] a.a.O., 42.
[145] a.a.O., 39.
[146] vgl. Thurnher, R.: „Heideggers Denken als Fundamentalethik?", in: R. Margreiter & K. Leidlmair (Hg.): Heidegger: Technik-Ethik-Politik, 133-141.

„Das Dasein kann nur verfallen, weil es ihm um das verstehend-befindliche In-der-Welt-sein geht. Umgekehrt ist die eigentliche Existenz nichts, was über der verfallenden Alltäglichkeit schwebt, sondern existenzial nur ein modifiziertes Ergreifen dieser."[147]
Die phänomenbezogenen Einzelanalysen, die am Ende des Paragrafen mit Begriffen wie Versuchung, Beruhigung, Entfremdung, Verfängnis und schließlich mit Absturz und Wirbel angedeutet werden, thematisieren die Geworfenheit des Daseins noch einmal mit besonderer Drastik.
Aus dem Vorangehenden ist ersichtlich, dass Heideggers Begriff des Verfallens zweideutig ertönt: Einerseits positiv als Existenzial des Daseins (eigentliches Verfallen), andererseits negativ als Sammelbegriff des uneigentlichen Lebens (uneigentliches Verfallen).

1.3 Uneigentlichkeit und Eigentlichkeit im Dasein

Was meint Heidegger mit diesem Gegensatzpaar, das die ganze Existenzialanalytik wie ein roter Faden durchzieht? Wird es in einem moralischen Sinne verstanden? Stehen Uneigentlichkeit und Eigentlichkeit in Wechselwirkung zueinander oder sind sie zwei getrennte Welten? Formal bezeichnet die Eigentlichkeit, dass das Dasein sich das ihm übereignete Sein als solches zueignet: das Existieren in seiner unvetretbaren Jemeinigkeit übernimmt. Entsprechend meint die Uneigentlichkeit die Art und Weise des Existierens, in der das Dasein das ihm übereignete Sein nicht als solches übernimmt; sein Seinkönnen aus einem Anderen her bestimmt, dem es sein jemeiniges Sein überantwortet hat. Eigentlichkeit und Uneigentlichkeit sind terminologisch nicht mit Begriffen der ‚Wirklichkeit', ‚Wesentlichkeit' zu assoziieren, sondern aus dem Anklang an ‚eigen' (proprium) heraus, also in bezug auf das selbsthafte Existieren, zu verstehen. Uneigentlich existieren heißt: das eigene Sein veräußern, das Existieren abgeben, sich seiner selbst enteignen. Die Jemeinigkeit des Existierens wird verhüllt in und an einem Anderen, dem das je eigene Sein überantwortet ist.

[147] SZ § 35, 179.

Heidegger weist des weiteren daraufhin, dass die Uneigentlichkeit „keine Herabminderung der Faktizität des Daseins, so wenig wie das Man als das Niemand ein Nichts ist. Im Gegenteil, in dieser Seinsart ist das Dasein ein ens realissimum, falls ‚Realität' als daseinsmäßiges Sein verstanden wird."[148] Deshalb bedeutet die Wendung „Uneigentlichkeit des Daseins" weder „eigentlich nicht", als ob das Dasein mit dem Seinsmodus überhaupt seines Seins verlustig ginge, noch „Nicht-mehr-in-der-Welt-Sein". Im Gegenteil: Sie macht gerade ein ausgezeichnetes In-der-Welt-Sein aus, „das von der ‚Welt' und dem Mitdasein Anderer im Man völlig benommen ist."[149] Was sie Uneigentlichkeit des Daseins genannt wurde, erfährt vielmehr jetzt auch durch die Interpretation der Charaktere des Verfallens an die Welt, des Aufgehens im Miteinandersein und des Verlorenseins in die Öffentlichkeit des Man usw. eine schärfere Bestimmung.

„Das Nicht-es-selbst-sein fungiert als *positive* Möglichkeit des Seienden, das wesenhaft besorgend in einer Welt aufgeht. Dieses *Nicht-sein* muß als die nächste Seinsart des Daseins begriffen werden, in der er sich zumeist hält."[150]

Erst, wenn man z.B. seine eigene Sache verloren hat, kann man dann deren Wert besser verstehen als vorher. Was zwar verloren, aber nicht vernichtet ist, das kann und muss noch gefunden werden. „Weil es aber in das Man *verloren* ist, muss es sich zuvor *finden*. Um sich überhaupt zu finden, muss es ihm selbst in seiner möglichen Eigentlichkeit ‚gezeigt' werden. Das Dasein bedarf der Bezeugung eines Selbstseinkönnens, das es der *Möglichkeit* nach je schon *ist*."[151]

Daher ist das Dasein vielmehr gleichursprünglich in Uneigentlichkeit und Eigentlichkeit, Unwahrheit und Wahrheit[152] sowie Unentschlossenheit und Entschlossenheit[153], was ursprünglich aus der Doppelheit seiner Grundstruktur, nämlich aus Entwurf und Geworfenheit und aus Existenz und Faktizität bzw. Verfallen herstammt. In der Faktizität kann das

[148] SZ § 27, 128.
[149] a.a.O., § 38, 176.
[150] a.a.O.
[151] a.a.O., § 54, 268.
[152] a.a.O., § 44, 222, 229.
[153] a.a.O., § 60, 298; § 61, 308.

Dasein niemals aufhören, das Man zu sein, auch wenn es sich in der Existenz das eigentliche Selbstsein aneignet. Auch im eigentlichen Selbstsein ist das Dasein durch die Struktur des Man bestimmt und kann sich nur als das Mitsein und Mitdasein in der Welt verhalten. Denn außer der Welt kann das Dasein weder existieren noch handeln. Um es mit Günter Figal auszudrücken: „Ohne das ‚Man' gibt es kein Verhalten."[154] Und genau deswegen kann das Dasein aus der Uneigentlichkeit erst seine Eigentlichkeit gewinnen. „Das *eigentliche Selbstsein* beruht nicht auf einem vom Man abgelösten Ausnahmezustand des Subjekts, sondern *ist eine existenzielle Modifikation des Man als eines wesenhaften Existenzials*."[155]

Die eigentliche Existenz ist „nichts, was über der verfallenden Alltäglichkeit schwebt, sondern existenzial nur ein modifiziertes Ergreifen dieser."[156] Also gibt es kein eigentliches Selbstsein ohne das Man als eine uneigentliche und verfallene Seinsart des Daseins.

Wie ist dann das modifizierte Ergreifen der Alltäglichkeit möglich? Bei Heidegger heißt es: „Das Sichzurückholen aus dem Man, das heißt die existenzielle Modifikation des Man-selbst zum *eigentlichen* Selbstsein muss sich als *Nachholen einer Wahl* vollziehen. Nachholen der Wahl bedeutet aber *Wählen dieser Wahl*, Sichentscheiden für ein Seinkönnen aus dem eigenen Selbst. Im Wählen der Wahl *ermöglicht* sich das Dasein allererst sein eigentliches Selbstseinkönnen."[157] Das Dasein muss sich das eigentliche Selbstsein als eigenes Selbst wählen und als dasjenige ergreifen, was nichts anderes ist, als die vorlaufende Entschlossenheit. „Die Entschlossenheit bedeutet Sich-aufrufen-lassen aus der Verlorenheit in das Man. Die Unentschlossenheit des Man bleibt gleichwohl in Herrschaft, nur vermag sie die entschlossene Existenz nicht anzufechten."[158]

Das Dasein muss durch und durch mit den Anderen, beim Zuhandenen und gegenüber dem Vorhandenen in der Welt sein und bleiben, auch wenn es sich schon für das eigentliche Selbst entschließt. „Die

---

[154] vgl. Figal, G.: *Martin Heidegger. Phänomenologie der Freiheit*, 153.
[155] SZ § 27, 130.
[156] a.a.O., § 38, 179
[157] a.a.O., § 54, 268.
[158] a.a.O., § 60, 299.

Entschlossenheit löst als eigentliches Selbstsein das Dasein nicht von seiner Welt ab, isoliert es nicht auf ein freischwebendes Ich. Wie sollte sie das auch – wo sie doch als eigentliche Erschlossenheit nicht anderes als das In-der-Welt-sein eigentlich ist. Die Entschlossenheit bringt das Selbst gerade in das jeweilige besorgende Sein bei Zuhandenem und stößt es in das fürsorgende Mitsein mit den Anderen."[159] Deshalb bleibt der Entschluss „auf das Man und seine Welt angewiesen. Das zu verstehen, gehört mit zu dem, was er erschließt, sofern die Entschlossenheit erst dem Dasein die eigentliche Durchsichtigkeit gibt. In der Entschlossenheit geht es dem Dasein um sein eigenstes Seinkönnen, das als geworfenes nur auf bestimmte faktische Möglichkeiten sich entwerfen kann. Der Entschluss entzieht sich nicht der ‚Wirklichkeit', sondern entdeckt erst das faktisch Mögliche, so zwar, daß er es dergestalt, wie es als eigenstes Seinkönnen im Man möglich ist, ergreift."[160]

Das jeweilige Dasein als geworfenes kann sich nur auf bestimmte faktische Möglichkeiten hin entwerfen. In dieser Hinsicht ist das eigentliche Selbst die Aufgabe, das Ideal und das Ziel des Selbstentwurfs als Selbstbefreiung vom Verlorensein in das Man.

Für uns Menschen ist das eigentliche Selbst meistens nur als *Möglichkeit*, während dessen *Wirklichkeit* nicht auf Dauer, sondern nur für den Augenblick und also nur flüchtig zu erreichen ist. Existenziell gewonnene Eigentlichkeit kann kein dauerndes Eigentum sein. Immer wieder gleitet das Dasein von der gewonnenen Eigentlichkeit in die Uneigentlichkeit ab.

Deswegen spricht Heidegger anstatt vom eigentlichen Selbst vom eigentlichen Selbstseinkönnen bzw. vom eigensten Seinkönnen. Die Tatsache, dass Heidegger in *Sein und Zeit* von Anfang bis Ende vor allem an der Erwähnung dieser Möglichkeit festgehalten hat, hängt eng mit der Einsicht in die Endlichkeit und Geschichtlichkeit des menschlichen Daseins zusammen.

Hier sei die Heideggersche Unterscheidung von Uneigentlichkeit und Eigentlichkeit mit deren Kantischem Analog verglichen. Nach der Kantischen Moralphilosophie ist der Mensch als handelndes Subjekt

[159] a.a.O., 298.
[160] a.a.O., 299.

einerseits das Subjekt der Neigung und andererseits das der reinen praktischen Vernunft.[161] Dazwischen scheint eine unüberbrückbare Dichotomie zu liegen. Trotzdem kann sie nur im Menschen als ein und demselben handelnden Subjekt bestehen. Daher hat das menschliche Selbst als Handlungssubjekt eine in sich widersprüchliche Doppelstruktur. Wie aber kann der Mensch mit diesem Gegensatz zu einer sittlichen Selbstbestimmung gelangen? Anders formuliert: Wie kann die Vernunft die Neigung im menschlichen Selbst beherrschen und überwinden? Hieraus resultiert eine weitere Frage: Was bedeutet überhaupt Neigung und in welchem Verhältnis steht sie zur reinen praktischen Vernunft?

Unter der Neigung versteht Kant zunächst die „habituelle sinnliche Begierde“[162] bzw. die „Abhängigkeit des Begehrungsvermögens von Empfindungen.“[163] Deshalb kann die Neigung des Menschen nicht als sittliches Motiv gelten. Denn alle Neigungen zusammen machen die Selbstsucht aus, die aus der Eigenliebe und dem Eigendünkel besteht. „Die reine praktische Vernunft tut der Eigenliebe bloß Abbruch, indem sie solche, als natürlich und noch vor dem moralischen Gesetze in uns rege, nur auf die Bedingung der Einstimmung mit diesem Gesetze einschränkt, da sie alsdann vernünftige Selbstliebe genannt wird. Aber den Eigendünkel schlägt sie gar nieder, indem alle Ansprüche der Selbstschätzung, die vor der Übereinstimmung mit dem sittlichen Gesetze vorhergehen, nichtig und ohne alle Befugnis sind, indem eben die Gewißheit einer Gesinnung, die mit diesem Gesetz übereinstimmt, die erste Bedingung allen Werts der Person ist.“[164]

Außerdem definiert Kant das Vehältnis zwischen der (nicht vernünftigen) Selbstliebe und Neigung folgendermaßen: Alles, was in der Selbstliebe angetroffen wird, gehört zur Neigung und alle Neigungen beruhen auf

---

[161] vgl. Arifuku, K.: „Heidegger und Kant Uneigentlichkeit und Eigentlichkeit des menschlichen Selbst“, in: D. Papenfuss & O. Pöggeler (Hg.): *Zur philosophischen Aktualität Heideggers* Bd. 1, 151-166.
[162] Kant: *Anthropologie in pragmatischer Hinsicht* VII, 251.
[163] ders.: *Grundlegung zur Metaphysik der Sitten* IV, 413.
[164] KpV V, 73.

Gefühlen. Alles, was dagegen der Selbstliebe Abbruch tut, hat eben dadurch notwendig Einfluß auf das Gefühl.[165]

Kant nennt daher das Subjekt der Neigung das pathologisch bestimmbare Selbst und das der reinen praktischen Vernunft das eigentliche Selbst bzw. Intelligenz. Er unterscheidet das erste streng und nachdrücklich von dem letzten.

„Nun finden wir aber unsere Natur, als sinnlicher Wesen so beschaffen, daß die Materie des Begehrungsvermögen (Gegenstände der Neigung, es sei der Hoffnung, oder Furcht) sich zuerst aufdringt, und unser pathologisch bestimmbares Selbst, ob es gleich durch seine Maximen zur allgemeinen Gesetzgebung ganz untauglich ist, dennoch, gleich als ob es unser ganzes Selbst ausmachte, seine Ansprüche vorher und als die ersten und ursprünglichen geltend zu machen bestrebt sei."[166]

Nach der Kantischen Definition kann der Mensch sich einen Willen anmaßen, der überhaupt nicht rechnet, was bloß zu seinen Begierden und Neigungen gehört. Im Willen denkt der Mensch Handlungen durch sich als notwendig, die „nur mit Hintansetzung aller Begierden und sinnlichen Anreizungen geschehen können."[167] Die Kausalität dieser Handlungen liegt im Menschen als Intelligenz und in den Gesetzen der Wirkungen nach Prinzipien einer intelligiblen Welt, „von der er wohl nichts weiter weiß, als daß darin lediglich die Vernunft und zwar reine, von Sinnlichkeit unabhängige Vernunft das Gesetz gebe."[168] Der Mensch ist also einerseits als Intelligenz das eigentliche Selbst, und andererseits als Erscheinung seiner selbst das pathologisch bestimmbare Selbst mit Neigungen und Antrieben. Das moralische Gesetz geht demgemäß den Menschen als das eigentliche Selbst „unmittelbar und kategorisch" an, da er es seinem eigentlichen Selbst, d.h. seinem reinen Willen als Intelligenz, und zwar unbedingt zuschreiben kann. Das menschliche Selbst ist deshalb einerseits ein Herrscher über sich selbst, insofern es als das eigentliche Selbst das moralische Gesetz von sich aus setzen will und kann, andererseits aber ist es auch dessen Untertan, insofern es

---

[165] vgl. a.a.O., 74.
[166] a.a.O.
[167] GMS IV, 457.
[168] a.a.O.

sich in der Wirklichkeit als das pathologisch-uneigentliche und zugleich intelligibel-eigentliche Selbst dem Gesetz, und d.h. der Herrschaft der Vernunft unterwerfen muss und soll.
Der Gegensatz zwischen dem uneigentlichen sinnlichen Selbst und dem eigentlichen intelligiblen in der Moralphilosophie Kants ist bekanntlich sehr streng und stellt die Begründung seiner Ethik vor erhebliche Probleme. Vielleicht liegt hier ein Widerspruch in Kants Moralphilosophie. Mit Sicherheit aber ist seine Unterscheidung einerseits prinzipiell verschieden von jener zwischen Uneigentlichkeit und Eigentlichkeit des Daseins in der Fundamentalontologie Heideggers, andererseits aber gibt es auch eine auffallende strukturelle Entsprechung. Sie besteht darin, dass sich einander ausschließende moralisch-ethische (Kant) und ontologisch-phänomenologische Gegensätze (Heidegger) in ein und demselben Menschen zusammenfallen. Man nennt das seit Nikolaus Cusanus *coincidentia oppositorum*.

Zwischenbilanz: Die Existenzialanalytik des Daseins, die auf die Herausstellung der Grundstrukturen des Daseins abzielt, geht von der Alltäglichkeit bzw. der Durchschnittlichkeit des Daseins aus. Gerede, Neugier und Zweideutigkeit charakterisieren diese Seinsart, die Heidegger auf einen gemeinsamen Nenner gebracht hat: Das Verfallen als Abkehr und Flucht vor dem eigentlichen Seinkönnen. Im Verfallen existiert Dasein uneigentlich, von wo aus er in die Eigentlichkeit hinkehren kann. Zwischen Uneigentlichkeit und Eigentlichkeit herrscht, wie bei den Heraklitischen Gegensätzen, ein dynamisches wechselseitiges Verhältnis, das das Verhalten des Daseins in dialektischer Spannung hält. Mit Harries auf den Punkt gebracht: „Human existence is essentially caught in the tension between authenticity and inauthenticity. Even when one pole seems to have suppressed the claims of the other, the voice of the latter has not been silenced altogether.“[169]

[169] Harries, K.: „Fundamental Ontology and the Search for Man's Place“, in: M. Murray (ed.): *Heidegger and Modern Philosophy. Critical Essays*, 77.

2 Durchbruch zum eigentlichen Selbstverstehen

Wie im ersten Kapitel dargestellt, existiert nach Heidegger das Dasein zunächst und zumeist un-eigentlich, d.h. nicht ganz und nicht selbst. Diese Uneigentlichkeit schließt jedoch nicht die Möglichkeit des eigentlichen Seinkönnens aus: „Existenz besagt Seinkönnen – aber auch eigentliches."[170]

Trotz seiner faktischen Uneigentlichkeit ist dem Dasein die Möglichkeit des Ganzseinkönnens und des Selbstseinkönnens immer schon offen. Daraus ergibt sich freilich die entscheidende Frage, wie dieses eigentliche Seinkönnen möglich ist. Wenn das Dasein zunächst und zumeist uneigentlich ist, wie ist es möglich, von dieser faktischen Uneigentlichkeit zur Eigentlichkeit überzugehen. Wie gelangt das Dasein von dieser anfänglich notwendigen Uneigentlichkeit zum eigentlichen Selbstsein, das immer wieder leicht zur Uneigentlichkeit degeneriert? Um diese Frage zu beantworten, führt Heidegger drei Phänomene ein: Angst, Tod und Gewissen, welche die Funktion der „Konversion zur Eigentlichkeit"[171] haben. Um deren Analyse geht es im Folgenden.

2.1 Das Phänomen der Angst

Als erstes Moment des eigensten Seinkönnens gilt das Phänomen der Angst. Nun stellt sich die Frage: Wie ist dieses Phänomen konkret zu verstehen? Im alltäglichen Umgang existiert das Dasein aufgrund seines wesenhaften Verfallens in der Öffentlichkeit des Man, „das die beruhigte Selbstsicherheit, das selbstverständliche ‚Zuhause-sein' in die durchschnittliche Alltäglichkeit des Daseins bringt."[172] Die Angst dagegen reißt das Dasein aus dieser falschen Behaglichkeit und vereinzelt es auf sein eigenstes Seinkönnen, indem sie es zur Freiheit befreit. In der Angst

[170] SZ § 45, 233.

[171] Merker, B.: *Selbsttäuschung und Selbsterkenntnis. Zur Heideggers Transformation der Phänomenologie Husserls*, 153; vgl. dazu auch ders.: „Konversion statt Reflexion. Eine Grundfigur der Philosophie Heideggers", in: Forum für Philosophie Bad Homburg (Hg.): *Martin Heidegger Innen- und Außensichten*, 215-243.

[172] SZ § 40, 188.

geht es, wie sich noch zeigen wird, um das pure Faktum des In-der-Welt-Seins. Die volle Grunderfahrung der Angst macht also offenbar, „daß jeder innerweltlichen oder außerweltlichen Sicherung immer schon vorausgeht die grundsätzliche Ungesichertheit, die dem Dasein als Dasein zukommt.“[173]

„Die Angst offenbart im Dasein das Sein zum eigensten Seinkönnen, das heißt das Freisein für die Freiheit des Sich-selbst-wählens und -ergreifens. Die Angst bringt das Dasein vor sein *Freisein* für ... (propensio in ...) die Eigentlichkeit seines Seins als Möglichkeit, die es immer schon ist. Dieses Sein aber ist es zugleich, dem das Dasein als In-der-Welt-sein überantwortet ist.“[174]

In der Angst bricht die alltägliche Vertrautheit zusammen und dadurch ist das Dasein auf sich vereinzelt, das jedoch als In-der-Welt-Sein. Das In-Sein kommt in den existenzialen Modus des *Un-zuhause*. Die Rede vom „Unzuhause-sein“ hier ist nichts anderes als die ‚Unheimlichkeit‘. In der Erfahrung der Angst ist einem *unheimlich*.[175] Unheimlichkeit meint dabei das „Nicht-zuhause-sein“.[176] Und daran, dass die Unheimlichkeit auch das „Nicht-zuhause-Sein“ genannt wird, zeigt sich besonders deutlich, dass es sich hier um ein Phänomen handelt, das als Privation des Zuhauseseins in der Öffentlichkeit erfahren werden kann, sofern man zunächst und zumeist in der Öffentlichkeit zu Hause ist. „Das beruhigt-vertraute In-der-Welt-sein ist ein Modus der Unheimlichkeit des Daseins und nicht umgekehrt. *Das Un-zuhause muß existenzial-ontologisch als das ursprünglichere Phänomen begriffen werden.*“[177] Das Verfallen des Man ist so gesehen nichts anderes als „die Flucht in das Zuhause der Öffentlichkeit“, und zugleich die „Flucht vor dem Unzuhause, das heißt der Unheimlichkeit.“[178] Die Angst als ein ontologisches Pathos führt also das Dasein auf die Eigentlichkeit zu, weil in ihr diese Flucht des Daseins „vor ihm selbst und seiner Eigentlichkeit“[179] abgebrochen wird. Wenn das

---

[173] Schulz, W.: *Vernunft und Freiheit*, 133.
[174] SZ § 40, 188.
[175] vgl. a.a.O.
[176] vgl. a.a.O.
[177] a.a.O., 189.
[178] a.a.O.
[179] SZ 184

Dasein ursprünglich nicht frei wäre, gäbe es überhaupt keine Erfahrung der Angst. Deshalb schreibt Günter Figal: „die Erfahrung der Angst ist eine Erfahrung der Freiheit.“[180]
Die Stimmung der Angst ist also für Heidegger eine ausgezeichnete Erschließungsmöglichkeit des Daseins, in der dem Dasein die Möglichkeit der eigentlichen Existenz eröffnet wird. In ihr sinkt alles innerweltliche Seiende in die Unbedeutsamkeit. Im Gegensatz zur Furcht, die immer ein bestimmtes Seiendes zum Gegenstand hat, ist das, wovor die Angst sich ängstigt, kein bestimmtes Seiendes, sondern, wie sich noch zeigen wird, das In-der-Welt-Sein selbst bzw. der Horizont allen Begegnens von Seiendem, der selbst kein Seiendes ist. Heidegger bezeichnet diesen Horizont als das Nichts - ein Synonym fürs Sein.[181] Die Angst offenbart dem Dasein sein radikales Un-zuhause inmitten des Seienden, das ihm gänzlich entschwinden kann, und bringt es so vor das Nichts seines eigenen In-der-Welt-Seins. Sie ist genau deswegen eine ausgezeichnete Erschlossenheit, weil es in ihr, im Unterschied zur Furcht, um das ganze Dasein geht und auf es selbst vereinzelt. Heideggers Analyse der Befindlichkeit der Angst gibt daher in einem besonderen Sinne Aufschluss über das Dasein, insofern sie zeigt, dass das Dasein in der Befindlichkeit der Angst in radikaler Weise seiner selbst erschlossen ist.

2.1.1 Angst und Furcht

Was meint nun Heidegger konkret mit dem existenzial-ontologischen Phänomen der Angst, das er als Grundbefindlichkeit ansieht? Dazu fragen wir aber zunächst, was Heidegger mit der Furcht meint, weil er seine Angstanalyse durch die Analyse der Furcht vorbereitet. Beide Phänomene, Furcht und Angst, sind einmal ihrer formalen Struktur nach verwandt, ja sogar identisch, doch ganz verschieden in Hinsicht auf das, was sie erschließen. Ein Kierkegaardsches Motiv aufgreifend zeichnet Heidegger die Angst im Unterschied zur Furcht als die Stimmung aus, in der das dem Dasein begegnet, was es nicht kennt.

[180] Figal, G.: *Phänomenologie der Freiheit*, 202.
[181] vgl. WiM-N 49.

Das Phänomen der Furcht lässt sich nach zwei Hinsichten betrachten: das Wovor und das Worum der Furcht. Jede Furcht ist zunächst eine Furcht vor etwas. Im Unterschied zur Angst kann man das, wovor man sich fürchtet, das Furchtbare bestimmen. Furcht gehört als solche zum notwendigen Teil des alltäglichen Existierens. Das Abträgliche kommt aus einer bestimmten Gegend der Welt, ist daher etwas Innerweltliches, das uns bedrohlich erscheint.

„Das Wovor der Furcht, das Furchtbare, ist jeweils ein innerweltlich Begegnendes von der Seinsart des Zuhandenen, des Vorhandenen oder des Mitdaseins. [...] Das Wovor der Furcht hat den Charakter der Bedrohlichkeit.“[182]

Dies ist nur möglich, wenn es sich nähert, denn wenn das Bedrohliche schon eingetreten ist, hat man keine Furcht mehr. Die Unsicherheit des Betroffen- bzw. Nichtbetroffenwerdens durch das Bedrohliche ist konstitutiv für die Furcht. „Das Abträgliche ist als Drohendes noch nicht in beherrschbarer Nähe, aber es naht. In solchem Herannahen strahlt die Abträglichkeit aus und hat darin den Charakter des Drohens.“[183] Daher ist das Fürchten im eigentlichen Sinne „das sich-angehen-lassende Freigeben des so charakterisierten Bedrohlichen. Nicht wird etwa zunächst ein zukünftiges Übel (malum futurum) festgestellt und dann gefürchtet.“[184] Man stellt also nicht erst ein Übel fest und danach fürchtet man sich davor, sondern das Fürchten ist schon das Betroffenwerden durch das Abträgliche. Als ein Modus der Befindlichkeit erschließt das Fürchten die Welt auf eine bestimmte Weise, nämlich so, dass sich Näherndes bedrohlich ist. „Das Fürchten als schlummernde Möglichkeit des befindlichen In-der-Welt-seins, die Furchtsamkeit, hat die Welt schon darauf hin erschlossen, daß aus ihr so etwas wie Furchtbares nahen kann.“[185]

Andererseits ist jedes Fürchten auch ein Fürchten um etwas. Zur Furcht gehört also auch notwendig dasjenige, was bedroht ist, das Gefährdete. Dies Gefährdete ist das sich fürchtende Seiende selbst, d.h. Dasein

[182] SZ § 30, 140.
[183] a.a.O.
[184] a.a.O., 141.
[185] a.a.O.

selbst, denn: „Nur Seiendes, dem es in seinem Sein um dieses selbst geht, kann sich fürchten."[186] Obwohl wir vordergründig um dieses oder jenes fürchten, etwa um Haus und Hof geht es dem Dasein im Fürchten letztendlich um sein Sein selbst. Ferner kann man für die Anderen fürchten: „Fürchten für... ist eine Weise der Mitbefindlichkeit mit den Anderen, aber nicht notwendig ein Sich-mitfürchten oder gar ein Miteinanderfürchten. Man kann fürchten für..., ohne sich zu fürchten. Genau besehen ist aber das Fürchten für... doch ein *Sich*fürchten. ‚Befürchtet' ist dabei das Mitsein mit dem Anderen, der einem entrissen werden könnte. Das Fürchtbare zielt nicht direkt auf den Mitfürchtenden. Das Fürchten für... weiß sich in gewisser Weise unbetroffen und ist doch mitbetroffen in der Betroffenheit des Mitdaseins, wofür es fürchtet. Das Fürchten für ist deshalb kein abgeschwächtes Sichfürchten. Es geht hier nicht um Grade von ‚Gefühlstönen', sondern um existenziale Modi. Das Fürchten für... verliert dadurch auch nicht seine spezifische Echtheit, wenn es sich ‚eigentlich' doch nicht fürchtet."[187]

Heidegger weist daraufhin, dass die konstitutiven Momente des vollen Fürchtphänomens, nämlich das Wovor, das Fürchten selbst und das Worum, variieren können. Wenn z.B. die Näherung plötzlich erfolgt, tritt die Furcht im Modus des Erschreckens auf, wenn das Wovor selbst unbekannt bleibt, aber dennoch lokalisierbar ist, kann vom Grauen gesprochen werden, wenn sie sich plötzlich einstellt, vom Entsetzen. Auch Schüchternheit, Bangigkeit, Stutzigwerden können durch die Variation dieser drei Grundmomente der Furcht als deren Modi analysiert werden.

Dieses Beispiel der Befindlichkeit zeigt deutlich, dass uns die Welt immer schon in einer bestimmten Weise erschlossen ist. Zugleich verweist uns der Stimmungscharakter dieser Erschlossenheit darauf, dass wir in diese Welt hineingeworfen sind, wir können sie uns nicht aussuchen, wir können uns ihrer und damit unserer Faktizität nicht entschlagen.

---

[186] a.a.O.

[187] SZ § 30, 142.

2.1.2 Das Wovor und Das Worum der Angst

Furcht und Angst haben, wie gesagt, die gleiche formale Struktur. Die Struktur der Angst ist auch wie die Furcht durch zwei Momente gekennzeichnet, nämlich durch das ‚Wovor' und das ‚Worum'. Trotz dieser formalen Identität von Angst und Furcht darf man freilich nicht vergessen, dass sie wesentlich verschieden sind in dem, was und wie sie sich erschließen.
Den eigentlichen Ausgangspunkt der Angstanalyse bildet zunächst die Abgrenzung des Wovor der Angst von der Bestimmtheit, die den Fremdbezug der Furcht charakterisiert. Es geht um die Frage:
„Wie unterscheidet sich phänomenal das, wovor die Angst sich ängstet, von dem, wovor die Furcht sich fürchtet?"[188]
Wie die Furcht hat auch die Angst ihr Wovor, aber es bleibt nach Heidegger „völlig unbestimmt."[189] Während sich das Dasein je vor einem bestimmten fürchtet, ist das Wovor der Angst kein innerweltliches Seiendes. Das Wovor der Angst ist also kein innerweltlich Seiendes, das in einer bestimmten Hinsicht bedrohlich ist, und das so wenig, dass in der Angst das innerweltlich Seiende überhaupt irrelevant wird. Daher bedeutet die erwähnte Unbestimmtheit der Angst, „daß überhaupt das innerweltliche Seiende nicht ‚relevant' ist. Nicht von dem, was innerhalb der Welt zuhanden und vorhanden ist, fungiert als das, wovor die Angst sich ängstet."[190] Anschließend totalisiert Heidegger die Unbestimmtheit des Wovor der Angst, indem er sie auf die Welt selber ausweitet: „Die innerweltlich entdeckte Bewandtnisganzheit des Zuhandenen und Vorhandenen ist als solche überhaupt ohne Belang. Sie sinkt in sich zusammen. Die Welt hat den Charakter völliger Unbedeutsamkeit. In der Angst begegnet nicht dieses oder jenes, mit dem es als Bedrohlichem eine Bewandtnis haben könnte."[191] In *Was ist Metaphysik* heißt es: „Alle Dinge und wir selbst versinken in eine Gleichgültigkeit. Dies jedoch nicht im Sinne eines bloßen Verschwindens, sondern in ihrem Wegrücken als

[188] a.a.O., § 40, 186.
[189] a.a.O.
[190] a.a.O.
[191] a.a.O.

solchem kehren sie sich uns zu. Dieses Wegrücken des Seienden im Ganzen, das uns in der Angst umdrängt, bedrängt uns. Es bleibt kein Halt. Es bleibt nur und kommt über uns - im Entgleiten des Seienden - dieses ‚kein'".[192] Mit anderen Worten: vermittels der Angst macht der Mensch die Erfahrung des Nichts, d.h. die Erfahrung des Seins.

Die behauptete Gleichgültigkeit betrifft damit nicht nur das innerweltliche Seiende und seiner Bewandtnisganzheit, sondern auch das Dasein selbst. Da der gesamte innerweltiche Bedeutungszusammenhang in der Angst ohne Belang ist, gibt es deshalb auch kein bestimmtes ‚Hier' und ‚Dort', aus dem her sich das Bedrohliche nähert, wie das bei der Furcht jederzeit der Fall ist. Das Bedrohliche ist auf eine unheimliche Weise nirgendwo. „Daß das Bedrohende *nirgends* ist, charakterisiert das Wovor der Angst. Diese ‚weiß nicht', was es ist, davor sie sich ängstet. ‚Nirgends' aber bedeutet nicht nichts, sondern darin liegt Gegend überhaupt, Erschlossenheit von Welt überhaupt für das wesenhafte räumliche In-Sein. Das Drohende kann sich deshalb auch nicht aus einer bestimmten Richtung her innerhalb der Nähe nähern, es ist schon ‚da' - und doch nirgends, es ist so nah, daß es beengt und einem den Atem verschlägt - und doch nirgends."[193]

Wenn aber nun in der Angst weder dieses oder jenes Seiende andrängt und wenn das alles ausscheidet, und das Seiende in die Bedeutungslosigkeit versinkt, was ist es denn, was da in der Angst andrängt und einem den Atem raubt? „Im Wovor der Angst wird das Nichts ist es und nirgends offenbar. Die Aufsässigkeit des innerweltlichen Nichts und Nirgends besagt phänomenal: das Wovor der Angst ist die Welt als solche. Die völlige Unbedeutsamkeit, die sich im Nichts und Nirgends bekundet, bedeutet nicht Weltabwesenheit, sondern besagt, daß das innerweltlich Seiende an ihm selbst so völlig belanglos ist, daß auf dem Grunde dieser Unbedeutsamkeit des Innerweltlichen die Welt in ihrer Weltlichkeit sich einzig noch aufdrängt."[194]

Die Angst erschließt also die Welt als Welt im Versinken aller Bedeutsamkeit des innerweltlich Seienden. Sie erschließt das Offene der

---

[192] WiM 34 f.
[193] SZ § 40, 186.
[194] a.a.O., 186 f.

Welt unmittelbar vor allem theoretischen Erkennen. Das Erkennen setzt also das Offene voraus, das die Angst als die Grundstimmung erschließt. Dieses Offene der Welt, in das hinein Seiendes allererst erscheint, begegnen und anwesend sein kann als Seiendes, bleibt als das Angehende allein übrig, wenn alles innerweltlich Seiende in die Unbedeutsamkeit hinweggleitet. Es ist das Nichts und Nirgends, sofern es kein Seiendes ist.

„Wovor die Angst sich ängstet, ist nichts von dem innerweltlichen Zuhandenen. Allein dieses Nichts von Zuhandenem, das die alltägliche umsichtige Rede einzig versteht, ist kein totales Nichts. Das Nichts von Zuhandenheit gründet im ursprünglichen Etwas, in der Welt. Diese jedoch gehört ontologisch wesenhaft zum Sein des Daseins als In-der-Welt-Sein. Wenn sich demnach als das Wovor der Angst das Nichts, das heißt die Welt als solche herausstellt, dann besagt das: *wovor die Angst sich ängstet, ist das In-der-Welt-sein selbst.*“[195]

Von dieser Welt hat das Dasein sich aber immer schon abgekehrt in der Zukehr zu Seiendem. Die Angst aber bringt das Dasein vor das Da als solches, welches es eigentlich ist. In diesem Sinne ist das Dasein ihm selbst in der Angst auf eine ausgezeichnete Weise erschlossen. Und genau darin liegt der Grund, weshalb die Angstanalyse für die existenziale Analytik eine bedeutende methodische Funktion erhält. Darum und nur darum erhält sie eine wichtige Stellung innerhalb der Daseinsanalytik, nicht aber, um eine pessimistische Philosophie der Lebensangst zu betreiben oder umgekehrt den Eindruck einer heroischen Philosophie des Aushaltens in der Angst zu erschleichen.

Das zweite Strukturmoment der Angst ist das Worum des Sichängstigens. Die Bestimmung des Worum der Angst wird nach Figal aus der Bestimmung ihres Wovor entwickelt. Weil, so argumentiert Heidegger, das in der Angst erfahrene Bedrohliche völlig unbestimmt ist, ist das Dasein auch nicht wie in der Furcht in dieser oder jener Hinsicht bedroht. „Die Bedrohung ist ja selbst unbestimmt und vermag daher nicht auf dieses oder jenes faktisch konkrete Seinkönnen bedrohend einzudringen.“[196] Vielmehr ängstigt sich das Dasein in der Angst um das

[195] a.a.O.
[196] a.a.O.

In-der-Welt-Sein selbst. Das Worum der Angst ist nicht eine bestimmte Seinsart und Möglichkeit des Daseins, sondern das In-der-Welt-Sein selbst, und zwar im Sinne des In-der-Welt-Sein-Könnens.[197] Das Worum der Angst ist also nicht anderes als die Freiheit des In-der-Welt-Sein-Könnens. Vor Heidegger bezeichnete Kierkegaard die Angst als „die Schwindel der Freiheit".[198]

Im Unterschied zur Furcht sind das Wovor und das Worum der Angst ein und dasselbe: „Das, worum die Angst sich ängstet, enthüllt sich als das, wovor sie sich ängstet: das In-der-Welt-sein."[199] Die Angst gibt keine Möglichkeit mehr, sich aus dem Innerweltlichen und dem Mitdasein Anderer zu verstehen. „Ohne jede Hilfe des Man"[200] muss das Dasein dabei auf sein Seinkönnen zurückfallen, das ihm das alltägliche Miteinandersein nicht mehr abnimmt. Damit wirft sie das Dasein auf das zurück, worum es sich ängstet, sein eigentliches In-der-Welt-Sein-Können. In ihr ist die Welt als Welt, d.h. das In-der-Welt-Sein selbst, freilich auf eine nicht begriffene Weise erschlossen. Das Dasein begreift gerade nicht, was Welt ist, weil es keine Bestimmungsmöglichkeit hat. Deswegen weiß es auch nicht, was es eigentlich ist, was ihn Angst macht. Zugleich aber ist diese Bestimmungsmöglichkeit der Grund dafür, dass das Dasein durch die Angst auf sich zurückgeworfen wird, denn es hat kein zu fürchtendes Gegenüber.

In der Angst wird das Dasein also auf sich selbst zurückgeworfen, auf das hin, was es von sich selbst her als eigene Möglichkeit sein kann. Heidegger nennt dieses in Angst vollzogene Zurückwerfen des Daseins auf sein eigentliches In-der-Welt-Sein-Können Vereinzelung: „Die Angst vereinzelt das Dasein auf sein eigenstes In-der-Welt-sein, das als verstehendes wesenhaft auf Möglichkeiten sich entwirft. Mit dem Worum des Sichängstigens erschließt daher die Angst das Dasein als *Möglichsein* und zwar als das, das es einzig von ihm selbst her als vereinzeltes in der Vereinzelung sein kann."[201] In der Vereinzelung erschließt die Angst das

[197] vgl. dazu: „Das Wovor dieser Angst ist das In-der-Welt-sein selbst. Das Worum dieser Angst ist das Seinkönnen des Daseins schlechthin" (SZ § 51, 251).
[198] Kierkegaard: *Der Begriff Angst*, 60 f.
[199] SZ § 40, 188
[200] Figal, G.: a.a.O., 199.
[201] SZ § 40, 187 f.

Daseins als ‚solus ipse'.[202] Da diese Vereinzelung mit dem Rückzug auf ein ‚Ich-Subjekt' nichts zu tun hat, sondern vielmehr die Angst das Dasein vor es sich selbst als das reine In-der-Welt-Sein kommen lässt, und ihm dadurch die Möglichkeit des eigentlichen Seinkönnens vorhält, betont Heidegger: „Dieser existenziale ‚Solipsismus' versetzt aber so wenig ein isoliertes Subjektding in die harmlose Leere eines weltlosen Vorkommens, daß er das Dasein gerade in einem extremen Sinne vor seine Welt als Welt und damit es selbst vor sich selbst als In-der-Welt-sein bringt."[203] Damit erweist sich die Angst als ein *principium individuationis*, aus der erst ein Individuum hervorgeht, das sein Schicksal hat und seine Autorität gegen die Diktatur des anonymen Man durchsetzt.[204]

Die Angst vor der Faktizität der Existenz und um das eigenste Seinkönnen, die Eigentlichkeit und zugleich das Verfallen in das Man begründet und liefert nun Heidegger zufolge den phänomenalen Boden für die Interpretation der ganzen Struktur der Seinsweise als Sorge.

2.1.3 Angst und Sorge

Die Selbigkeit von Wovor und Worum der Angst besagt, dass ein und dasselbe In-der-Welt-Sein als Wovor und Worum auftritt, nicht aber jedesmal im gleichen Seinscharakter. Die Angst als die Grundstimmung des In-seins erschließt die Strukturmannigfaltigkeit des In-seins in ihrer Einheit. „Das Sichängstigen ist als Befindlichkeit eine Weise des In-der-Welt-seins; das Wovor der Angst ist das geworfene In-der-Welt-sein; das Worum der Angst ist das In-der-Welt-sein-können. Das volle Phänomen der Angst zeigt demnach das Dasein als faktisch existierendes In-der-Welt-sein. Die fundamentalen ontologischen Charaktere dieses Seienden sind Existenzialität, Faktizität und Verfallensein. Diese existenzialen Bestimmungen gehören nicht als Stücke zu einem Kompositum, daran zuweilen eines fehlen könnte, sondern in ihnen webt

[202] a.a.O.,188.
[203] a.a.O.
[204] vgl. Han, B.C.: *Heideggers Herz: Zum Begriff der Stimmung bei Martin Heidegger*, 105.

ein ursprünglicher Zusammenhang, der die gesuchte Ganzheit des Strukturganzen ausmacht. In der Einheit der genannten Seinsbestimmungen des Daseins wird dessen Sein als solches ontologisch faßbar. Wie ist diese Einheit selbst zu charakterisieren?"[205] Nach der Existenzialanalytik hat das Dasein die Struktur des „es geht um ..." Damit entwirft es sich auf Möglichkeiten hin und ist damit gewissermaßen ‚sich-vorweg'; es kann sich eine selbst entworfene Richtung geben. ‚Sich-vorweg-sein' heißt also wesentlich nicht, dass es sich auf andere Seiende als Dasein bezieht, sondern gerade auf sein Seinkönnen selbst. „Das Dasein hat sich in seinem Sein je schon zusammengestellt mit einer Möglichkeit seiner selbst. Das Freisein *für* das eigenste Seinkönnen und damit für die Möglichkeit von Eigentlichkeit und Uneigentlichkeit zeigt sich in einer ursprünglichen, elementaren Konkretion in der Angst. Das Sein zum eigensten Seinkönnen besagt aber ontologisch: das Dasein ist ihm selbst in seinem Sein je schon *vorweg*. Dasein ist immer schon ‚über sich hinaus', nicht als Verhalten zu anderem Seienden, das es *nicht* ist, sondern als Sein zum Seinkönnen, das es selbst ist. Diese Seinsstruktur des wesenhaften ‚es geht um ...' fassen wir als das *Sich-vorweg-sein* des Daseins."[206]
Sich-vorweg kann das Dasein nur sein, wenn es sich schon irgendwo und irgendwie befindet. Dies betrifft die Faktizität des Daseins oder seine Geworfenheit. Das Dasein ist schon in eine Welt hineingeworfen. Eine Existenz ohne Welt kann es nicht geben. Heidegger zufolge: „Das Sich-vorweg-sein bedeutet nicht so etwas wie eine isolierte Tendenz in einem weltlosen ‚Subjekt', sondern charakterisiert das In-der-Welt-sein. Zu diesem gehört aber, daß es, ihm selbst überantwortet, je schon *in eine Welt* geworfen ist."[207] Die Weltverfallenheit des Daseins charakterisiert also das faktische Existieren. Dann heißt Existenz in der Welt: auf Seiendes in der Welt bezogen sein. Das Dasein existiert faktisch als verfallenes. „[...]: faktisches Existieren des Daseins ist nicht nur überhaupt und indifferent ein geworfenes In-der-Welt-sein-können, sondern ist immer auch schon in der besorgten Welt aufgegangen. In

[205] SZ § 41, 191.
[206] a.a.O., 191 f.
[207] a.a.O., 192.

diesem verfallenden Sein bei ... meldet sich, ausdrücklich oder nicht, verstanden oder nicht, das Fliehen vor der Unheimlichkeit, die zumeist mit der latenten Angst verdeckt bleibt, weil die Öffentlichkeit des Man alle Unvertrautheit niederhält. Im Sich-vorweg-schon-sein-in-einer-Welt liegt wesenhaft mitbeschlossen das verfallende Sein beim besorgten innerweltlichen Zuhandenen."[208]

Mit einer Bandwurmformel fasst Heidegger die Strukturganzheit des Daseins folgendermaßen zusammen: „Sich-vorweg-schon-sein-in-(der Welt-) als Sein-bei (innerweltlich begegnendem Seienden)."[209] Der Name für diese Strukturganzheit heißt nichts anderes als die ‚Sorge', lateinisch *cura*.[210] Dieser Titel muss, solange dieser rein ontologisch-existenzial gebraucht wird, von der ontischen Seinstendenz wie Besorgnis bzw. Sorglosigkeit streng abgehoben werden. Dasein als In-der-Welt-Sein ist wesentlich Sorge. Aus der formalen Sorgestruktur lassen sich alle bisher aufgewiesenen Strukturen des Daseins ableiten. „Weil das In-der-Welt-sein wesenhaft Sorge ist, deshalb konnten in den voranstehenden Analysen das Sein bei dem Zuhandenen als *Besorgen*, das Sein mit dem innerweltlich begegnenden Mitdasein Anderer als *Fürsorge* gefaßt werden. Das Sein-bei ... ist Besorgen, weil es als Weise des In-seins durch dessen Grundstruktur, die Sorge, bestimmt wird."[211] Das Phänomen der Sorge ist in seiner Komplexität ein Träger verschiedenster

---

[208] a.a.O.

[209] a.a.O.

[210] In SZ § 42 führt Heidegger die Cura-Fabel an als vorontologisches Zeugnis für die Bestimmung des Seins des Daseins als Sorge: „Als einst die ‚Sorge' über einen Fluß ging, sah sie tonhaltiges Erdreich: sinnend nahm sie davon ein Stück und begann es zu formen. Während sie bei sich darüber nachdenkt, was sie geschaffen, tritt Jupiter hinzu. Ihn bittet die ‚Sorge', dass er dem geformten Stück Ton Geist verleihe. Das gewährt ihr Jupiter gern. Als sie aber ihrem Gebilde nun ihrem Namen beilegen wollte, verbot das Jupiter und verlangte, daß ihm sein Name gegeben werden müsse. Während über den Namen die ‚Sorge' und Jupiter stritten, erhob sich auch die Erde (Tellus) und begehrte, daß dem Gebilde ihr Name beigelegt werde, da sie ja doch ihm ein Stück ihres Leibes dargeboten habe. Die Streitenden nahmen Saturn zum Richter. Und ihnen erteilte Saturn folgende anscheinend gerechte Entscheidung: ‚Du, Jupiter, weil du den Geist gegeben hast, sollst bei seinem Tode den Geist, du, Erde, weil du den Körper geschenkt hast, sollst den Körper empfangen. Weil aber die ‚Sorge' dieses Wesen zuerst gebildet, so möge, solange es lebt, die ‚Sorge' es besitzen. Weil aber über den Namen Streit besteht, so möge es ‚homo' heißen, da es aus humus (Erde) gemacht ist'."

[211] a.a.O., 193.

Seinsweisen des Daseins. Sie liegt als ursprüngliche Strukturganzheit vor jeder faktischen Verhaltensweise und Lage des Daseins und „drückt daher keineswegs einen Vorrang des ‚praktischen' Verhaltens vor dem theoretischen aus. ... ‚Theorie' und ‚Praxis' sind Seinsmöglichkeiten eines Seienden, dessen Sein als Sorge bestimmt werden muß."[212] Deswegen sind alle Versuche, das Phänomen der Sorge auf besondere Akte oder Triebe wie Wollen und Wünschen oder Drang und Hang zurückzuleiten, hinfällig. „Die Sorge ist ontologisch ‚früher' als die genannten Phänomene, [...]"[213]
Die Sorge als das Grundphänomen des Daseins ist „in seiner Struktur *nicht einfach*", sondern ist „in sich noch struktural *gegliedert.*"[214] Dies bedeutet aber für Heidegger, dass es „nicht auf ein ontisches Urelement zurückgeführt werden", sondern daß vielmehr die Frage nach dem Sein des Daseins „zur Herausstellung eines *noch ursprünglicheren* Phänomens, das die Einheit und Ganzheit der Strukturmannigfaltigkeit der Sorge ontologisch trägt"[215] noch weiter vorgetrieben werden muss.

2.2 Das Phänomen des Todes

Das zweite Moment des eigensten Seinkönnens sucht Heidegger im Phänomen des Todes. In § 45 (wobei Heidegger einen Überblick über den gesamten zweiten Abschnitt von *Sein und Zeit* zu bieten versucht) fragt Heidegger, ob die bisherige Daseinsanalyse, die von der Alltäglichkeit zur Ganzheit des Strukturganzen des Daseins als Sorge vorgestoßen ist, der hermeneutischen Forderung nach der ‚Ursprünglichkeit' genügt. Eine „ursprüngliche ontologische Interpretation" müsse sich, so Heidegger, „ausdrücklich dessen versichern, ob sie das Ganze des thematischen Seienden in die Vorhabe gebracht hat."[216] Er stellt dann fest, dass dies nicht der Fall ist: „[...] die bisherige existenziale Analyse des Daseins kann den Anspruch auf Ursprünglichkeit nicht erheben. In der Vorhabe stand immer nur das *uneigentliche* Sein des Daseins und

[212] a.a.O.
[213] a.a.O., 194.
[214] a.a.O., 196.
[215] a.a.O.
[216] a.a.O., § 45, 232.

dieses als *unganzes*. Soll die Interpretation des Seins des Daseins als Fundament der Ausarbeitung der ontologischen Grundfrage ursprünglich werden, dann muss sie das Sein des Daseins zuvor in seiner möglichen Eigentlichkeit und Ganzheit existenzial ans Licht gebracht haben."[217] Diese Frage nach der Ganzheit des Daseins bestimmt Heideggers weitere Reflexion.

2.2.1 Die Frage nach dem Ganzseinkönnen

Sie lautet: Wie kann die Ganzheit des Daseins in die Vorhabe gebracht werden? Es scheint zunächst unmöglich zu sein, das Sein des Daseins in seiner Ganzheit zu erfahren. Das Dasein ist seinem Wesen nach sich vorweg, das besagt doch, es muss „solange es existiert, seinkönnend je etwas *noch nicht sein*. Seiendes dessen Essenz die Existenz ausmacht, widersetzt sich wesenhaft der möglichen Erfassung seiner als ganzes Seiendes."[218] Es scheint daher im primären Strukturmoment der Existenz, dem Sich-vorweg-Sein, eine wesenhafte ontische Unganzheit, „eine ständige Unabgeschlossenheit"[219], zu liegen.
Es scheint also zunächst, dass gerade dieses Strukturmoment des Sich-vorweg-Seins in besonderem Maße dafür verantwortlich ist, dass das Dasein eben nie ganz ist. Gibt es ein Phänomen, das die Ganzheit des Daseins garantiert? Heideggers Antwort: der Tod. Nur der Tod könnte die genannte wesenhafte Unganzheit des Daseins beheben. Die Behebung der Unganzheit des Daseins bedeutet aber keine Vervollständigung des Seins, sondern dessen Ende. Der Grund dafür liegt auf der Hand: Der Tod ist zwar einerseits der Moment, wo alles ‚verwirklicht', wo das Dasein ‚ganz' wird, denn nach dem Tod gibt es keine zu ‚verwirklichende' Möglichkeit mehr. Andererseits vernichtet er das Dasein gänzlich. Das Ganzsein fällt hier mit dem Nicht-mehr-Sein zusammen. So kann das Dasein die ‚Gänze' seines Seins nicht erfahren: „Das Erreichen der Gänze des Daseins im Tode ist zugleich Verlust des Seins des Da. Der Übergang zum Nichtmehrdasein hebt das Dasein

[217] a.a.O., 233.
[218] a.a.O.,
[219] a.a.O., 236.

gerade aus der Möglichkeit, diesen Übergang zu erfahren und als erfahrenen zu verstehen."[220] Mit anderen Worten: Der Tod ist einerseits „die Unmöglichkeit des Daseins, in Gänze zu sein." Doch ist er gleichzeitig als solche schlechthinnige Unmöglichkeit „gerade die Möglichkeit für das Dasein zur Gänze, [...]"[221] Dem Dasein ist zwar bezüglich seiner selbst versagt, den Übergang vom Sein zum Nicht-mehr-Sein zu erfahren. Aber dieser Übergang, der das ganze Leben beendet, ist beim Tod des Anderen objektiv zugänglich: Um so eindringlicher ist doch der Tod Anderer. Eine Beendigung des Daseins wird demnach ‚objektiv' zugänglich. Das Dasein kann, zumal da es wesenhaft Mitsein mit Anderen ist, eine Erfahrung vom Tode gewinnen. Diese objektive Gegebenheit des Todes muß dann auch eine ontologische Umgrenzung der Daseinsganzheit ermöglichen."[222] Damit macht Heidegger das Mitsein zu einer Bedingung der Möglichkeit für die Erfahrung vom Tod. Dieses Mitsein ist für ihn allerdings nichts anderes als ein beobachtendes Dabeisein beim sterbenden Anderen. Ein solches Dabeisein rechtfertigt jedoch nicht Heideggers ausdrücklichen Hinweis, dass das Dasein „wesenhaft Mitsein mit Anderen"[223] sei. Das beobachtende Dabeisein hat wenig mit der Fürsorge zu tun, die das Mitsein ausmacht. Auch die defizienten Modi der Fürsorge, nämlich „das Für-, Wider-, Ohne-einandersein, das Aneinandervorbeigehen, das Einander-nichtsangehen"[224], sind nicht konstitutiv für die objektive Feststellung des Todes Anderer. Wo ein ursprüngliches Mitsein tatsächlich im Spiel wäre, erführe man den Tod des Anderen nicht bloß objektiv als Beendigung des Lebens. Auf die Frage inwieweit der Tod des Anderen für die Erfahrung des Todes überhaupt konstitutiv ist, geht Heidegger in seiner Todesanalyse nicht an. Die Erfahrung des Todes angesichts des Todes Anderer ist für Heidegger ontologisch nicht von Bedeutung. Sie berührt für ihn nicht die Art und Weise, wie dem Dasein selbst sein Tod gegeben ist. Der Tod des Anderen kann darum, wie Heidegger anhand einer

[220] a.a.O., § 47, 237.
[221] Kroug, W.: „Das Sein zum Tode bei Heidegger und die Probleme des Könnens und der Liebe", in: ZphF 7 (1953) 413.
[222] SZ § 47, 237.
[223] a.a.O., § 26, 120.
[224] a.a.O., 121.

Phänomenologie des Toten zu zeigen versucht, kein Fundament für die Analyse der Daseinsganzheit liefern.

Die im Tod erreichte Gänze macht das Dasein des Anderen zum „Nichtmehrdasein im Sinne des Nicht-mehr-in-der-Welt-seins."[225] Zu beobachten ist ein „merkwürdiges Seinsphänomen", „das sich als Umschlag eines Seienden aus der Seinsart des Daseins (bzw. des Lebens) zum Nichtmehrdasein bestimmen lässt. Das Ende des Seienden qua Dasein ist der Anfang dieses Seienden qua bloßen Vorhandenen."[226] Mit dem Tod verliert das Dasein die *ontische Differenz*, die es vom nichtdaseinsmäßigen Seienden auszeichnet. Für die Griechen ist der Tod ein plötzlicher Umschlag (μεταβολή) in der Erscheinung des Seins. Umgeschlagen wird das Dasein zwar zum vorhandenen Körperding, aber die Leiche ist noch mehr als ein bloß vorhandenes Körperding. Sie kann nämlich ein „möglicher Gegenstand der pathologischen Anatomie werden, deren Verstehenstendenz an der Idee von Leben orientiert bleibt."[227] In dieser Hinsicht sei sie kein bloß „lebloses materielles Ding", sondern ein „des Lebens verlustig gegangenes Unlebendiges."[228] Leben und Tod sind ein ineinander greifendes Gegensatzpaar. Das eine schließt nicht das andere aus. In ihrer Gegensätzlichkeit fallen sie zusammen. An anderer Stelle formuliert Heidegger dieses Paradox wie folgt:

„Das Sein des Lebens ist zugleich Tod. Jegliches, was ins Leben tritt, beginnt damit auch schon zu sterben, auf seinen Tod zuzugehen, und Tod ist zugleich Leben."[229]

Dieser Zusammenfall von Gegensätzen fasst Heidegger mit Heraklit so auf:

„Das Gegeneinanderstehende trägt sich, das eine zum anderen, hinüber und herüber, es sammelt sich aus sich."[230]

Heidegger unterscheidet hier ausdrücklich zwischen dem Leblosen und dem Unlebendigen, als hätte dieses doch mehr Leben als jenes.

[225] a.a.O., § 47, 238.
[226] a.a.O.
[227] a.a.O.
[228] a.a.O.
[229] *Einführung in die Metaphysik*, 100.
[230] a.a.O., vgl. Heraklit Frg. 8.

Offenbar bleibt Heideggers eigene Verstehenstendenz an der Idee des Lebens orientiert. Seine Blickrichtung, die in der Leiche einen Gegenstand der Anatomie, das heißt einen Bezug zum Leben und damit einen Sinn sieht, entschärft vielleicht die Abgründigkeit des Todes.

Hier sei das Vorangehende zusammengefasst: Am Tod des Anderen wird uns zwar objektiv zugänglich, wie das Dasein endet. Aber wie der sterbende Andere selbst den Tod erleidet, entzieht sich der Beobachtung: „Wir erfahren nicht im geringsten Sinne das Sterben der Anderen, sondern sind höchstens immer nur ‚dabei'.[231] Für Heidegger ist dies offensichtlich ein phänomenaler Beleg für die von ihm vertretene These, das der Tod ‚unvertretbar' sei:

„Das Sterben muss jedes Dasein jeweilig selbst auf sich nehmen. Der Tod ist, sofern er ‚ist' wesensmäßig je der meine."[232]

Unmöglich ist das „Sterben für ...". Einer kann zwar für den anderen in den Tod gehen, aber solches Sterben für ... kann „nie bedeuten, daß dem Anderen damit sein Tod im geringsten abgenommen sei."[233]

2.2.2 Das Sein zum Ende

Der Tod ist zunächst das Ende des Seins bzw. des Lebens. Das Dasein verhält sich aber, solange es ‚ist', zu diesem Ende. Es ist, solange es ‚ist', zum Tode. Heidegger nennt dieses Sein zum Tode einfach auch Tod. Damit identifiziert er aber das Sein zum Tod nicht mit dem Tod. Für den Tod im Sinne von Ende des Lebens reserviert Heidegger den Ausdruck ‚Ableben': „Seiend zu seinem Tode, stirbt es faktisch und zwar ständig, solange es nicht zu seinem Ableben gekommen ist."[234] Der Tote wäre *un-sterblich*, d.h. er kann nicht zum Tode sein. Das ‚Enden' definiert Heidegger entsprechend. Das Enden ist ein Sein zum Ende. Das Dasein kann enden, d.h. zum Ende sein, nur solange es nicht „zu Ende" gekommen ist: „Der *Tod ist* als Ende des *Daseins* im Sein dieses

[231] SZ § 47, 239.
[232] a.a.O., 240.
[233] a.a.O., vgl. hierzu auch Martin Luther: *Weimarer Ausgabe*, ND 1966, Bd. 10, Abt. 3,1 (Predigten des Jahres 1522: Acht Sermone, Predigt 190: Dominica Invocavit).
[234] SZ § 52, 259.

Seienden *zu* seinem Ende."[235] Heideggers Interesse gilt nicht primär jenem Tod, der das Leben beendet. Vielmehr lenkt er den Blick auf das Sein zum Tod. Er fragt, wie der Tod sich innerhalb des Seins artikuliert. So gesehen ist der Tod ein „Phänomen des Lebens."[236] Er ist kein bloßes Ereignis, das dem Leben das Ende bereitet. Vielmehr ist er innerhalb des Lebens „am Werk". Das eigentliche Thema Heideggers ist im Grunde nicht der Tod, sondern die Sterblichkeit des Menschen.
Der Tod, der im Leben am Werk ist, ist für Heidegger weder ein biologisches noch ontisch feststellbares Phänomen. Er ist zunächst das Ende des Lebens. Das Dasein verhält sich aber ständig zu diesem Ende. Das Sein bestimmt sich also vom Ende her. Sterben ist Sein zum Tode. Im Folgenden soll erläutert werden, wie der Tod das Leben bestimmt, und zwar ausgehend von der Interpretation der Strukturmomente des Todes, die Heidegger folgendermaßen zusammenfasst: *„Der Tod als Ende des Daseins ist die eigenste, unbezügliche, gewisse und als solche unbestimmte, unüberholbare Möglichkeit des Daseins."*[237]

2.2.3 Grundzüge des Todes

2.2.3.1 Der Tod als *eigenste* Möglichkeit

Dem Dasein erschließt der Tod sein „eigenstes Seinkönnen"[238], das der Seinsweise des Man, d.h. der Uneigentlichkeit entgegengesetzt ist. Das Man handelt nach den Entscheidungs- und Verstehensmustern der Öffentlichkeit. In der verfallenden Alltäglichkeit gibt es nur die Kentnnisse über den Tod als ständig vorkommendes Begegnis, als Todesfall. „Dieser oder jener Nächste oder Fernstehende stirbt. Unbekannte sterben täglich und stündlich. Der Tod begegnet als bekanntes innerweltlich vorkommendes Ereignis."[239] Und das Man sagt über diesen Todesfall flüchtig: „man stirbt am Ende auch einmal, aber zunächst bleibt man

[235] a.a.O.
[236] a.a.O., § 49, 246.
[237] a.a.O., 258 f.
[238] a.a.O., § 53, 263.
[239] a.a.O., § 51, 253.

selbst unbetroffen“[240]; „man stirbt auch einmal, aber vorläufig nicht“[241] oder „der Tod kommt gewiss, aber vorläufig noch nicht.“[242] In dieser Rede des Man enthüllt sich eindeutig die alltägliche zweideutige Verhaltensweise des Daseins zum Tode. In seiner Alltäglichkeit versteht das Dasein den Tod als ein unbestimmtes Etwas, das allererst irgendwoher eintreffen muss, zunächst aber für einen selbst noch nicht vorhanden und daher unbedrohlich ist. Dadurch wird der Tod, der wesenhaft unvertretbar das Meine ist, auf ein öffentlich vorkommendes Ereignis nivelliert und verkehrt: „Die öffentliche Daseinsauslegung sagt: „man stirbt“, weil damit jeder andere und man selbst sich einreden kann: je nicht gerade ich; denn dieses Man ist das *Niemand*. [...] Das Man gibt Recht und steigert die *Versuchung*, das eigenste Sein zum Tode sich zu verdecken.“[243] In seiner Alltäglichkeit verhält das Dasein sich zu seinem Tode ausweichend und daher wird ihm der eigenste bevorstehende Möglichkeitscharakter der Unmöglichkeit der Existenz verhüllt. Das Man bestimmt immer schon die Art, wie man sich überhaupt zum Tode zu verhalten hat. Man redet viel über den Tod, tröstet den Sterbenden; dadurch besorgt das Man *„eine ständige Beruhigung über den Tod“*[244] und *„läßt den Mut zur Angst vor dem Tode nicht aufkommen.“*[245] Aber dieses alltägliche Verhalten zum Tode ist Heidegger zufolge im Grunde nur eine Weise der Flucht vor ihm, die aus der Angst vor der unüberholbaren Möglichkeit entspringt: „Das alltägliche Sein zum Tode ist als verfallendes eine ständige *Flucht vor ihm*. Das Sein *zum* Ende hat den Modus des umdeutenden, uneigentlich verstehenden und verhüllenden *Ausweichens vor ihm*.“[246] Diese verfallende Flucht vor dem Tode bezeugt aber, dass auch das alltägliche Dasein immer schon als Sein zum Tode bestimmt ist: *„Dem Dasein geht es auch in der durchschnittlichen Alltäglichkeit ständig um dieses eigenste, unbezügliche und unüberholbare Seinkönnen, wenn auch nur im Modus*

240 a.a.O.
241 a.a.O., § 52, 255.
242 a.a.O., 258.
243 a.a.O. § 51, 253
244 a.a.O.
245 a.a.O., 254.
246 a.a.O.

des Besorgens einer unbehelligten Gleichgültigkeit gegen die äußerste Möglichkeit seiner Existenz.“[247] Wenn das alltäglich verfallende Ausweichen vor dem Tode ein uneigentliches Sein zum Tode ist; was ist nun das eigentliche Sein zum Tode?

Das Sein zum Tod ist ein „*Vorlaufen in die Möglichkeit*“[248]. Damit ist kein bloßes „Denken an den Tod“ oder „das Erwarten desselben“ gemeint, der irgendwann Wirklichkeit werden wird, d.h. noch eine Möglichkeit ist: „Der Tod als Möglichkeit gibt dem Dasein nichts zu ‚Verwirklichendes‘ und nichts, was es als Wirkliches selbst sein könnte. Er ist die Möglichkeit der Unmöglichkeit jeglichen Verhaltens zu ..., jedes Existierens.“[249] Vielmehr bezeichnet die Möglichkeit, in die das Dasein vorläuft, eine Seinsmöglichkeit, nämlich die Möglichkeit, eigentlich bzw. Selbst zu sein: „Das Vorlaufen erweist sich als Möglichkeit des Verstehens des *eigensten* äußersten Seinkönnens, das heißt als Möglichkeit *eigentlicher Existenz.*“[250]

2.2.3.2 Der Tod als *unbezügliche* Möglichkeit

Das zweite Strukturmoment des Todes ist nach Heidegger dessen ‚Unbezüglichkeit‘. Was meint er damit? Es meint nichts anderes als das Phänomen der Vereinzelung bzw. Vereinsamung durch den sich nähernden Tod: „Der Tod ‚gehört‘ nicht indifferent nur dem eigenen Dasein zu, sondern er *beansprucht* dieses *als einzelnes.* Die im Vorlaufen verstandene Unbezüglichkeit des Todes vereinzelt das Dasein auf es selbst.“ [251] Alles Sein-bei innerweltlich begegnendem Seienden, sowohl im Modus des Besorgens von nichtdaseinsmäßigen Seienden wie auch in der Fürsorge im Mitsein mit anderen versagt angesichts des Todes und verschwindet, wenn es für das Dasein darum geht, eigentlich zu sein. „Dasein kann nur dann *eigentlich es selbst* sein, wenn es sich von ihm selbst her dazu ermöglicht.“[252] D.h. aber nun nicht, dass der in

[247] a.a.O., 255.
[248] a.a.O., § 53, 262.
[249] a.a.O.
[250] a.a.O., 263.
[251] a.a.O.
[252] a.a.O.

seinen Tod Vorlaufende gleichsam auf den Berg steigt oder in die Wüste kommt, um dort seine eigentlichen Möglichkeiten zu suchen: "Das Versagen des Besorgens und der Fürsorge bedeutet jedoch keineswegs eine Abschnürung dieser Weisen des Daseins vom eigentlichen Selbstsein. Als wesenhafte Strukturen der Daseinsverfassung gehören sie mit zur Bedingung der Möglichkeit von Existenz überhaupt."[253] Nur können das Besorgen und die Fürsorge die Sorge um sich und seine Ganzheit nicht ersetzen: „Das Dasein ist eigentlich es selbst nur, sofern es sich *als* besorgendes Sein bei ... und fürsorgendes Sein mit ... primär auf sein eigenstes Seinkönnen, nicht aber auf die Möglichkeit des Man-selbst entwirft."[254]

2.2.3.3 Der Tod als *unüberholbare* Möglichkeit

Zur Unüberholbarkeit des Todes schreibt Heidegger: „Die eigenste, unbezügliche Möglichkeit ist unüberholbar. Das Sein zu ihr läßt das Dasein verstehen, daß ihm als äußerste Möglichkeit der Existenz bevorsteht, sich selbst aufzugeben."[255]

Zu klären sind hier zwei Begriffe, nämlich *Möglichkeit* und *Bevorstand.* Heideggers Gebrauch des Begriffes *Möglichkeit* ist doppeldeutig. Der Tod ist zunächst die „äußerste Möglichkeit der Existenz", „sich selbst aufzugeben." Die Selbstaufgabe im Tod ist möglich, weil sie noch nicht Wirklichkeit geworden ist. Irgendwann wird das Dasein aufhören, zu existieren. Heidegger versteht die Möglichkeit auch von diesem Noch-nicht her. Aber das Dasein ist zugleich dieses Noch-nicht, d.h. das Dasein *ist zum* „noch nicht" eingetretenen Tod. So ist der Tod nicht bloß das Mögliche, das später eintreffen wird, und zwar als ein Ereignis, das das Sein aufhebt. Solange das Dasein dieses Noch-nicht immer schon ist, ist der Tod nicht bloß die Möglichkeit des „Nicht-mehr-sein-Könnens", sondern eine Seinsmöglichkeit. Er wird als die Möglichkeit des Selbst-sein-Könnens interpretiert, nämlich als Seinsmöglichkeit, *eigentlich* zu existieren.

---

[253] a.a.O.
[254] a.a.O.
[255] a.a.O., 264.

Heidegger spricht zwar von der „Geworfenheit in den Tod". Aber der Tod bleibt für ihn weitgehend ein Vollzug. Auch der Tod als „äußerste Möglichkeit der Existenz, sich selbst aufzugeben" ist aktivistisch verstanden. Und der Tod ist eine vom Dasein zu übernehmende Seinsmöglichkeit. Gegen diesen Aspekt der Heideggerschen Todesauffassung richtet sich Sartres Kritik. Der Tod ist für Sartre eine „jederzeit mögliche Nichtung meiner Möglichkeiten, die außerhalb meiner Möglichkeit liegt."[256] Er ist ein kontingentes Faktum, der Freiheit des Für-sich-Seins völlig entzogen und darum sinnlos, absurd, „ein reines Faktum wie die Geburt; er geschieht uns von draußen und verwandelt uns in Draußen."[257] Man kann ihn weder gedanklich erfassen noch erwarten noch sich gegen ihn wappnen. Ihm gegenüber gibt es weder eine eigentliche noch eine uneigentliche Haltung.[258]
Nach Heidegger steht der Tod dem Dasein bevor. Aber der Tod als Bevorstand bedeutet nicht nur, dass der Tod irgendwann kommen wird. Der bevorstehende Tod wird vielmehr ins Sein übersetzt. Angesichts des bevorstehenden Todes steht das Dasein vor der Seinsmöglichkeit des eigensten Seinkönnens, nämlich des Selbst-sein-Könnens. Mit Heidegger formuliert:
„Der Tod ist eine Seinsmöglichkeit, die je das Dasein selbst zu übernehmen hat. Mit dem Tod steht sich das Dasein selbst in seinem eigensten Seinkönnen bevor."[259]
Heidegger spricht in Bezug auf den Tod vom ‚Übernehmen'. Eine Arbeit oder eine Aufgabe kann man übernehmen. Aber man kann den Tod als Ende des Seins nicht so übernehmen wie man eine Arbeit übernimmt. Der Mensch stirbt ja ohne jedes eigene Hinzutun. Die Rede vom Übernehmen ist nur dann sinnvoll, wenn der Gegenstand des Übernehmens das vom Ende her bestimmte Sein selbst ist. Übernommen wird vom Dasein nicht der Tod als Ende des Seins. Vielmehr übernimmt das Dasein jenes „eigenste Seinkönnen". Mit der Übernahme des eigensten Seinkönnens wird man gleichsam dem Anspruch des Todes gerecht.

---

[256] Sartre, J-P.: *Das Sein und Das Nichts. Versuch einer phänomenologischen Ontologie*, 923.
[257] a.a.O., 937.
[258] vgl. a.a.O., 920 f.
[259] SZ § 50, 250.

Das eigenste Seinkönnen, d.h. das Selbst-sein-Können ist eine zu übernehmende Aufgabe, vor die der Tod das Dasein stellt.

2.2.3.4 Der Tod als *gewisse* Möglichkeit

Der Tod als „die eigenste, unbezügliche und unüberholbare Möglichkeit ist gewiß."[260] Wie jedes Strukturmoment des Todes wird auch die Gewißheit des Todes ins Sein übersetzt: „Die gewisse Möglichkeit des Todes erschließt das Dasein aber als Möglichkeit nur so, daß es vorlaufend zu ihr diese Möglichkeit als eigenstes Seinkönnen für sich *ermöglicht.* Die Erschlossenheit der Möglichkeit gründet in der vorlaufenden Ermöglichung."[261] Die Todesgewißheit hat einen von der „Gleichgültigkeit der apodiktischen Evidenz"[262] völlig verschiedenen Charakter. Das heißt aber freilich nicht, „sie sei von niedrigerem Grade als jene, sondern: *es gehört überhaupt nicht in die Abstufungsordnung der Evidenzen über Vorhandenes.*"[263] Anders formuliert: „Das Für-wahrhalten des Todes [...] zeigt eine andere Art und ist ursprünglicher als jede Gewißheit bezüglich eines innerweltlich begegnenden Seienden oder der formalen Gegenstände; denn es ist des In-der-Welt-seins gewiß."[264] Das Dasein ist seiner Möglichkeit des Todes nur insofern auf eigentliche Weise gewiß, als es die Gewißheit des Todes mit einer äußerlichen nicht verwechselt und damit seinen Möglichkeitscharakter nicht verdeckt. „Im Vorlaufen kann sich das Dasein erst seines eigensten Seins in seiner unüberholbaren Ganzheit vergewissern."[265] Die Gewißheit des Todes wird so zur ‚Daseinsgewißheit'. Angesichts des Todes vergewissert, versichert sich das Dasein seines Seins. Dies lässt sich als eine bestimmte Reaktion des Daseins auf den Tod verstehen, der gerade sein Sein aufhebt.

---

[260] a.a.O., § 53, 264.
[261] a.a.O.
[262] a.a.O., 265.
[263] a.a.O.
[264] a.a.O.
[265] a.a.O.

2.2.3.5 Der Tod als *unbestimmte* Möglichkeit

Der Tod als „die eigenste, unbezügliche, unüberholbare und gewisse Möglichkeit ist hinsichtlich der Gewißheit unbestimmt.“[266] Und fortfahrend fragt Heidegger: „Wie erschließt das Vorlaufen diesen Charakter der ausgezeichneten Möglichkeit des Daseins? Wie entwirft sich das vorlaufende Verstehen auf ein gewisses Sein-können, das ständig möglich ist, so zwar, daß das Wann, in dem die schlechthinnige Unmöglichkeit der Existenz möglich wird, ständig unbestimmt bleibt?“[267] Im Zusammenhang mit der Unbestimmtheit des Todes spricht Heidegger von Bedrohung und Angst und verweist dabei auf seine Angstanalyse in § 40 zurück. „In ihr [Angst, C.U.] befindet sich das Dasein vor dem Nichts der möglichen Unmöglichkeit seiner Existenz. Die Angst ängstet sich um das Seinkönnen des so bestimmten Seienden und erschließt so die äußerste Möglichkeit. Weil das Vorlaufen das Dasein schlechthin vereinzelt und es in dieser Vereinzelung seiner selbst der Ganzheit seines Seinkönnens gewiß werden läßt, gehört zu diesem Sichverstehen des Daseins aus seinem Grunde die Grundbefindlichkeit der Angst. Das Sein zum Tode ist wesenhaft Angst.“[268]

2.2.3.6 Freiheit zum Tode

Der Tod als die eigenste, unbezügliche, gewisse und als solche unbestimmte, unüberholbare Möglichkeit bringt das Dasein zu seiner Eigentlichkeit. Negativ formuliert: „Ohne den Blick auf den Tod kann der Mensch seine Eigentlichkeit weder erfahren noch gewinnen.“[269] Im Gegensatz zum uneigentlichen Existieren ist das eigentliche Existieren durch das Vorlaufen in den Tod bestimmt: „Dies Dasein hält sich offen für die Möglichkeit, dass der Tod als die Unmöglichkeit des Daseins schlechthin ständig und jederzeit eintreten kann.“[270] Die Charakteristik

---

[266] a.a.O.
[267] a.a.O.,
[268] a.a.O., 266.
[269] Möller, J.: „Erschließung und Verschließung des Seins“, in: A. Halder (Hg.): Auf der Suche nach dem verborgenen Gott, 107.
[270] Schulz, W.: a.a.O., 134.

des existenzial entworfenen eigentlichen Seins zum Tode fasst Heidegger folgendermaßen zusammen: „*Das Vorlaufen enthüllt dem Dasein die Verlorenheit in das Man-selbst und bringt es vor die Möglichkeit, auf die besorgende Fürsorge primär ungeschützt, es selbst zu sein, selbst aber in der leidenschaftlichen, von den Illusionen des Man gelösten, faktischen, ihrer selbst gewissen und sich ängstigenden Freiheit zum Tode.*“[271]
Mit anderen Worten: Dem Dasein ermöglicht das Vorlaufen in den Tod, sich frei zu geben für das, was es ist, nämlich das endliche zum Tode unüberholbar bestimmte In-der-Welt-Sein.
„Einzig ein solches Sein zum Tode schafft die Voraussetzung für ein immer neues Zurückholen des Da-seins aus der Verlorenheit und Verfallenheit an die Dinge des alltäglichen Betriebes zu ihm selbst.“[272]
Das Sein zum Tode ist also die existenzial-ontologische Bedingung der Möglichkeit der existenziell-ontischen Wahl, d.h. der Freiheit als Entscheidung. Heideggers Freiheit zum Tode hat ein Janusgesicht. Mit Levitzky gesehen bedeutet das:
„Der Tod ängstigt, aber er befreit auch, und der hat die Freiheit nicht erkannt, wer nicht weiß, was Freiheit zum Tode ist.“[273]
An anderer Stelle sagt er weiter:
„Das konkrete Bewußtsein des Todes und, vor allem, der Tod selbst hat in Heideggers Sicht befreiende Bedeutung. Der Tod erlöst uns aus der Knechtschaft der Sorge, die unser selbst mit undurchdringlichem Nebel verhüllt. Das Bewußtsein des Todes befreit uns von allem Fremden beigefügten, hilft uns, zu uns selbst zurückzukehren.“[274]
Die vorangehende Todesanalyse betrifft Heidegger zufolge lediglich die ontologische Möglichkeit des Daseins, eigentlich sein zu können: „Die existenzial entwerfende Umgrenzung des Vorlaufens hat die *ontologische* Möglichkeit eines existenziellen eigentlichen Seins zum Tode sichtbar gemacht. Damit taucht aber dann die Möglichkeit eines eigentlichen Ganzseinkönnens des Daseins auf - *aber doch nur als eine*

---

[271] a.a.O.
[272] Boss, M.: *Grundriss der Medizin und der Psychologie*, 312.
[273] Levitzky, S.A.: *Die Tragödie der Freiheit*, 161.
[274] a.a.O., 191.

ontologische Möglichkeit.“[275] Das Dasein kann also existenziell eigentlich sein; aber warum entschließt es sich tatsächlich, es selbst zu sein? Darauf kann die Todesanalyse alleine keine Antwort geben; dazu bedarf es einer neuen phänomenologischen Untersuchung derjenigen Instanz, die im Dasein selbst Zeugnis abgibt davon, dass vom Dasein gefordert ist, es selbst zu sein. Das ist gerade das Gewissen, dessen Aufzeigung und Aufweisung wir nun vornehmen.

2.3 Das Phänomen des Gewissens

2.3.1 Die Frage nach dem Selbstseinkönnen

Während es im ersten Kapitel des zweiten Abschnitts von *Sein und Zeit* um die ontologische Möglichkeit des Ganzseinkönnens geht, geht es hier im zweiten Kapitel desselben Abschnitts um die ontische Möglichkeit des eigentlichen Selbstseinkönnens. Dabei geht es nicht mehr um den Nachweis der ontologischen Möglichkeit des Ganzseinkönnens, sondern um die Bezeugung der ontischen Möglichkeit des eigentlichen Selbstseinkönnens. Was bezeugt nun diese existenzielle Möglichkeit des eigentlichen Seinkönnens? Darauf antwortet Heidegger: „Die Bezeugung eines eigentlichen Seinkönnens aber gibt das Gewissen.“[276] Um auf eigentliche Weise existieren zu können, muss also das Dasein aus der Uneigentlichkeit herausgerissen und „ihm selbst in seiner möglichen Eigentlichkeit ‚gezeigt‘ werden.“[277] Eine solche Bezeugung eines eigentlichen Seinkönnens gibt das, was in der „alltäglichen Selbstauslegung des Daseins bekannt ist als Stimme des Gewissens.“[278] Zunächst müssen, wie bei der Daseinsanalyse insgesamt, sowohl anthropologische, biologische und psychologische als auch theologische Interpretationen des Gewissensphänomens ausgeblendet werden, um die daseinsinterne Funktion des Gewissens phänomenologisch herausarbeiten zu können.[279]

---

[275] SZ § 53, 266.
[276] SZ § 45, 234
[277] a.a.O., § 54, 268.
[278] a.a.O., 268.
[279] a.a.O., 269.

Ausgangspunkt der fundamentalontologischen Interpretation des Gewissens ist das Faktum, dass alle Gewissenserfahrungen und –auffassungen darin übereinstimmen, dass die Stimme des Gewissens von irgendwas spricht. Daher charakterisiert Heidegger in der Einleitung zu seiner Gewissensanalyse zunächst das Phänomen des Gewissens folgendermaßen:

„Das Gewissen gibt ‚etwas' zu verstehen, es *erschließt*. Aus dieser formalen Charakteristik entspringt die Anweisung, das Phänomen in die Erschlossenheit des Daseins zurückzunehmen."[280]

Und im darauffolgenden Paragrafen heißt es:

„Die Analyse des Gewissens nimmt ihren Ausgang von einem indifferenten Befund an diesem Phänomen: daß es in irgendeiner Weise einem etwas zu verstehen gibt. Das Gewissen erschließt und gehört deshalb in den Umkreis der existenzialen Phänomene, die das *Sein des Da* als Erschlossenheit konstituieren."[281]

Zunächst ist zu fragen, wie das Gewissen dem Dasein etwas erschließt. Dazu gilt es, in den Blick zu fassen, wie das Dasein zunächst und zumeist in seiner Durschschnittlichkeit versteht. Die alltägliche Seinsart des Daseins ist, wie wir im ersten Kapitel gesehen haben, das Verfallen an die Welt. Demgemäß erschließt es sich sein eigenes Sein zunächst und zumeist aus der Welt, so, dass es sich die Möglichkeiten seines In-der-Welt-Seins von den Anderen in Gestalt des Man vorgeben lässt. Diese Vorgabe ist, existenzial gesehen, nur dadurch möglich, dass das Dasein auf Andere ‚hören' und das von ihnen Gesagte verstehen kann.

Sofern es sich in das Man verliert und sich von ihm her seine Seinsmöglichkeiten vorgeben lässt, ist dieses Hören von der Art, dass es im „Hinhören auf das Man" sich selbst ‚überhört'.[282] Soll es nun aus dem verlorenen Hinhören auf das Man zu sich selbst zurückgebracht werden können, so muss solches Hinhören gebrochen werden. Der Bruch ist aber nur dadurch möglich, dass das Dasein unvermittelt durch einen Ruf angerufen wird, der dem verlorenen Hören auf das Man entgegengesetzt ist. Dieser Ruf, der als das schlechthin Andere in das verlorene

[280] a.a.O.
[281] a.a.O., § 55, 270.
[282] a.a.O., 271.

Hinhören auf das Gerede des Man einbricht, ist der Ruf des Gewissens: „*Was dergestalt rufend zu verstehen gibt, ist das Gewissen.*"[283]

2.3.2 Der Rufcharakter des Gewissens

Das Gewissen ist ein Anruf, der das sich überhörende Hinhören des Daseins auf das Man bricht. Wer wird angerufen? Der Angerufene des Gewissensrufes ist offenbar das Dasein selbst, so wie es selbst zunächst und zumeist ist, das Dasein also, sofern es sich seine Seinsmöglichkeiten durch das Man vorgeben lässt und sich, in es verloren, aus ihm her versteht. Der Angerufene ist das Dasein als ‚Man-selbst'. Und woraufhin wird das Dasein angerufen? Heidegger antwortet: „Auf das *eigene Selbst*. Nicht daraufhin, was das Dasein im öffentlichen Miteinander gilt, kann, besorgt, noch gar auf das, was es ergriffen, wofür es sich eingesetzt hat, wovon es sich hat mitnehmen lassen. Das Dasein, als welches es weltlich verstanden für die Anderen und sich selbst ist, wird in diesem Anruf *übergangen*."[284] Wenn der Ruf auch an das Dasein als Man ergeht, so übergeht er doch gerade das sich aus der Welt her verstehende und einschätzende Man. Indem er das Man in sich zusammensinken lässt, bringt er das Selbst zu sich zurück.
Was ruft nun das Gewissen? Darauf antwortet Heidegger: „Streng genommen - nichts. Der Ruf sagt nichts aus, gibt keine Auskunft über Weltereignisse, hat nichts zu erzählen."[285] Das, was der Ruf des Gewissens dem Dasein zuruft, ist nicht ein bestimmter, ontisch-welthafter Gehalt. Aber warum denn? Der Ruf des Gewissens kann auch ein solcher Gehalt nicht sein, weil er das Dasein gerade aus den ontisch-welthaften Möglichkeiten des Man zu sich selbst zurückruft. Sofern der Ruf des Gewissens dem Dasein überhaupt etwas zuruft, doch dieses nicht etwas Ontisches ist, kann es nur Nichts sein. Aber dies will sagen: „Dem angerufenen Selbst wird ‚nichts' *zu*-gerufen, sondern es ist *aufgerufen* zu ihm selbst, das heißt zu seinem eigensten Seinkönnen. Der Ruf stellt, seiner Ruftendenz entsprechend, das angerufene Selbst

[283] a.a.O.
[284] a.a.O., § 56, 273.
[285] a.a.O.

nicht zu einer ,Verhandlung', sondern als Aufruf zum eigensten Selbstsein*können* ist er ein Vor-(nach-,vorne'-) Rufen des Daseins in seine eigenste Möglichkeiten."[286] Der Ruf des Gewissens ruft das Dasein auf, als es selbst sich in seinem eigensten Seinsmöglichkeiten vorweg zu sein, d.h. sich verstehend auf diese zu entwerfen.

Die nächste Frage lautet: wie ruft das Gewissen?

„Der Ruf des Gewissens entbehrt jeglicher Verlautbarung. Er bringt sich gar nicht erst zu Worten - und bleibt gleichwohl nichts weniger als dunkel und unbestimmt. *Das Gewissen redet einzig und ständig im Modus des Schweigens.* So verliert es nicht nur nichts an Vernehmlichkeit, sondern zwingt das an- und aufgerufene Dasein in die Verschwiegenheit seiner selbst."[287]

An anderer Stelle schreibt Heidegger:

„Der Ruf berichtet keine Begebenheit, er ruft auch ohne jede Verlautbarung. Der Ruf redet im unheimlichen Modus des *Schweigens.*"[288]

Mit anderen Worten: Der Ruf kann sich weder in bestimmte Worte bringen noch etwas Bestimmtes mitteilen, am allerwenigsten ist er die Eröffnung eines Selbstgesprächs. Und wenn er im Modus des Schweigens ruft, so wird er nicht unvernehmlich, sondern zwingt das Dasein zu seinem Selbstseinkönnen zurück.

„Festzuhalten gilt es: der Ruf, als welchen wir das Gewissen kennzeichnen, ist Anruf des Man-selbst in seinem Selbst; als dieser Anruf der Aufruf des Selbst zu seinem Selbstseinkönnen und damit ein Vorrufen des Daseins auf seine Möglichkeit."[289]

Bisher ist der Ruf des Gewissens nur im Hinblick auf den von ihm Angerufenen bestimmt. Zu einem Ruf gehört aber auch ein Rufer. So stellt sich die Frage, wer der Rufer im Ruf des Gewissens ist und wie er sich zum Angerufenen verhält. Unter diesem Hinblick gilt es, den Ruf des Gewissens jetzt noch weiter durchzubestimmen. Die letzte Frage lautet also: Wer ruft im Gewissen? Darauf antwortet Heidegger: „Das Dasein

---

[286] a.a.O.
[287] a.a.O.
[288] a.a.O., § 57, 277.
[289] a.a.O., § 56, 274.

ruft im Gewissen sich selbst."[290] Dabei fällt eine merkwürdige Entsprechung zwischen dem Angerufenen und dem Rufenden auf. Im Gewissen ruft das Dasein selbst; wie ist das möglich? Wir sind es ja nicht, die sich entscheiden, zu rufen, sondern wir werden im Gewissen gerufen.
Heidegger drückt diese Identität und Nicht-Identität zwischen Rufer und Angerufenem folgendermaßen aus:
„Der Ruf wird ja gerade nicht und nie *von uns selbst* weder geplant, noch vorbereitet, noch willentlich vollzogen. ‚Es' ruft wider Erwarten und gar wider Willen. Andererseits kommt der Ruf zweifellos nicht von einem Anderen, der mit mir in der Welt ist. Der Ruf kommt *aus* mir und doch *über* mich."[291]
Damit stellt sich die Frage, wie dieses ‚Es', das ohne Willen des Daseins selbst aus dem Dasein ruft, zu interpretieren ist. Keineswegs kann es nicht-daseinsmäßig als eine ontische ins Dasein hineinragende Macht aufgefasst werden. Denn der Ruf des Gewissens hat sich inzwischen als reines Daseinsphänomen erwiesen. Der phänomenale Befund besteht darin, „daß der Ruf aus mir über mich kommend an mich ergeht."[292] Das bedeutet, dass das ‚Es', das ruft, aus der existenzialen Verfassung des Daseins selbst zu interpretieren ist. Es fragt sich also, ob es im Dasein selbst so etwas wie ein ‚Es' gibt, das nicht willentlich bei ihm selbst liegt und doch es selbst ist. Ein solches ‚Es' gibt es nun in der Tat im Dasein selbst. Dieses ‚Es', das aller Möglichkeit, über es willentlich zu verfügen, zuvorgekommen ist, ist das Dasein selbst, sofern es seinem eigensten Da immer schon überantwortet ist. Diese Faktizität der Überantwortung an das eigenste In-der-Welt-Sein enthüllt sich in seiner Grundbefindlichkeit, nämlich der Angst. In der Angst versinkt das innerweltliche Seiende im Ganzen in die Bedeutungslosigkeit. Darin findet das Dasein sich, sich ängstigend, in der Vereinzelung auf sich selbst, vor die Unheimlichkeit seines eigensten faktischen In-der-Welt-Seins gebracht. Das ‚Es' im Dasein ist also das in der Angst enthüllte faktische In-der-Welt-Sein des Daseins selbst, welches es in seinem Grunde immer

[290] a.a.O., § 57, 275.
[291] a.a.O.
[292] a.a.O.

schon ist. Dieses müsste der Rufer des Gewissensrufes sein: „*Wenn das im Grunde seiner Unheimlichkeit sich befindende Dasein der Rufer des Gewissensrufes wäre?*“[293]

Damit lehnt Heidegger die theologische Erklärung des Gewissens als der Stimme Gottes ab. Aber er distanziert sich auch von den psychologischen bzw. soziologischen Thesen über das Gewissen als Internalisierung allgemeiner Regeln - also Gewissen als Stimme der Gesellschaft usw.[294] Der Gewissensruf ist überhaupt keine „in das Dasein hereinragende fremde Macht.“[295] An anderer Stelle heißt es: „Der Rufer ist in seinem Wer ‚weltlich‘ durch *nichts* bestimmbar. Er ist das Dasein in seiner Unheimlichkeit, das ursprüngliche geworfene In-der-Welt-sein als Un-zuhause, das nackte ‚Daß‘ im Nichts der Welt. Der Rufer ist dem alltäglichen Man-selbst unvertraut – so etwas wie eine *fremde* Stimme.“[296] Wenn der Rufer des Gewissens das Dasein selbst ist, warum ist es ihm dann fremd? Der Rufer kann nur deswegen fremd sein, weil das Dasein immer schon an die Welt verfallend und als Man existiert: „Was könnte dem Mann, verloren in die besorgte, vielfältige Welt, fremder sein als das in der Unheimlichkeit auf sich vereinzelt, in das Nichts geworfene Selbst?“[297]

Die Wesensmomente des Gewissensrufes schwingen also im folgenden einheitlichen Strukturzusammenhang: Das Dasein, sich ängstigend, immer schon vor sein Schon-in-der-Welt-Sein gebracht, ruft sich aus diesem her aus seinem verfallenden Sein-beim-innerweltlichen-Seienden zu seinem eigensten Seinkönnen auf. Dieser strukturale Zusammenhang des Seins des Daseins, wie er im Ruf des Gewissens ins Spiel kommt, ist aber eben der, den Heidegger in § 41 von *Sein und Zeit* als den der Sorge herausgearbeitet hat. Immer schon einer Welt überantwortet, immer schon in sein Da geworfen, ist das Dasein immer schon sorgend bei der Welt, und zwar so, dass es ihm aus solcher Geworfenheit her immer schon sorgend um sein eigenes Sein geht. Das Sein des Daseins ist in seiner Geworfenheit durch und durch Sorge. Und im Gewissensruf

[293] a.a.O., 276.
[294] vgl. Spaemann, R.: *Moralische Grundbegriffe*, 77 f.
[295] SZ § 57, 275
[296] a.a.O., 276 f.
[297] a.a.O., 277

ruft sich das Dasein als Sorge eigens zu sich selbst auf. Der Ruf des Gewissens erweist sich als Sorge: „Das Gewissen offenbart sich als Ruf der Sorge."[298] Im Ruf des Gewissens ruft sich die Sorge zu sich selbst zurück. Damit ist der Ruf des Gewissens im Hinblick auf den strukturalen Zusammenhang von Rufer und Angerufenen von der Seinsstruktur des Daseins selbst her bestimmt.

2.3.3 Der Rufgehalt des Gewissens

Das Gewissen, wie wir im Vorangehenden gesehen haben, ruft im Modus des Schweigens. In diesem schweigenden Ruf gibt es dem Dasein etwas zu verstehen. Zu fragen ist: Was ist das, was das Gewissen zu verstehen gibt? Heideggers Antwort lautet: Schuldigsein. Der Gewissensruf, wie sich noch zeigen wird, „gibt dem Dasein zu verstehen, daß es [...] aus der Verlorenheit in das Man sich zu ihm selbst zurückholen soll, das heißt *schuldig ist*."[299] Die weitere Aufgabe besteht darin, den Ruf des Gewissens im Hinblick auf seinen Rufgehalt, d.h. das Schuldigsein, näher zu bestimmen.

Alle traditionellen Gewissenerfahrungen kommen nach Heidegger darin überein, „daß der Ruf das Dasein als ‚schuldig' anspricht oder, wie im warnenden Gewissen, auf ein mögliches ‚schuldig' verweist oder als gutes Gewissen ein ‚keiner Schuld bewußt' bestätigt."[300] Nun bestreitet Heidegger zwar nicht, dass auch in den traditionellen Gewissenserfahrungen und -auslegungen das Schuldigsein irgendwie einbezogen ist, doch „der existenziale Begriff dieses Schuldigseins liegt im Dunkeln".[301] Insofern stellt sich die Aufgabe, die abgeleiteten ontischen Schuldbegriffe in die Vertiefung auf den ihnen zugrunde liegenden existenzialen Schuldbegriff zurückzuführen. Dazu unterscheidet Heidegger zunächst vier verschiedene Aspekte der Bedeutung von ‚schuldig', die er in einer formalen Bestimmung zusammenfasst.

[298] a.a.O.; vgl. auch SZ § 59, 289.
[299] a.a.O., § 58, 287.
[300] a.a.O., 281.
[301] a.a.O.

Schuldigsein heißt zunächst „schulden, bei einem etwas am Brett haben.“[302] Dieses besteht darin, dem Anderen etwas entzogen zu haben, worauf er einen Besitzanspruch hat, und so unter der Forderung zu stehen, es ihm zurückzugeben. „Schulden haben“ ist damit ein Modus des Mitseins, wie Entleihen, Rauben, Vorenthalten usw., „das heißt dem Besitzanspruch der Anderen in irgendeiner Weise nicht genügen.“[303] Dieses Schuldigsein ist bezogen auf das ontisch Besorgbare. Schuldigsein kann bedeuten: „schuld sein an.“[304] Dieses besteht darin, ‚Ursache‘ von etwas, bzw. ‚Veranlassung‘ für etwas zu sein. Wenn sich darin schon ein Sein des Daseins vorzeichnet, so bleibt dieser Schuldbegriff auch primär auf das ontisch Besorgbare bezogen. Schuldigsein meint - in Verbindung mit den beiden vorausgehenden Schuldbegriffen - „sich schuldig machen.“[305] In diesem Fall besteht das Schuldigsein darin, dass es einer öffentlichen Forderung, die das öffentliche Miteinandersein überhaupt regelt nicht genügt. Das Sich-schuldig-Machen kann jedoch zugleich ein „Schuldigwerden am Anderen“[306] sein. Dieses beruht nicht eigentlich in der Rechtsverletzung, sondern vielmehr darin, schuld daran zu sein, „daß der Andere in seiner Existenz gefährdet, irregeleitet oder gar gebrochen wird.“[307] Dieses Schuldigwerden am Anderen ist so wenig von der Art bloßer Rechtsverletzung, dass es sogar ohne alle Verletzung öffentlicher Rechtsgesetze möglich ist. Demgemäß ist dieses Schuldigsein eine Art sittlicher Schuld.

Der formale Begriff des Schuldigseins, der alle vier Bedeutungsaspekte umfasst, lautet nun:

„*Grundsein* für einen Mangel im Dasein eines Anderen, so zwar, daß dieses Grundsein selbst sich aus seinem Wofür als mangelhaft bestimmt. Diese Mangelhaftigkeit ist das Ungenügen gegenüber einer Forderung, die an das existierende Mitsein mit Anderen ergeht.“[308]

302 a.a.O.
303 a.a.O., 281 f.
304 a.a.O., 282.
305 a.a.O.
306 a.a.O.
307 a.a.O.
308 a.a.O., 282.

Gegenüber den umgangsprachlichen Bedeutungen, die mit dem Wort ‚Schuld' verbunden sind, formalisiert Heidegger den Schuldbegriff so, „daß die auf das besorgende Mitsein mit Anderen bezogenen vulgären Schuldphänomene *ausfallen.* Die Idee der Schuld muß nicht nur über den Bezirk des verrechnenden Besorgens hinausgehoben, sondern auch abgelöst werden von dem Bezug auf ein Sollen und Gesetz, wogegen sich verfehlend jemand Schuld auf sich lädt."[309] Das existenziale Verständnis Heideggers sieht also die Schuld nicht als *privatio*, nicht als ein Fehlen von etwas, was es sein soll. Denn diese Bestimmungen fallen für ihn in den Bereich des besorgbaren Vorhandenen und sind deshalb auf Dasein nicht zu übertragen, das nicht vorhandenen ist, sondern existiert: „In diesem Sinne kann an der Existenz wesenhaft nichts mangeln, nicht weil sie vollkommen wäre, sondern weil ihr Seinscharakter von aller Vorhandenheit unterschieden bleibt."[310]

Und daran zeigt sich schon deutlich, dass Schuld bei Heidegger nicht als eine moralische Verfehlung angesehen werden kann. Der Heideggersche Schuldbegriff muss daher vom alltäglichen, moralischen Verständnis abgehoben werden. Das Dasein wird also nicht erst schuldig, weil es etwas verschuldet, weil es etwa gegen ein moralisches Gesetz verstößt bzw. sich gegen das Gute überhaupt wendet. *„Das Schuldigsein resultiert nicht erst aus einer Verschuldung, sondern umgekehrt: diese wird erst möglich ‚auf Grund' eines ursprünglichen Schuldigseins."*[311] Um zu diesem ursprünglichen Schuldigsein zu gelangen, findet Heidegger zwei Momente im Begriff schuldig, welche bereits in den beiden ersten ontischen Schuldbegriffen vorgezeichnet sind, nämlich die Momente des Nichts und des Grundseins für ... Damit erweist sich Schuldigsein existenzial als: „Grundsein für ein durch ein Nicht bestimmtes Sein - daß heißt *Grundsein einer Nichtigkeit.*"[312]

Das Dasein ist, solange es als solches existiert, schuldig: „Das Dasein ist als solches schuldig."[313] Es ist einerseits Urheber seiner einzelnen Handlungen, es ist aber andererseits nicht Urheber seiner selbst. Dieses

[309] a.a.O., 283.
[310] a.a.O.
[311] a.a.O., 284.
[312] a.a.O., 283.
[313] a.a.O., 285.

existenzial-ontologische Schuldigsein ist die Bedingung der Möglichkeit dafür, dass das Dasein in seinen einzelnen konkreten Handlungen Schuld auf sich laden kann, und führt schließlich bis zur Fundierung der Moralität:

„Dieses wesenhafte Schuldigsein ist gleichursprünglich die existenziale Bedingung der Möglichkeit für das moralisch Gute und Böse, daß heißt für die Moralität überhaupt und deren faktisch mögliche Ausformungen. Durch die Moralität kann das ursprüngliche Schuldigsein nicht bestimmt werden, weil sie es für sich selbst schon voraussetzt."[314]

Diese These von der existenzial-ontologischen Schuld als Bedingung der Möglichkeit der Moralität lässt sich auf dem Hintergrund von Heideggers Prämissen leicht nachvollziehen. Nur ein Seiendes, das zugleich Grund und Begründetes, zugleich Entwurf und Geworfenheit ist, sich selbst etwas schuldet und sich daher, bei Verfehlung gegenüber dieser Schuld, moralisch schuldig machen kann.

2.3.4 Das Gewissen-haben-wollen

Das Dasein ist zwar geworfen, doch diese Geworfenheit führt bei Heidegger zu keiner Ent-schuldigung, sondern vielmehr zum Schuldigsein. Das Gewissen ist nichts anderes als derjenige Ruf, der das Dasein auffordert, eigentlich zu sein. Und dieser Gewissensruf ist, wie wir gesehen haben, unverfügbar.[315] Aber diese Unverfügbarkeit des Gewissensrufes meint keineswegs die Verbindlichkeit, daß wir ihm faktisch folgen und schuldig sein müssen. Offenbar können wir ihn auch ignorieren und nicht hören. Von daher ist zu verstehen, warum Heidegger vom „*Freiwerden* des Daseins für den Ruf: der Bereitschaft für das Angerufenwerdenkönnen"[316] spricht. Diesen Sachverhalt nennt er das ‚Gewissen-haben-wollen'. Was meint Heidegger damit? Wie üblich hebt er das Gemeinte von den möglichen Missverständnissen ab, um zum wahren Sinn des Phänomens zu gelangen: Es meint nicht „ein ‚gutes Gewissen' haben wollen, ebensowenig eine willentliche Pflege

---

[314] a.a.O., 286.
[315] vgl. a.a.O. § 57, 275.
[316] a.a.O., 287.

des ‚Rufes', sondern einzig Bereitschaft für das Angerufenwerden. Das Gewissen-haben-wollen steht einem Aufsuchen faktischer Verschuldungen ebenso fern wie der Tendenz zu einer Befreiung von der Schuld im Sinne des wesenhaften ‚schuldig'. Das Gewissen-haben-wollen ist vielmehr die ursprünglichste existenzielle Voraussetzung für die Möglichkeit des faktischen Schuldigwerdens."[317] Das Gewissen-haben-wollen muss daher als eine Erschlossenheit des Daseins, d.h. als Verstehen des Schuldigseins verstanden werden.

„Gewissen-haben-wollen ist als Sich-verstehen im eigensten Seinkönnen eine Weise der Erschlossenheit des Daseins. Außer durch Verstehen wird diese durch Befindlichkeit und Rede konstituiert."[318]

Und fortfahrend fragt Heidegger: „Welche Stimmung entspricht solchem Verstehen?"[319] Die Antwort lautet, wie wir ohne weiteres vermuten können: ‚Angst', genauer gesagt ‚Gewissensangst'. Denn die existenziale Schuld trifft nicht irgendeinen bestimmten Aspekt des Daseins, sondern sein In-der-Welt-Sein-Können schlechthin. „Das Rufverstehen erschließt das eigene Dasein in der Unheimlichkeit seiner Vereinzelung. Die im Verstehen mitenthüllte Unheimlichkeit wird genuin erschlossen durch die ihm zugehörige Befindlichkeit der Angst. Das Faktum der Gewissensangst ist eine phänomenale Bewährung dafür, daß das Dasein im Rufverstehen vor die Unheimlichkeit seiner selbst gebracht ist. Das Gewissenhabenwollen wird Bereitschaft zur Angst."[320]

Und weiter ist zu fragen: Wie artikuliert sich dieses angstbereit gestimmte Verstehen des Gewissensrufes, welchen Modus der Rede hat es? Heideggers Antwort lautet: „Der Ruf stellt vor das ständige Schuldigsein und holt so das Selbst aus dem lauten Gerede der Verständigkeit des Man zurück. Demnach ist der zum Gewissen-haben-wollen gehörende Modus der artikulierenden Rede die *Verschwiegenheit*."[321] Weil der Gewissensruf im Modus des Schweigens lautlos ergeht und Dasein in die Stille seiner selbst zurückruft, kann er nur in der Verschwiegenheit vernommen werden. In diesem Zusammenhang

[317] a.a.O., 288.
[318] a.a.O., § 60, 295
[319] a.a.O.
[320] a.a.O., 296
[321] a.a.O.

könnte man sagen: Wer sich zum öffentlichen Gewissen macht, heuchelt und das Man kennzeichnet sich durch Gewissenslosigkeit.

Die Erschlossenheit, die durch die Momente der Gewissensangst, Sichverstehen im Schuldigsein und Verschwiegenheit konstituiert ist, nennt Heidegger Entschlossenheit: „Die im Gewissen-haben-wollen liegende Erschlossenheit des Daseins wird demnach konstituiert durch die Befindlichkeit der Angst, durch das Verstehen als Sichentwerfen auf das eigenste Schuldigsein und durch die Rede als Verschwiegenheit. Diese ausgezeichnete, im Dasein selbst durch sein Gewissen bezeugte eigentliche Erschlossenheit - *das verschwiegene, angstbereite Sichentwerfen auf das eigenste Schuldigsein* - nennen wir die Entschlossenheit.“[322] Der Ausdruck ‚Entschlossenheit‘ darf daher nicht mit einer existenziellen Entscheidung verwechselt werden. „Dies unter dem Titel Entschlossenheit herausgestellte Phänomen wird kaum mit einem leeren ‚Habitus‘ und einer unbestimmten ‚Velleität‘ zusammengeworfen werden können.“[323] Entschlossenheit bedeutet für Heidegger vielmehr „ein ausgezeichneter Modus der Erschlossenheit des Daseins“[324], die in § 44 als die *ursprüngliche Wahrheit* interpretiert wurde. Heideggers Wahrheitsverständnis wird im fünften Kapitel untersucht.

Nimmt man nun die drei Formen der Erschlossenheit (Befindlichkeit, Verstehen, Rede) und ebenso die drei Formen der Entschlossenheit (Befindlichkeit der Angst, Verstehen des Todes, Rede des Gewissens) zusammen, so kann man sagen: Entschlossenheit ist durch Angst gestimmtes und durch den Gewissensruf vom Gerede frei gewordenes Verstehen. Dieser Entschlossenheit, sofern sie nicht existenziell, sondern existenzial-ontologisch verstanden wird, kann man nicht wegen ihrer Gehaltlosigkeit vorwerfen. Sie kann ihrem Wesen nach nicht eine inhaltliche bestimmte Entschlossenheit zu etwas sein, weil sie gerade diejenige Struktur bezeichnet, die vorausgesetzt sein muss, damit ein jeweiliger Entschluss zu etwas als möglicherweise durch Verbindlichkeiten geprägt verstanden werden kann. Wenn man den Begriff der Entschlossenheit bei Heidegger wegen ihrer inhaltlichen Unbestimmtheit

[322] a.a.O., 296 ff.
[323] a.a.O., 300.
[324] a.a.O., 297.

kritisiert, dann wäre diese Kritik „so wenig konsequent, wie wenn man gegen Kants Pflichtbegriff vorbringen würde, Pflicht müsse Verpflichtung zu etwas Bestimmtem sein."[325]

Die existenzial-ontologisch verstandene Entschlossenheit, die durch eine besondere Stimmung [der Angst], ein besonderes Verstehen [des Todes] und eine besondere Ausprägung der Rede [des Gewissens] bestimmt ist, bringt nun das Dasein auf sich selbst, auf sein eigenes Sein zurück. Als solche ist sie der ermöglichende Grund der eigentlichen Existenz. Sie darf aber nicht solipsistisch gefasst werden, als ob das entschlossene Dasein in der bloßen Übernahme seiner eigenen Struktur sich in sich selbst einschließe und von allem anderen Seienden abschließe. Derjenige Solipsismus, der den Menschen von seiner Einbettung in die Umwelt und Mitwelt abschneidet, ist für das Dasein keine eigentliche Seinsweise; denn es ist ja wesentlich das In-der-Welt-Sein. Die Entschlossenheit verlangt die Übernahme dieser Struktur des Sein-bei und des Mitseins; sie isoliert das Dasein nicht von seiner Welt, sondern gibt es vielmehr für seine Welt erst frei. „Die Entschlossenheit löst als *eigentliches Selbstsein* das Dasein nicht von seiner Welt ab, isoliert es nicht auf ein freischwebendes Ich. Wie sollte sie das auch - wo sie doch als eigentliche Erschlossenheit nichts anderes als das *In-der-Welt-sein eigentlich* ist. Die Entschlossenheit bringt das Selbst gerade in das jeweilige besorgende Sein bei Zuhandenem und stößt es in das fürsorgende Mitsein mit den Anderen."[326]

Zwischenbilanz: Die Stimmung der Angst, das vorlaufende Verstehen des Todes und die lautlose Rede des Gewissens sind *existenzial-ontologisch* betrachtet die Bedingungen der Möglichkeit der Eigentlichkeit des Daseins als eines modifizierten Ergreifens der Uneigentlichkeit.

---

[325] Gethmann, C.F.: „Heideggers Konzeption des Handelns in *Sein und Zeit*", in: A. Gethmann-Siefert & O. Pöggeler (Hg.): *Heidegger und die praktische Philosophie*, 166.

[326] SZ § 60, 298.

3 Die Fundierung des Erkennens in der Erschlossenheit

Was ist die Grundlage des Kennens und Er-kennens, von der die Wissenschaft ausgeht und auf der sie ruht? Es ist das alltägliche Sein in der Welt, d.h. das alltägliche Sichaufhalten bei sich selbst, bei den Anderen und bei den Dingen. Was ist nun diese alltägliche Kundgabe und Kenntnisnahme der verschiedenen Dimensionen des Lebens für es selbst? Und was liegt dieser Kundgabe, den bestimmten Ausdrucksweisen, Sprichwörtern, Satzmodi, Theorien usw. zugrunde? Ist da nicht eine ursprüngliche Offenheit anzunehmen, die zunächst vollkommen undifferenziert und vollkommen a-rational bzw. vor-rational scheint?

Dieses Grundphänomen nennt Heidegger in *Sein und Zeit* die Erschlossenheit bzw. die Lichtung und später die Unverborgenheit des Seins. Sie ist ein präreflexives Vorverständnis unserer selbst und der Welt.[327] Deren Strukturmomente sind nämlich Befindlichkeit, Verstehen und Rede. Bereits in der Marburger Vorlesung *Prolegomena zur Geschichte des Zeitbegriffs* 1925 wird die Erschlossenheit gegen „ein besonderes thematisches Wissen" abgegrenzt und als dasjenige bezeichnet, was ein „solches Wissen allererst fundiert und ermöglicht."[328] Die Erschlossenheit ist in sich gedoppelt: die selbsthaft-ekstatische Erschlossenheit und die horizontale Erschlossenheit.[329] Die selbstekstatische Erschlossenheit und die horizontale Erschlossenheit bilden eine unzerreißbare Einheit und Ganzheit. Was bedeutet diese vorgängige ganzheitliche Erschlossenheit von Dasein und Welt? An dieser Frage richtet sich die folgende Untersuchung aus.

[327] vgl. Pocai, R.: *Heideggers Theorie der Befindlichkeit*, 27; Demmerling, C.: „Hermeneutik der Alltäglichkeit und In-der-Welt-sein", in: T. Rentsch (Hg.): *Martin Heidegger Sein und Zeit*, 98; Willer, M.: „Der Wahrheitsbegriff in Martin Heideggers *Sein und Zeit*. Versuch einer Neubeleuchtung", in: *Philosophisches Jahrbuch* 113 (2006) 78-98.

[328] GA 20, 349.

[329] vgl. Herrmann, F.W.v.: *Hermeneutik und Reflexion. Der Begriff der Phänomenologie bei Heidegger und Husserl*, 141.

3.1 Die Analyse des In-der-Welt-Seins

In der Aufgabe einer existenzialen Analytik und schon in ihrem richtigen Ansatz „liegt ein Desiderat beschlossen, das seit langem die Philosophie beunruhigt, bei dessen Erfüllung sie aber immer wieder versagt: *die Ausarbeitung der Idee eines ‚natürlichen Weltbegriffes‘.*“[330] Diese Idee besteht bei Heidegger in der Struktur des In-der-Welt-Seins. Die Bindestriche des Ausdrucks ‚In-der-Welt-Sein‘ deuten an, dass es sich hierbei um ein einheitliches Phänomen handelt. Wir können zwar einzelne Momente an ihm unterscheiden, aber das Dasein ist als In-der-Welt-Sein ein Ganzes.

Das Phänomen des In-der-Welt-Seins enthält nach Heidegger drei konstitutive Strukturmomente, nämlich Welt, Selbst, In-Sein. In § 12 von *Sein und Zeit* stellt Heidegger diese drei Momente folgendermaßen dar:

1. „Das *‚in der Welt‘*; in bezug auf dieses Moment erwächst die Aufgabe, der ontologischen Struktur von Welt nachzufragen und die Idee der Weltlichkeit als solcher zu bestimmen.“

2. „Das Seiende, das je in der Weise des In-der-Welt-seins ist. Gesucht wird mit ihm das, dem wir im ‚Wer?‘ nachfragen. In phänomenologischer Aufweisung soll zur Bestimmung kommen, wer im Modus der durchschnittlichen Alltäglichkeit des Daseins ist.“

3. „Das In-Sein als solches; die ontologische Konstitution der Inheit selbst herauszustellen.“[331]

In der Marburger Vorlesung des Sommersemesters 1925 *Prolegomena zur Geschichte des Zeitbegriffs* schreibt Heidegger: „Die Bestimmung des Daseins als In-der-Welt-sein ist eine *einheitliche* und *ursprüngliche.* An dieser Grundverfassung läßt sich ein Dreifaches abheben und jeweils auf seinen phänomenalen Bestand genauer verfolgen: Erstens das In-der-Welt-sein in dem besonderen Sinne der *Welt*, ‚Welt‘ als das Wie des Seins – *ontologisch*: die *Weltlichkeit der Welt*; zweitens das *Seiende* als bestimmt aus dem *‚Wer‘* dieses In-der-Welt-seins und dem *Wie* dieses

[330] SZ § 11, 52.
[331] a.a.O., § 12, 53.

Seins, wie das Seiende selbst in seinem Sein ist; drittens *das In-Sein als solches.*"[332]

Trotz der Gegliedertheit des In-der-Welt-Seins ist es, wie bereits betont, ein einheitliches Phänomen, das nicht in „zusammenstückbare Bestände" aufzulösen ist.[333] Die genannten drei Momente sind gleichursprünglich; deshalb bedeutet „jede Hebung des einen dieser Verfassungsmomente [...] die Mithebung der anderen, das sagt: jeweilig ein Sehen des ganzen Phänomens."[334] Als grundlegende Vorbereitung für die Analysen der drei Strukturmomente gibt Heidegger in *Sein und Zeit* wie GA 20 eine „orientierende Charakteristik des zuletzt genannten Verfassungsmomentes"[335], des In-Seins. Dieses ist zu verstehen als „In-Sein in der Welt"[336], der Welt überhaupt. In-Sein ist so eine Seinsbestimmung des Daseins, ein Existenzial, ein „Grundphänomen des Daseins."[337] Vom ‚In-Sein' streng zu unterscheiden ist das ‚Sein in ...'. Dieses ist eine Kategorie, also eine Seinsbestimmung von nichtdaseinsmäßigem Seienden, und meint das, was das In-Sein exakt nicht bedeutet: „das Seinsverhältnis zweier im Raum ausgedehnter Seienden zueinander in bezug auf ihren Ort in diesem Raum"[338], d.h. das Ineinandersein im Sinne von etwas in etwas. „In-Sein dagegen meint eine Seinsverfassung des Daseins und ist ein Existenzial. Dann kann damit aber nicht gedacht werden an das Vorhandensein eines Körperdinges (Menschenleib) in einem vorhandenen Seienden."[339] Es ist nach Heidegger zwar möglich, auch den Menschen als vorhandenes, bloßes Körperding örtlich-räumlich in etwas (z.B. einem Zimmer) zu betrachten, aber nur unter völliger Absehung der Struktur des In-der-Welt-Seins und des In-Seins des Daseins.[340] Doch kommt es Heidegger gerade darauf an, diese normale, gewohnte Betrachtungsweise auszuschalten, um dadurch gewissermaßen hinter sie zu kommen. Das ‚In' bei In-Sein und

[332] GA 20, 211.
[333] vgl. SZ § 12, 53.
[334] a.a.O.
[335] a.a.O.
[336] a.a.O.
[337] a.a.O.
[338] a.a.O., 54.
[339] a.a.O.
[340] a.a.O., 55.

das ‚in' bei Sein in ... haben also eine völlig verschiedene Bedeutung. Heidegger verweist mit Jakob Grimm für das ‚In' des In-Seins darauf, dass „‚in' ursprünglich, d.h. etymologisch gar nicht eine räumliche Beziehung der genannten Art [Das Ineinandersein vorhandener, nichtdaseinsmäßiger Dinge] bedeutet."[341] ‚In' meint vielmehr „gewohnt sein", „vertraut sein mit", „wohnen, sich aufhalten bei."[342] „*In-Sein ist demnach der formale existenziale Ausdruck des Seins des Daseins, das die wesenhafte Verfassung des In-der-Welt-seins hat.*"[343] Das ‚bei' des Ausdrucks „sich aufhalten bei" wird aufgegriffen und wichtig in Sein bei bzw. Sein-bei, einem im In-Sein fundierten Existenzial[344], das von der Kategorie des Nebeneinander bloß vorhandener nichtdaseinsmäßiger Seienden unterschieden ist, ganz analog zum Unterschied zwischen ‚In-Sein' (Existenzial) und ‚Sein in...' (Kategorie).
Dass das In-der-Welt-Sein die Grundverfassung des Daseins bildet, dass es allen möglichen Verhaltensweisen des Daseins voraus- und zugrundeliegt, beleuchtet Heidegger in § 13 von *Sein und Zeit* am Beispiel des theoretischen Erkennens.

3.2 Das Erkennen als *modus fundatus* des In-der-Welt-Seins

Nachdem Heidegger das In-der-Welt-Sein als Grundverfassung des Daseins herausgestellt hat, versucht er, das theoretische Erkennen als einen fundierten Modus des In-der-Welt-Seins aufzuweisen, mit der Absicht, der Vorherrschaft der Erkenntnistheorie seit Descartes[345] als *prima philosophia* ein Ende zu bereiten. Heideggers ontologische Revolution hängt mit der Fundierungsordnung in *Sein und Zeit* ab. Nun stellt sich die Frage: Wie ist es mit der Fundierungsordnung in *Sein und Zeit* bestellt? Dem Fundierungsverhältnis liegt das Prinzip *a potiori fit*

[341] a.a.O.
[342] a.a.O.
[343] a.a.O.
[344] a.a.O., 54 f.
[345] vgl. Richardson, W.J.: „Heidegger's Critique of science", in: *New Scholasticism* 42 (1968) 520 f.

denominatio[346] zugrunde, d.h das Schwächere, Kantisch gesprochen das aposteriori, wird vom Stärkeren her, dem apriori, bestimmt. Das Fundierende verhält sich zum Fundierten wie die Bedingung zu ihrem Bedingten. Das Fundierende ist transzendental gesehen die Möglichkeitsbedingung (conditio sine qua non) fürs Fundierte. Demgemäß ist das Fundiertsein nicht eine *privatio*[347] wie Gethmann meint, sondern vielmehr eine *degeneratio*.

Nach Heidegger ist „alles Entspringen im ontologischen Felde [...] Degeneration."[348] Das heißt: Alles Entspringende entläuft, d.h. entfernt sich von der Übermacht der Quelle.[349] Der Ansatz von *Sein und Zeit* zielt daher auf eine „Genealogie der Seinsweisen"[350] ab, die eine Hierarchie in dem Sinne erstellt, dass die Verstehbarkeit der jeweils vorgeordneten Seinsweise den Grund der Verstehbarkeit der jeweils nachgeordneten enthält. So ist gemäß der Konzeption der Fundamentalontologie die Erhellung der Existenzstruktur des Daseins die Voraussetzung dafür, das Zuhandene in seiner Welthaftigkeit zu verstehen, und das Begreifen der Struktur von Zuhandenheit und Welthaftigkeit wiederum ermöglicht das Begreifen des bloß Vorhandenen des innerweltlich begegnenden Seienden.[351] Andersherum formuliert: Das In-der-Welt-Sein ist die Möglichkeitsbedingung für die Seinsweise der Zuhandenheit und die ermöglicht wiederum die Seinsweise der Vorhandenheit.

Mit Heideggers These ist eine Umkehrung der vorherrschenden Auffassung erfolgt, nach der das Erkennen das Fundament für jegliche Weise des Verhaltens bildet. Nur weil wir uns bei Seiendem aufhalten, das uns irgendwie bekannt ist, das wir besorgen, gebrauchen, verwenden u.ä, können wir dann auch durch eine besondere Einstellung aus dem praktischen Umgang sozusagen herausspringen, uns seiner

---

[346] SZ § 65, 329.

[347] Gethmann, C.F.: *Dasein: Erkennen und Handeln Heidegger im phänomenologischen Kontext*, 190.

[348] SZ § 67, 334.

[349] vgl. GA 24, 438.

[350] vgl. a.a.O., § 3, 11.

[351] vgl. Thurnher, R.: „Heideggers ‚Sein und Zeit' als philosophisches Programm", in: *Allgemeine Zeitschrift für Philosophie* 3 (1986) 50.

enthalten und in den rein betrachtenden Bezug zum Seienden treten. Daher schreibt Heidegger:

„Damit Erkennen als betrachtendes Bestimmen des Vorhandenen möglich sei, bedarf es vorgängig einer *Defizienz* des besorgenden Zu-tun-habens mit der Welt."[352]

Diese Defizienz erfolgt durch Umschlag des praktischen Umgangs ins Theoretische. Das Erkennen ist also ein *modus deficiens* des praktischen Umgangs mit der Welt. Der Vorrang des bloßen Erkennens ist eine Täuschung, der der Erkenntnistheoretiker zum Opfer fällt. Das heißt keineswegs, dass Heidegger auf etwas wie Erkenntnis verzichten will, sondern dass er nach einer ursprünglicheren Basis zurückfragt, die der Erkenntnistheorie voraus- und zugrunde liegt.

Heideggers Herausstellung der Grundverfassung des Daseins als des In-der-Welt-Seins macht das erkenntnistheoretische Außenweltproblem, d.h. wie das erkennende Subjekt aus seiner Innensphäre heraustreten kann, um zum Objekt draußen zu gelangen, überflüssig. Bezugnehmend auf die vorherrschende Erkenntnistheorie erläutert Heidegger seine These der Abkünftigkeit des Erkennens folgendermaßen:

„Im Sichrichten auf ... und Erfassen geht das Dasein nicht etwa erst aus seiner Innensphäre hinaus, in die es zunächst verkapselt ist, sondern es ist seiner primären Seinsart nach immer schon ‚draußen' bei einem begegnenden Seienden der je schon entdeckten Welt. Und das bestimmende Sichaufhalten bei dem zu erkennenden Seienden ist nicht etwa ein Verlassen der inneren Sphäre, sondern auch in diesem ‚Draußen-sein' beim Gegenstand ist das Dasein im rechtverstandenen Sinne ‚drinnen', d.h. es selbst ist es als In-der-Welt-sein, das erkennt. Und wiederum, das Vernehmen des Erkannten ist nicht ein Zurückkehren des erfassenden Hinausgehens mit der gewonnenen Beute in das ‚Gehäuse' des Bewußtseins, sondern auch im Vernehmen, Bewahren und Behalten bleibt das erkennende Dasein als *Dasein draußen*."[353]

Das heißt: Sowohl die Intentionalität, der Gegenstandsbezug des Bewusstseins, als auch die intentionalen Akte wie etwa Denken, Lieben, Erkennen usw. (jeweils von etwas) sezten die doppelte Erschlossenheit

[352] a.a.O, § 13, 61. Diese Stelle weist voraus auf § 16.
[353] a.a.O, 62.

voraus: die selbst-ekstatische und die horizontale Erschlossenheit. Das Erkennen vermittelt nicht etwa die Möglichkeit der Herstellung des Bezugs zur Welt, sondern setzt diesen Bezug immer schon voraus und ist bloß eine Modifikation desselben. Die Welt ist nicht das Andere des Subjekts als Objekt, sondern Welt gehört konstitutiv mit zum Da-sein des Daseins. Es gibt kein „bloßes Subjekt ohne Welt."[354] Das Dasein ist in der Welt und mit der Welt.

Das Ergebnis seiner Ausführungen fasst Heidegger folgendermaßen zusammen: „Der aufgezeigte Fundierungszusammenhang der für das Welterkennen konstitutiven Modi des In-der-Welt-seins macht deutlich: im Erkennen gewinnt das Dasein einen neuen *Seinsstand* zu der im Dasein je schon entdeckten Welt. Diese neue Seinsmöglichkeit kann sich eigenständig ausbilden, zur Aufgabe werden und als Wissenschaft die Führung übernehmen für das In-der-Welt-sein. Das Erkennen *schafft* aber weder allererst ein ‚commercium' des Subjekts mit einer Welt, noch *entsteht* dieses aus einer Einwirkung der Welt auf ein Subjekt. Erkennen ist ein im In-der-Welt-sein fundierter Modus des Daseins."[355]

3.3 Das Weltphänomen

Was meint Heidegger eigentlich, wenn er von der ‚Welt' spricht? Worauf bezieht er sich dann, und wie ist das, worauf er sich dabei bezieht, überhaupt gegeben? Diese methodische Problematik in der Fundierung des Weltbegriffes läßt sich an dem verdeutlichen, was er in der Rede von ‚Welt' nicht meint: dieses oder jenes einzelne Etwas. Die ‚Welt' ist nicht vorfindbar gegeben wie irgendein beliebiges Etwas, von dem gesagt wird, dass es in der Welt ist. ‚Welt' als ‚Welt' steht im radikalen Gegenzug zu allem bestimmten Seienden, das im Hinblick auf ‚Welt' als Innerweltliches verstanden wird. ‚Welt' ist nichts Innerweltliches. Zugleich aber ist sie nicht nichts, sondern das, was an jeglichem

---

[354] SZ § 25, 116.

[355] a.a.O., § 13, 62; vgl. hierzu auch Gethmann, C.F.: *Verstehen und Auslegung*, 156 f; Guignon, C.: *Heidegger and the problem of knowledge*, v.a. 4. Kapitel, S. 150-182; Richardson, J.: *Existential Epistemology. A Heideggerian Critique of the Cartesian Project*, v.a. Teil II, 2, 80-120.

Seienden und mit ihm je schon erschlossen ist, insofern dieses je schon als Innerweltliches begegnet.

Heidegger geht in § 14 so vor, dass er in Abgrenzung von der überkommenen, gewöhnlichen Perspektive auf das Weltphänomen einen Vorbegriff von Welt entwickelt, der zugleich den Horizont der nachfolgenden Ausdeutung in den § 15-18 absteckt. Kritisch moniert Heidegger, dass sich die gewöhnliche Vorstellung ganz am Seienden orientiere, das innerhalb der Welt begegnet. Er unterscheidet innerhalb der kritisierten Position eine vorphänomenologische von einer phänomenologischen Deskription des Seienden, wobei er offenbar mit ersterer die vulgäre Abschilderung, mit letzterer eine defiziente phänomenologisch ausgerichtete Philosophie meint. Zwar vermag die auf das innerweltlich Seiende blickende Philosophie das vorphänomenologische Geschäft eines bloßen Aufzählens und Beschreibens zu überschreiten und „das Sein des innerhalb der Welt vorhandenen Seienden aufzuweisen und begrifflich-kategorial zu fixieren."[356] Sie bleibt jedoch dem Horizont verhaftet, den die Position des Alltagsverstandes vorgibt. Heidegger zufolge:

„*Weder die ontische Abschilderung des innerweltlichen Seienden, noch die ontologische Interpretation des Seins dieses Seienden treffen als solche auf das Phänomen ‚Welt'*. In beiden Zugangsarten zum ‚objektiven Sein' ist schon und zwar in verschiedener Weise ‚Welt' ‚vorausgesetzt'."[357]

Bei Heideggers Weltbegriff kommt zunächst alles darauf an, ihn als radikal unterschieden zu sehen von dem, was er in der traditionellen Metaphysik bedeutet. Was Welt überhaupt sei, wird meist übergangen bzw. man hält dies für trivial oder bereits ausgemacht. Gerade von diesem Begriff hängt aber vieles ab. Missdeutungen hier gehören zu den folgenschwersten Fehlern in der Geschichte der Philosophie. „Ein Blick auf die bisherige Ontologie zeigt, daß mit dem Verfehlen der Daseinsverfassung des In-der-Welt-seins ein Überspringen des Phänomens der Weltlichkeit zusammengeht."[358]

---

[356] a.a..O., § 14, 63.
[357] a.a.O., 64.
[358] a.a.O., 65.

Das traditionelle Überspringen der Frage nach der Weltlichkeit der Welt belegt Heidegger in GA 20 und SZ am Beispiel Descartes,[359] wo man „am einfachsten und durchsichtigsten sieht, daß eine ganze Kette von Voraussetzungen vom eigentlichen Phänomen der Welt abdrängt."[360] So ist die „Aufklärung des Welt-Begriffs eine der zentralsten Aufgaben der Philosophie. Der Begriff der Welt bzw. das damit bezeichnete Phänomen ist das, was bisher in der Philosophie überhaupt noch nicht erkannt ist."[361]

Heidegger tut die Weltauffassung der Tradition als ontisch ab und nimmt sich vor, das Phänomen der Welt ursprünglicher und existenzialistischer auszuloten. Zunächst weist Heidegger daraufhin, dass, wenn die Frage nach der ‚Welt' gestellt wird, das Gefragte nicht diese oder jene Welt ist, sondern „die Weltlichkeit von Welt überhaupt."[362] Sowohl der philosophische als auch der theologische Begriff der Welt greifen zu kurz. Das Weltphänomen ist weder als Inbegriff aller erfahrungsmöglichen Gegenstände[363], noch als Schöpfung Gottes, noch als in Christus vollendete Schöpfung, noch als Inbegriff des Gottwidrigen[364] zu verstehen.[365]

„‚Weltlichkeit' ist [vor allem, C.U.] ein ontologischer Begriff und meint die Struktur eines konstitutiven Momentes des In-der-Welt-seins. Dieses aber kennen wir als existenziale Bestimmung des Daseins. Weltlichkeit ist demnach selbst ein Existenzial. Wenn wir ontologisch nach der ‚Welt' fragen, dann verlassen wir keinesweg das thematische Feld der Analytik des Daseins. ‚Welt' ist ontologisch keine Bestimmung *des* Seienden, das wesenhaft das Dasein *nicht* ist, sondern ein Charakter des Daseins selbst."[366]

Eine vorläufige Explikation seiner These gibt Heidegger im nachfolgenden Gedankenschritt, der vier Bedeutungen von Welt unterscheidet.

---

[359] vgl. GA 20 § 20, SZ §§ 19-21.
[360] GA 20, 249.
[361] GA 24, 234; vgl. hierzu auch SZ § 11, 52 f.
[362] SZ § 14, 64.
[363] vgl. KrV A 334, B 391.
[364] vgl. 1 Joh 2, 15-17.
[365] vgl. Thomas-Kommentar zum Johannesevangelium.
[366] SZ § 14, 64.

Die Unterscheidung erlaubt es, die Abgrenzungen, die den Horizont der Analyse abstecken, genauer ins Auge zu fassen:
1. ontisch: „das All des Seienden, das innerhalb der Welt vorhanden sein kann."
2. ontologisch: „das Sein des unter n.1 genannten Seienden. In diesem Sinne „kann ‚Welt' zum Titel der Region werden, die je eine Mannigfaltigkeit von Seiendem umspannt; z.B. bedeutet Welt soviel wie in der Rede von der ‚Welt' des Mathematikers die Region der möglichen Gegenstände der Mathematik."
3. ontisch, vorontologisch-existenziell: nicht „das Seiende, das das Dasein wesenhaft nicht ist und das innerweltlich begegnen kann, sondern als das, ‚worin' ein faktisches Dasein als dieses ‚lebt'." Hierbei bestehen Möglichkeiten: 3.1 der *öffentlichen* Wir-Welt und 3.2 der *eigenen* und nächsten (häuslichen) Umwelt.
4. ontologisch-existenzial: Weltlichkeit. „Die Weltlichkeit selbst ist modifikabel zu dem jeweiligen Strukturganzen besonderer ‚Welten', beschließt aber in sich das Apriori von Weltlichkeit überhaupt."[367]
Die unter Nr. 1 & 2 ausgelegten Weltauffassungen bilden den Weltbegriff der Tradition. Heidegger gelangt zu seinem eigenen Weltbegriff unter Nr.3, indem er ihn von dem ontischen Begriff von Welt unterscheidet. Dessen Manko besteht nicht nur darin, dass er das Seiende, das innerhalb der Welt vorkommt, unzulässigerweise mit der Welt selber identifiziert. Defizitär ist laut Heidegger auch, dass er sich als bloßes Verstandesprodukt erweist, das heißt keine Erfahrungsgegebenheit darstellt. Dies zeigt seine ontologische Bestimmung unter Nr.2: die „Welt des Mathematikers" ist eine theoretisch konstruierte Welt, die von der Binnenperspektive des existierenden Menschen gerade absieht.
Den Übergang zur eigentlichen Herleitung seines Weltbegriffs vollzieht Heidegger mittels einer Methodenreflexion. Im Rückgriff auf die entsprechenden Überlegungen aus den §§ 5 und 9 bestimmt er die durchschnittliche Alltäglichkeit als der nächsten Seinsart des Daseins zum Horizont seiner Analyse. In diesem Rahmen erweist sich die Welt näher als Umwelt. Den Zugang zu ihr gewinnt Heidegger in den

[367] a.a.O., 65 f.

folgenden Paragrafen „im Durchgang durch eine ontologische Interpretation des nächstbegegnenden inner-*umweltlichen* Seienden.“[368] Bestimmt der § 15 das innerweltlich Seiende in seinem Sein, so der § 16 die sich darin als Horizont meldende Umwelt.

Spannungsreich ist diese Methode insofern, als sie einerseits ganz im Horizont der durchschnittlichen Alltäglichkeit und ihrer Umwelt verbleibt, andererseits gleichwohl beansprucht, fundamentalontologisch das Sein von Welt überhaupt zu bestimmen. Die Weltanalyse muss daher den Umweg der Umweltanalyse machen.

3.3.1 Die Umweltanalyse

In der Absicht, die Weltlichkeit der Welt herauszustellen, geht Heidegger von dem nichtdaseinsmäßigen innerweltlich Seienden und seinem Sein aus. Es geht Heidegger aber keinesweg darum, wie Walter Biemel nicht zu Unrecht sagt,[369] eine Art Bilderbuch-Phänomenologie des innerweltlichen nichtdaseinsmäßigen Seienden zu geben, sondern er zielt auf eine transzendental-philosophische Analyse der Umwelt ab. Er unterscheidet zwei Seinsweisen, nämlich die ‚Vorhandenheit‘ und die ‚Zuhandenheit‘ und schreibt der letzteren den Vorrang zu. Das innerweltliche Zuhandene soll es ermöglichen herauszufinden, wie der Charakter der Welt zu verstehen ist. Mit anderen Worten: was an der Umwelt den Welt-Charakter ausmacht.

3.3.2 Das Sein des Zuhandenen

In der Seinsweise der durchschnittlichen Alltäglichkeit verhält sich das Dasein zu dem, was ist. Dieses Verhalten wird der „Umgang in der Welt und mit dem innerweltlichen Seienden“[370] genannt und fortfahrend schreibt Heidegger: „Die nächste Art des Umgangs ist [...] aber nicht das nur noch vernehmende Erkennen, sondern das hantierende, ge-

[368] a.a.O., 66.
[369] vgl. Biemel, W.: „Die Entfaltung von Heideggers Ding-Begriff“, in: ders. *Gesammelte Schriften*, Bd. 1, 356.
[370] SZ § 15, 66.

brauchende Besorgen,[371] das seine eigene Erkenntnis hat."[372] Dasein geht in der Welt mit dem innerweltlichen Seienden besorgend um. Das alltägliche Dasein versetzt sich nicht in die Seinsart des besorgenden Umgangs, sondern „ist schon immer in dieser Weise, z.B.: die Tür öffnend, mache ich Gebrauch von der Klinke."[373] Das im besorgenden Umgang Begegnende ist nach Heidegger nicht ein bloßes Ding[374], sondern das ‚Zeug' z.B. Schreibzeug, Nähzeug, Fahrzeug etc.

Wenn die Existenz das Sein des menschlichen Seienden bildet, was ist dann das Sein des im Besorgen begegnenden, nichtmenschlichen Seienden (Zeug)? Auf diese Frage muss eine Antwort gegeben werden,

---

[371] „Der Titel ‚Besorgen' hat zunächst seine vorwissenschaftliche Bedeutung und kann besagen: etwas ausführen, erledigen, ‚ins Reine bringen'. Der Ausdruck kann auch meinen: sich etwas besorgen im Sinne von ‚sich etwas verschaffen'. Ferner gebrauchen wir den Ausdruck auch noch in einer charakteristischen Wendung: ich besorge, daß das Unternehmen mißlingt. ‚Besorgen' meint hier so etwas wie befürchten. Gegenüber diesen vorwissenschaftlichen, ontischen Bedeutungen wird der Ausdruck ‚Besorgen' in der vorliegenden Untersuchung als ontologischer Terminus (Existenzial) gebraucht als Bezeichnung des Seins eines möglichen In-der-Welt-seins. Der Titel ist nicht deshalb gewählt, weil etwa das Dasein zunächst und in großem Ausmaß ökonomisch und ‚praktisch' ist, sondern weil das Sein des Daseins selbst als *Sorge* sichtbar gemacht werden soll. Dieser Ausdruck ist wiederum als ontologischer Strukturbegriff zu fassen (vgl. Kap. 6 d. Abschn.). Der Ausdruck hat nichts zu tun mit ‚Mühsal', ‚Trübsinn' und ‚Lebenssorge', die ontisch in jedem Dasein vorfindlich sind. Dergleichen ist ontisch nur möglich ebenso wie ‚Sorglosigkeit' und ‚Heiterkeit', weil Dasein *ontologisch* verstanden Sorge ist. Weil zu Dasein wesenhaft das In-der-Welt-sein gehört, ist sein Sein zur Welt wesenhaft Besorgen" (SZ § 12, 57).

[372] SZ § 15, 67.

[373] a.a.O.

[374] Nach Heidegger :„Die Griechen hatten einen angemessenen Terminus für die ‚Dinge': πράγματα, d.i. das, womit man es im besorgenden Umgang (πρᾶξις) zu tun hat. Sie ließen aber ontologisch gerade den spezifischen ‚pragmatischen' Charakter der πράγματα im Dunkeln und bestimmten sie ‚zunächst' als ‚bloße Dinge'" (SZ § 15, 68). Heideggers Hervorhebung des pragmatischen Charakters der πράγματα legt nahe, dass er dem Pragmatismus geneigt sei. Darauf hat H.-G. Gadamer aufmerksam gemacht (mündliche Mitteilung), dass sich E. Lask in seinen letzten Vorlesungen (ca. 1913-1915) intensiv mit dem amerikanischen Pragmatismus (man denke an: William James, John Dewey) beschäftigt hat, und dass dies Heidegger beeindruckt haben dürfte. In diesem Zusammenhang gewinnt eine Bemerkung Heideggers in der Vorlesung *Phänomenologische Interpretation zu Aristoteles* Bedeutung, in welcher Heidegger der Relativierung der Erkenntniskategorien auf Lebensweisen durch den Pragmatismus zustimmt, dem Biologismus aber widerspricht (vgl. GA 61, 135).

um die Idee der Weltlichkeit überhaupt zu erreichen. Das Zeug gibt es nie isoliert: „Ein Zeug ‚ist' strenggenommen nie"[375]; es steht mit in einem Verweisungszusammenhang, d.h. es begegnet im Horizont seiner Umgebung, z.B. das Schreibzeug verweist auf Tinte, Papier, Unterlage, Tisch, Lampe usw.

Es gilt zuerst die Zeughaftigkeit am Zeug zu erfassen. „Zeug ist wesenhaft ‚etwas, um zu...'."[376] Das heißt: das Wesen von Zeug liegt in seinem ‚um zu...'. „In der Struktur ‚Um-zu' liegt eine Verweisung von etwas auf etwas."[377] Das ‚Um zu...' verweist auf etwas. So wird es ‚Um etwas zu'. Das verwiesene Etwas ist das Wozu des Um-zu. Wenn der Ausdruck Verweisung von dem Zeitwort ‚weisen' herstammt, das ursprünglich ‚weise-', d.h. wissendmachend, entdecken bedeutet,[378] ist das verwiesene Wozu schon entdeckt. Dass das Zeug etwas, um zu ... ist, besagt also nichts anderes als, dass es ist, wenn es in seinem Wozu mit entdeckt ist. Heidegger stellt den mitentdeckenden Grundzug der Verweisung im Sinne des Mitbegegnenlassens so dar: „Das im besorgenden Umgang begegnende Werk - das in Arbeit befindliche - läßt in seiner ihm wesenhaft zugehörigen Verwendbarkeit je schon mitbegegnen das Wozu *seiner* Verwendbarkeit."[379] Das entdeckte Wozu aber ist nicht isoliert, sondern vielfältig; denn das Zeug steht immer im Funktionszusammenhang von Mittel und Zweck. Ein Zeug kann nur innerhalb einer Zeugganzheit sein. Hammer, Holz, Ziegel, Mörtel usw. sind nicht etwas bloß Herumliegendes, sondern bilden eine bestimmte Zeugganzheit, die durch die wechselseitigen Verweisungen auf eine bestimmte Funktion verweisen, die angibt, wozu sie dienlich sind. Als bloßes Ding ist das Holz nur ein gefällter Baum. Erst im hantierend-gebrauchenden Umgang zeigt es sich als das, was zum Bauen dienlich ist.

Im hantierend-gebrauchenden Umgang entdeckt das Dasein das Wozu des einzelnen Zeugs innerhalb der zuerst entdeckten Zeugganzheit. Wie wird das Zeugsein in Bezug auf den gebrauchenden Umgang entdeckt? „Der je auf das Zeug zugeschnittene Umgang, darin es sich einzig

375 SZ § 15, 68.
376 a.a.O.
377 a.a.O.
378 Kluge, F.: *Etymologisches Wörterbuch der deutschen Sprache*, 851.
379 SZ § 15, 70.

genuin in seinem Sein zeigen kann, z.B. das Hämmern mit dem Hammer, erfaßt weder dieses Seiende thematisch als vorkommendes Ding, noch weiß etwa gar das Gebrauchen um die Zeugstruktur als solche. Das Hämmern hat nicht lediglich noch ein Wissen um den Zeugcharakter des Hammers, sondern es hat sich dieses Zeug so zugeeignet, wie es angemessener nicht möglich ist. Im solch gebrauchenden Umgang unterstellt sich das Besorgen dem für das jeweilige Zeug konstitutiven Um-zu; je weniger das Hammerding nur begafft wird, je zugreifender es gebraucht wird, um so ursprünglicher wird das Verhältnis zu ihm, um so unverhüllter begegnet es als das, was es ist, als Zeug."[380] Das erkennende Erfassen ist für die Entdeckung des Zeugseins unzulänglich.[381] Wenn der gebrauchend-hantierende Umgang nicht die Hinsicht ist, welche spezifische Sichtart hat er dann? Die eigene Sichtart des besorgenden Umgangs verdeutlicht sich im folgenden Satz: „Der Umgang mit Zeug unterstellt sich der Verweisungsmannigfaltigkeit des Um-zu. Die Sicht eines solchen Sichfügens ist die *Umsicht*."[382] Der gebrauchend-hantierende Umgang ist nicht hinsehend, sondern umsichtig.[383] Als welche Seinsart zeigt sich das Zeugsein im umsichtig-gebrauchenden Umgang? Darauf antwortet Heidegger: „Die Seinsart von Zeug, in der es sich von ihm selbst her offenbart, nennen wir die Zuhandenheit. Nur weil Zeug dieses ‚An-sich-sein' hat und nicht lediglich noch vorkommt, ist es handlich im weitesten Sinne und verfügbar."[384] Die Zuhandenheit kennzeichnet die entdeckte Seinsart des Zeugs, die der

---

[380] a.a.O., 69.

[381] „Das schärfste Nur-noch-*hinsehen* auf das so und so beschaffene ‚Aussehen' von Dingen vermag Zuhandenes nicht zu entdecken. Der nur ‚theoretisch' hinsehende Blick auf Dinge entbehrt des Verstehens von Zuhandenheit" (SZ § 15, 69).

[382] a.a.O., 69.

[383] In der im Wintersemester 1927/28 gehaltenen Vorlesung *Phänomenologische Interpretation von Kants Kritik der reinen Vernunft* erklärt Heidegger die umsichtige Sichtart des Umgangs eingehend so: „Im alltäglichen Verwenden und Gebrauchen der Dinge können wir uns eigens und ausdrücklich auf sie richten, etwa uns Maßnahmen überlegen, wie sie mit Rücksicht auf die Sachlage am besten einzurichten seien. Wenn wir so gleichsam im Handeln stillhalten und uns die Sachlage ansehen, dann ist *dieses* Betrachten noch kein theoretisch-wissenschaftliches Verhalten, kein *bloßes* Hinsehen und Betrachten, sondern es verbleibt noch ganz in der Haltung des Umgangs mit ..., ist nur ein sich Umsehen, umsichtiges Sichauskennen" (GA 25, 25).

[384] SZ § 15, 69.

entdeckenden Seinsart des Daseins, dem umsichtigen Umgang, entspricht. Dasein ist an sich entdeckend in dem umsichtigen Umgang mit dem innerweltlichen Seienden. Das innerweltliche Seiende ist an sich zur Hand (für das Dasein). Weil das Dasein an sich schon entdeckend inmitten vom Seienden und das Seiende an sich für das Dasein zur Hand entdeckt ist, meint hier das ‚An-sich-sein', anders als das Kantische ‚Ding an sich', die Entdecktheit für Anderes.
Bei dieser Umsicht wird das Zeug nicht als Einzelnes gefasst und verstanden, sondern immer eingebettet in eine Zeug-Ganzheit. Von der Vertrautheit mit der Zeug-Ganzheit - z.B. Werkstatt - kommt man auf das einzelne Zuhandene - z.B. dieses bestimmte Werkzeug - zu. Dabei ist das Zeug, mit dem man umgeht, gesehen in Hinblick auf das damit zu verwirklichende Werk. Heidegger zufolge: „Das herzustellende Werk als das Wozu von Hammer, Hobel, Nadel hat seinerseits die Seinsart des Zeugs."[385] Das, was hergestellt werden soll, ist ja auch für den Gebrauch bestimmt: „Der herzustellende Schuh ist zum Tragen (Schuhzeug), die verfertigte Uhr zur Zeitablesung [...] Das bestellte Werk ist seinerseits nur aus dem Grunde seines Gebrauchs und des in diesem entdeckten Verweisungszusammenhanges von Seiendem."[386] Zum Werk gehört jedoch nicht nur das *Wozu* seiner Verwendbarkeit, sondern auch der Verweis auf das Material, aus dem es erstellt wird, also das *Woraus*. Als Stoff betrachtet, aus dem das Zuhandene gemacht ist - als das Woraus des Zeugs - ist die Natur als rohes Material mitentdeckt, und wird somit im Hinblick auf die Funktion, die sie für das Bereitstellen des Zeugs übernimmt, zugänglich: „In der Umwelt wird demnach auch Seiendes zugänglich, das an ihm selbst herstellungsunbedürftig, immer schon zuhanden ist. Hammer, Zange, Nagel verweisen an ihnen selbst auf - sie bestehen aus - Stahl, Eisen, Erz, Gestein, Holz. Im gebrauchten Zeug ist durch den Gebrauch die ‚Natur' mitentdeckt, die ‚Natur' im Lichte der Naturprodukte."[387] Schließlich gehört zu ihm auch der Verweis auf denjenigen, der es benutzt, also den Mitmenschen und seine spezifische Welt.

---

[385] a.a.O., 70.
[386] a.a.O.
[387] a.a.O.

Zusammenfassend: In seiner Umweltanalyse schreibt Heidegger der Zuhandenheit den Vorrang vor der Vorhandenheit zu. Die letztere ist nach Heidegger ein *modus deficiens* der ersteren. Daraus ergibt sich der sogenannte Pragmatismus von *Sein und Zeit*, der Gerold Prauss wahrscheinlich dazu veranlasste, die nicht unumstrittene Theorie des Primats des Handelns vor dem Erkennen in *Sein und Zeit* zu behaupten.[388]

3.3.3 Das Vorhandensein als *modus deficiens* des Zuhandensein

„Hat das Dasein selbst im Umkreis seines besorgenden Aufgehens bei dem zuhandenen Zeug eine Seinsmöglichkeit, in der ihm mit dem besorgten innerweltlichen Seienden in gewisser Weise dessen Weltlichkeit aufleuchtet?"[389]

Diese Frage versucht Heidegger in § 16 zu beantworten, indem er drei Modifikationen des Zuhandenen darstellt, auf die das Dasein in seiner Alltäglichkeit stoßen kann: ‚Auffälligkeit', ‚Aufdringlichkeit' und ‚Aufsässigkeit':

Auffälligkeit: Auffällig wird das Zeug, wenn der gebrauchende Umgang es als unbrauchbar entdeckt, beispielsweise als beschädigt oder ungeeignet:

„Das *Auffallen* gibt das zuhandene Zeug in einer gewissen Unzuhandenheit. Darin liegt aber: das Unbrauchbare liegt nur da, - es zeigt sich als Zeugding, das so und so aussieht und in seiner Zuhandenheit als so aussehendes ständig auch vorhanden war. Die pure Vorhandenheit meldet sich am Zeug, um sich jedoch wieder in die Zuhandenheit des Besorgten, d.h. des in der Wiederinstandsetzung Befindlichen, zurückzuziehen. Diese Vorhandenheit des Unbrauchbaren entbehrt noch nicht

[388] vgl. Prauss, G.: *Erkennen und Handeln in Heideggers ‚Sein und Zeit'* und die kritischen Rezensionen von P. Rohs: „Rezension von Gerold Prauss, Erkennen und Handeln in Heideggers ‚Sein und Zeit'", in: PhJb 85 (1978) 424-426 wie auch Bast, R.: *Der Wissenschaftsbegriff Martin Heideggers im Zusammenhang seiner Philosophie*, 172-174.

[389] SZ § 16, 72.

schlechthin jeder Zuhandenheit, das so vorhandene Zeug ist noch nicht ein nur irgendwo vorkommendes Ding."[390]
Aufdringlichkeit: Aufdringlich wird das Zeug, wenn es vermißt wird:
„Der besorgende Umgang stößt aber nicht nur auf Unverwendbares *innerhalb* des je schon Zuhandenen, er findet auch solches, das fehlt, was nicht nur ‚handlich', sondern überhaupt nicht ‚zur Hand ist'. Ein Vermissen von dieser Art entdeckt wieder als Vorfinden eines Unzuhandenen das Zuhandene in einem gewissen Nurvorhandensein. Das Zuhandene kommt im Bemerken von Unzuhandenem in den Modus der *Aufdringlichkeit*. Je dringlicher das Fehlende gebraucht wird, je eigentlicher es in seiner Unzuhandenheit begegnet, um so aufdringlicher wird das Zuhandene, und zwar so, daß es den Charakter der Zuhandenheit zu verlieren scheint. Es enthüllt sich als nur noch Vorhandenes, das ohne das Fehlende nicht von der Stelle gebracht werden kann. Das ratlose Davorstehen entdeckt als defizienter Modus eines Besorgens das Nur-noch-vorhandensein eines Zuhandenen."[391]
Aufsässigkeit: Aufsässig wird das Zeug, wenn es unerledigt bleibt:
„Im Umgang mit der besorgten Welt kann Unzuhandenes begegnen nicht nur im Sinne des Unverwendbaren oder des schlechthin Fehlenden, sondern als Unzuhandenes, das gerade nicht fehlt und nicht unverwendbar ist, das aber ‚im Wege liegt'. Das, woran das Besorgen sich nicht kehren kann, dafür es ‚keine Zeit' hat, ist Unzuhandenes in der Weise des Nichthergehörigen, des Unerledigten. Dieses Unzuhandene stört und macht die *Aufsässigkeit* des zunächst und zuvor zu Besorgenden sichtbar. Mit dieser Aufsässigkeit kündigt sich in neuer Weise die Vorhandenheit des Zuhandenen an, als das Sein dessen, das immer noch vorliegt und nach Erledigung ruft."[392]
Gemeinsames Merkmal aller drei Modifikationen ist, dass sie „[...] am Zuhandenen den Charakter der Vorhandenheit zum Vorschein [...] bringen."[393] Wir sind bereits auf Heideggers These gestoßen, dass das innerweltlich Seiende ‚an sich', wesentlich, zuhanden ist und nur in Folge

---

[390] a.a.O., 73.
[391] a.a.O.
[392] a.a.O., 73 f.
[393] a.a.O., 74.

einer Abstraktion in die Vorhandenheit absinken kann. Im aktuellen Kontext ist nun genauer zwischen zwei Grundformen von Vorhandenheit zu unterscheiden, die der Binnendifferenzierung vorgelagert sind, die die Begriffe ‚Auffälligkeit', ‚Aufdringlichkeit' und ‚Aufsässigkeit' benennen. Die Art von Vorhandenheit, um die es bei allen drei Erfahrungen geht, ist die, die dem Zuhandenen zukommen kann. Davon möchte Heidegger eine Art bloßer, reiner Vorhandenheit unterscheiden. Bei der ersten Art von Vorhandenheit, die dem Zuhandenen zukommt: „[...] wird das Zuhandene noch nicht lediglich als Vorhandenes betrachtet und begafft, die sich kundgebende Vorhandenheit ist noch gebunden in der Zuhandenheit des Zeugs. Dieses verhüllt sich noch nicht zu bloßen Dingen. Das Zeug wird zu ‚Zeug' im Sinne dessen, was man abstoßen möchte; in solche Abstoßtendenz aber zeigt sich das Zuhandene als immer noch Zuhandenes in seiner unentwegten Vorhandenheit."[394]
Diese Unterscheidung zwischen der dem Zuhandenen zukommenden Vorhandenheit und der puren Vorhandenheit ist zwar plausibel, nicht jedoch der theoretische Rahmen, in dem sie angesiedelt ist. Denn Heidegger möchte die Art reiner Vorhandenheit, weil er sie als Produkt einer nochmaligen Abstraktion von Zuhandenheit begreift, als ein in potenzierter Weise defizientes Phänomen bestimmen. Damit unterschlägt er jedoch die Eigenständigkeit einer Vorhandenheit, die irreduzibel jeder Zuhandenheit vorausliegt.
Inwiefern bieten nun Heideggers Überlegungen zur Vorhandenheit des Zuhandenen einen Ansatz dafür, den Weltbezug des Zuhandenen zu explizieren und damit dem Weltphänomen selbt näherzukommen? Der leitende Gedanke hierbei lautet, dass durch die drei Modi ‚Auffälligkeit', ‚Aufdringlichkeit' und ‚Aufsässigkeit' das Sein des Zuhandenen und damit auch sein Weltbezug allererst ausdrücklich erfahren werden. Wird ein Zeug z.B. unverwendbar, so ist „die konstitutive Verweisung des Um-zu auf ein Dazu [...] gestört"[395], die sein Sein bestimmt. Mit dieser Struktur der Verweisung kommt deren Ganzheit gleichfalls zum Vorschein: „Der Zeugzusammenhang leuchtet auf nicht als ein noch nie

394 a.a.O.
395 a.a.O.

gesehenes, sondern in der Umsicht ständig im vorhinein schon gesichtetes Ganzes. Mit diesem Ganzen aber meldet sich die Welt."[396]
Der Aufdringlichkeit liegt die gleiche Struktur zugrunde. Macht sich das Fehlen eines Zeugs bemerkbar, kommt es zum „Bruch der in der Umsicht entdeckten Verweisungszusammenhänge. Die Umsicht stößt ins Leere und sieht erst jetzt, wofür und womit das Fehlende zuhanden war. Wiederum meldet sich die Umwelt. Was so aufleuchtet, ist selbst kein Zuhandenes unter anderen und erst recht nicht ein Vorhandenes, das das zuhandene Zeug etwa *fundiert*. Es ist im ‚Da' vor aller Festellung und Betrachtung. Es ist selbst der Umsicht unzugänglich, sofern diese immer auf Seiendes geht, aber es ist für die Umsicht je schon erschlossen."[397]
Zusammenfassend läßt sich sagen: In der Störung des alltäglichen Besorgens tritt somit allererst zum Vorschein, was dieses je schon konstituiert: eine vorgängige „Erschlossenheit von Welt"[398], eine basale „Vertrautheit mit Welt."[399] Zum reibungslosen Vollzug des alltäglichen In-der-Welt-seins gehört demgegenüber „das Sich-nicht-melden der Welt" als „Bedingung der Möglichkeit des Nichtheraustretens des Zuhandenen aus seiner Unauffälligkeit."[400] Dementsprechend bestimmt Heidegger die Unauffälligkeit, Unaufdringlichkeit und Unaufsässigkeit als positive Charaktere des Zuhandenen.[401]
Nachdem Heidegger die Struktur dessen, worin sich die Weltmäßigkeit der Umwelt meldet, herausgestellt hat, fragt er, um zum Phänomen der Welt vorzudringen, weiter: „Was ist es, womit das Dasein vertraut ist, warum kann die Weltmäßigkeit des Innerweltlichen aufleuchten? Wie ist näherhin die Verweisungsganzheit zu verstehen, darin die Umsicht sich ‚bewegt' und deren mögliche Brüche die Vorhandenheit des Seienden vordrängen?"[402]

---

[396] a.a.O., 75.
[397] a.a.O., 75.
[398] a.a.O.
[399] a.a.O., 76.
[400] a.a.O., 75.
[401] vgl. a.a.O.
[402] a.a.O., 76.

Die Beantwortung dieser Frage führt Heidegger zur Analyse der Struktur von Zeichenphänomenen, die er grundsätzlich der Kategorie des Zeugs zuordnet. Die Überlegungen zu „Verweisung und Zeichen" leiten die bisherige Analyse hin zur eigentlichen Bestimmung der Struktur von Welt, die der § 18 leistet. Während bisher eine Erfahrung von Welt nur über die Vorhandenheit des Zuhandenen aufgewiesen wurde, wird sie jetzt ausdrücklich und direkt zugänglich. Damit ist der letztgültige Nachweis erbracht, „wie es Welt ‚gibt'".[403]

3.3.4 Verweisung und Zeichen

Eine dreifache Beziehung zwischen Zeichen und Verweisung stellt Heidegger fest. Die beiden ersten von drei Thesen, mit denen er den Ertrag des § 17 zusammenfasst, lauten: „1. das Zeigen ist als mögliche Konkretion des Wozu einer Dienlichkeit in der Zeugstruktur überhaupt, im Um-zu (Verweisung) fundiert. 2. Das Zeigen des Zeichens gehört als Zeugscharakter eines Zuhandenen zu einer Zeugganzheit, zu einem Verweisungszusammenhang."[404] Er entwickelt seine Zeichenlehre im Horizont seiner bisherigen Bestimmung des innerweltlich Seienden und seines Weltbezuges: Zeichen sind ‚Zeuge', deren Sein instrumenteller Natur ist. Als solche gehören sie in die jeweilige Ganzheit der haptisch-instrumentellen Bezüge des Daseins.

Den Unterscheid zwischen Zeichen und Gebrauchsgegenständen und damit den besonderen Charakter von Zeichen berücksichtigt Heidegger erst mit der dritten These: „Das Zeichen ist nicht nur zuhanden mit anderem Zeug, sondern in seiner Zuhandenheit wird die Umwelt je für die Umsicht ausdrücklich zugänglich. *Zeichen ist ein ontisch Zuhandenes, das als dieses bestimmte Zeug zugleich als etwas fungiert, was die ontologische Struktur der Zuhandenheit, Verweisungsganzheit und Weltlichkeit anzeigt.* Darin ist der Vorzug dieses Zuhandenen innerhalb der umsichtig besorgten Welt verwurzelt."[405] Die besondere Leistung von Zeichen, etwa des von Heidegger erwähnten

---

[403] a.a.O., 72.
[404] a.a.O., § 17, 82.
[405] a.a.O., 82 f.

Verkehrszeichens Autowinker besteht darin, „eine Orientierung innerhalb der Umwelt“[406] zu eröffnen. Das Zeichen erschließt auf direkte Weise den Horizont, innerhalb dessen es wirksam ist. Darin unterscheidet es sich von gewöhnlichem Gebrauchszeug, dem Werkzeug etwa, das primär auf ein anderes Zeug und nur sekundär auf den Zeugzusammenhang verweist. Was ein Zeichen ist, erklärt Heidegger folgendermaßen: „Zeichen ist nicht ein Ding, das zu einem anderen Ding in zeigender Beziehung steht, sondern *ein Zeug, das ein Zeugganzes ausdrücklich in die Umsicht hebt, so daß sich in eins damit die Weltmäßigkeit des Zuhandenen meldet.*“[407] Die verschiedenen Zeichen (Anzeichen, Vor- und Rückzeichen, Merkzeichen, Kennzeichen) zeigen primär das, „‚worin‘ man lebt, wobei das Besorgen sich aufhält, welche Bewandtnis es damit hat.“[408] Weil es die Aufgabe der Zeichen ist, „jederzeit durch ein Zuhandenes sich die jeweilige Umwelt für die Umsicht melden zu lassen“[409], gehört im Unterschied zu gewöhnlichem Gebrauchszeug die ‚Auffälligkeit‘ der Zeichen zu ihrem Sein. Um diesen Charakter hat sich die ‚Zeichenstiftung‘[410] deshalb besonders zu bemühen.

3.3.5 Die Welt als Existenzial

Zu Beginn von § 18, in dem er die letztgültige Gestalt seines Weltbegriffs entwickelt, macht Heidegger deutlich, dass er einen Perspektivenwechsel vorzunehmen gedenkt. Hat er bisher einen Bezug auf Welt über die Analyse des Seins des innerweltlich Seienden gewonnen, so soll nun umgekehrt die Welt an die auch methodisch erste Stelle gelangen: „Welt ist es, aus der her Zuhandenes zuhanden ist. Wie kann Welt Zuhandenes begegnen lassen?“[411]

Heidegger geht dieser Frage nach, indem er sich zunächst wieder dem Zuhandenen zuwendet und dessen Sein als ‚Bewandtnis‘ reformuliert:

---

[406] a.a.O., 79.
[407] a.a.O., 79 f.
[408] a.a.O., § 17, 80.
[409] a.a.O.
[410] a.a.O.
[411] a.a.O., § 18, 83.

„Das Sein des Zuhandenen hat die Struktur der Verweisung - heißt: es hat an ihm selbst den Charakter der *Verwiesenheit*. Seiendes ist daraufhin entdeckt, daß es als dieses Seiende, das es ist, auf etwas verwiesen ist. Es hat mit ihm bei etwas sein Bewenden. Der Seinscharakter des Zuhandenen ist die Bewandtnis. In Bewandtnis liegt: bewenden lassen mit etwas bei etwas. Der Bezug des ‚mit... bei...' soll durch den Terminus Verweisung angezeigt werden."[412]

Die Reformulierung von ‚Verweisung' bzw. ‚Verwiesenheit' in ‚Bewandtnis' treibt die Sache der Weltanalyse insofern voran, als Heidegger am Begriff der Bewandtnis nicht nur den Bezug des Seienden auf das Ganze der Welt, sondern auch den auf das weltkonstituierende Dasein expliziert:

„*Welche* Bewandtnis es mit einem Zuhandenen hat, das ist je aus der Bewandtnisganzheit vorgezeichnet. Die Bewandtnisganzheit, die zum Beispiel das in einer Werkstatt Zuhandene in seiner Zuhandenheit konstituiert, ist ‚früher' als das einzelne Zeug, imgleichen die eines Hofes, mit all seinem Gerät und seinen Liegenschaften. Die Bewandtnisganzheit selbst aber geht letztlich auf ein Wozu zurück, bei dem es *keine* Bewandtnis mehr hat, was selbst nicht Seiendes ist in der Seinsart des Zuhandenen innerhalb einer Welt, sondern Seiendes, dessen Sein als In-der-Welt-sein bestimmt ist, zu dessen Seinsverfassung Weltlichkeit selbst gehört. Dieses primäre Wozu ist kein Dazu als mögliches Wobei einer Bewandtnis. Das primäre ‚Wozu' ist ein Worum-willen. Das ‚Um-willen' betrifft aber immer das Sein des *Daseins*, dem es in seinem Sein wesenhaft *um* dieses Sein selbst geht."[413]

In dieser Passage expliziert Heidegger die Grundthese des gesamten Kapitels: dass Welt ein Existenzial, d.h. ein „Seinscharakter des Daseins" ist.[414] Welt ist als Bewandtnisganzheit zwar der vorausgesetzte Konstitutionsgrund für das Sein des Zuhandenen, gründet aber ihrerseits im Sein des sich um sich bekümmernden Daseins, in dessen Entwurfscharakter: „Dasein verweist sich je schon immer aus einem Worumwillen her an das Womit einer Bewandtnis, das heißt es läßt je immer

412 a.a.O., 83 f.
413 a.a.O., 84.
414 vgl. a.a.O., § 14, 64.

schon, sofern es ist, Seiendes als Zuhandenes begegnen. *Worin* das Dasein sich vorgängig versteht im Modus des Sichverweisens, das ist das *Woraufhin* des vorgängigen Begegnenlassens von Seiendem. *Das Worin des sichverweisenden Verstehens als Woraufhin des Begegnenlassens von Seiendem in der Seinsart der Bewandtnis ist das Phänomen der Welt.* Und die Struktur dessen, woraufhin das Dasein sich verweist, ist das, was die Weltlichkeit der Welt ausmacht."[415]

Mit diesem Gedankenschritt verfehlt Heidegger nach Romano Pocai die wohl produktivste Intention seiner Weltanalyse, den Weltentwurf des Daseins an die Geworfenheit in eine faktsiche Welt zu binden.[416] Heidegger spricht nicht mehr davon, dass die Welt das Seiende begegnen läßt, vielmehr geht diese Funktion auf das Dasein über. Zur Deutung der zitierten Passage von S. 84 hätte sich ja durchaus die interessante Lesart angeboten, dass Heidegger auf keinen im starken Sinne eindimensionalen Konstitutionszusammenhang zwischen dem Dasein und der Welt sowie dem innerweltlich Seienden zielt. Vielmehr müsse von zwei Konstitutionsverhältnissen ausgegangen werden: einem ersten, das vom Dasein zur Welt, einem zweiten, das von der Welt zum innerweltlich Seienden verläuft und eine Teilautonomie gegenüber dem ersten Verhältnis besitzt. Diese Lesart wird aber durch den direkten konstitutiven Bezug des Daseins auf das Seiende abgewehrt, auf den wir im aktuellen Kontext stoßen. Heideggers Akzentverlagerung auf das Dasein kommt nach Romano Pocai in der Identität zwischen ‚Worin' und ‚Woraufhin' zum Ausdruck.[417] Indem Heidegger die beiden Dimensionen von Welt so gleichsetzt, dass er das ‚Worin' in das ‚Woraufhin' einzieht, legt er die faktische als entworfene Welt aus. Die in § 14 eingeführte vorontologisch-existentielle „Welt, worin ein faktisches Dasein als dieses lebt."[418], erscheint nun als „ursprünglich vertraute" Welt, „worin Dasein [...] sich je schon versteht."[419] Zwar negiert Heidegger nicht schlechter-

[415] a.a.O., 86.
[416] vgl. Pocai, R.: „Die Weltlichkeit der Welt und ihre abdrängte Faktizität", in: T. Rentsch (Hg.): *Martin Heidegger Sein und Zeit*, 61.
[417] vgl. SZ § 13, 62.
[418] vgl. a.a.O., § 14, 65.
[419] a.a.O., § 18, 86.

dings Faktizität, die dem Weltentwurf selbst zukommt. Diese besteht darin, dass das Dasein Welt „je schon" entworfen hat.

Unter der leitenden Perspektive des Verstehens reformuliert Heidegger im letzten Schritt seiner Weltanalyse den Konstitutionszusammenhang, der zwischen dem Dasein, der Welt und dem innerweltlich Seienden besteht. Der immer schon vorverstandenen und in diesem Sinne vertrauten Welt, von der her Seiendes begegnen kann, schreibt Heidegger die Struktur der ‚Bedeutsamkeit'[420] zu. Er bestimmt dieses Sein einer vom verstehenden Dasein konstituierten Welt als ein vorprädikatives, der Dimension sprachlicher Bedeutung vorgelagertes Sein: „Die Bedeutsamkeit selbst aber, mit der das Dasein je schon vertraut ist, birgt in sich die ontologische Bedingung der Möglichkeit dafür, daß das verstehende Dasein als auslegendes so etwas wie ‚Bedeutungen' erschließen kann, die ihrerseits wieder das mögliche Sein von Wort und Sprache fundieren."[421] Mit anderen Worten: Die Prädikation und die daraus entstehenden Aussagen setzen die Bedeutsamkeit als ihren vorsprachlichen Grund voraus. Die Weltlichkeit der Welt lässt sich also als das Verweisungsganze der Bedeutsamkeit zusammenfassen.[422]

Der Weltbegriff ist einer der wenigen Begriffe von *Sein und Zeit*, die die Kehre überlebt haben. Rückblickend schreibt Heidegger:

„Welt bedeutet [...] in dem Namen ‚In-der-Welt-sein' keineswegs das irdisch Seiende im Unterschied zum Himmlischen, auch nicht das ‚Weltliche' im Unterschied zum ‚Geistlichen'. ‚Welt' bedeutet in jener Bestimmung überhaupt nicht ein Seiendes und keinen Bereich von Seiendem, sondern die Offenheit des Seins [...] ‚Welt' ist die Lichtung

---

[420] „Sie ist das, was die Struktur der Welt, dessen, worin Dasein als solches je schon ist, ausmacht. *Das Dasein ist in seiner Vertrautheit mit der Bedeutsamkeit die ontische Bedingung der Möglichkeit der Entdeckbarkeit von Seiendem, das in der Seinsart der Bewandtnis (Zuhandenheit) in einer Welt begegnet und sich so in seinem An-sich bekunden kann.* Dasein ist als solches je dieses, mit seinem Sein ist wesenhaft schon ein Zusammenhang von Zuhandenem entdeckt - Dasein hat sich, sofern es ist, je schon auf eine begegnende ‚Welt' angewiesen, zu seinem Sein gehört wesenhaft diese Angewiesenheit" (SZ § 18, 87).

[421] SZ § 18, 87.

[422] vgl. a.a.O., § 26, 123.

des Seins, in die der Mensch aus seinem geworfenen Wesen her heraussteht."[423]
In *Der Ursprung des Kunstwerkes* heißt es:
„Welt ist nicht die bloße Ansammlung der vorhandenen abzählbaren oder unabzählbaren, bekannten und unbekannten Dinge. Welt ist aber auch nicht ein nur eingebildeter, zur Summe des Vorhandenen hinzu vorgestellter Rahmen. *Welt weltet* und ist seiender als das Greifbare und Vernehmbare, worin wir uns heimisch glauben. Welt ist nie ein Gegenstand, der vor uns steht und angeschaut werden kann. Welt ist das immer Ungegenständliche, dem wir unterstehen, solange die Bahnen von Geburt und Tod, Segen und Fluch uns in das Sein entrückt halten."[424]
Zwischen Welt und Innerweltlichem besteht also diesselbe ontologische Differenz wie zwischen Sein und Seiendem, Bedingung und Bedingtem.

3.4 Das Dreigespann der Erschlossenheit des In-Seins

Zur Analyse des In-der-Welt-Seins gehört eine explizite Klärung der konstitutiven Momente des In-Seins, die das Dasein als Erschlossenheit zugänglich machen. „Die beiden gleichursprünglichen konstitutiven Weisen, das Da zu sein, sehen wir in der Befindlichkeit und im Verstehen; [...]" Also: Befindlichkeit und Verstehen sind jene beiden Grundexistenzialien im Sein des Daseins, in denen die Welt aufgeschlossen ist. Die beiden stehen in einem bevorzugten Verhältnis zum Phänomen der Erschlossenheit.[425] Und weiter heißt es: „Befindlichkeit und Verstehen sind gleichursprünglich bestimmt durch die Rede."[426] Das heißt: die beiden Grundexistenzialien werden durch ein drittes Existenzial, nämlich die Rede durchgegriffen. In *Sein und Zeit* werden Befindlichkeit, Verstehen und Rede als Grundweisen ausgelegt, in denen

[423] Hum, 35.
[424] GA 5, 34.
[425] Herrmann, F.-W.v.: „Befindlichkeit und Verstehen in ihrer Stellung zur Seinsfrage. Eine Einleitung in das Denken von Sein und Zeit", in: *Philosophische Perspektiven* 5 (1973) 169.
[426] SZ § 28, 133.

sich Welt für das endliche Dasein lichtet und somit Unverborgenheit ereignet. Sie bilden die vor-intentionale und vor-theoretische Erschlossenheit des Daseins.[427] Fink-Eitel weist zu Recht daraufhin, dass die Erschlossenheit, der Grundbegriff von *Sein und Zeit*, den traditionellen Begriff des Bewusstseins ersetzt und bezeichnet den Spielraum bzw. den ‚Zeit-Spiel-Raum', worin und wodurch Seiendes überhaupt begegnen kann.[428] Der Begriff der Erschlossenheit lässt ein ‚Schließen' mitschwingen. Darum schreibt Gethmann: „Heideggers Begriff der *Erschlossenheit* liegt die ‚Schließ'-Metaphorik zugrunde, zu der auch das Bild vom ‚Passen' des Schlüssels zum Schloß gehört. Mit der Erschlossenheit meint Heidegger eine apriorische Struktur, dergemäß zwischen Mensch und Welt eine apriorische Passung wie zwischen Schlüssel und Schloß besteht."[429]
Der Analyse sei vorausgeschickt, dass das jeweils Existenzial nur als *singulare tantum* zu nehmen ist. Nun werden alle drei vorwärts, der Behandlungsordnung in *Sein und Zeit* entsprechend, analysiert.

3.4.1 Befindlichkeit

Mit der Rede von der Befindlichkeit als einem Existenzial des Daseins wird der Umstand hervorgehoben, dass der Mensch, sofern er überhaupt nur da ist, gar nicht umhinkommt, immer schon gestimmt zu sein. Man kann sich das Verhältnis von Existenz und Stimmung wie das Verhältnis eines Gegenstandes und seiner Farbe vorstellen.[430] Die Befindlichkeit ermöglicht erst die Stimmungen, die unser Selbst- und Weltverhältnis immer und überall begleiten. Es wäre ein Mißverständnis, würde man die Triftigkeit der These Heideggers mit dem Hinweis in Zweifel ziehen

---

[427] vgl. Thurnher, R.: „Gott und Ereignis - Heideggers Gegenparadigma zur Onto-Theologie", in: *Heidegger Studies* vol. 8 (1992) v.a. II, 84-89.
[428] vgl. Fink-Eitel, H.: „Die Philosophie der Stimmungen in Heideggers ‚Sein und Zeit', in: AZPh 17 (3, 1992) 27; Tugendhat, E.: „Erschlossenheit, Erschließen", in: *Historisches Wörterbuch der Philosophie* Band II, 726; ders.: *Selbstbestimmung und Selbstbewußtsein. Sprachanalytische Interpretationen*, 171f; Hermann, F.W.v.: *Subjekt und Dasein. Grundbegriffe von ‚Sein und Zeit'*, 10, 32.
[429] Gethmann, C.F.: „Heideggers Wahrheitskonzeption in seinen Marburger Vorlesungen", in: *Martin Heidegger: Innen- und Außenansichten*, 118.
[430] vgl. Jahraus, O.: *Martin Heidegger. Eine Einführung*, 113.

wollen, es sei auch möglich, unbeteiligt und gleichgültig zu sein, bzw. lediglich mit kaltem Verstand in die Welt zu blicken. Auch die Gleichgültigkeit ist eine Stimmung und lässt sich nicht als ein Indiz für die Möglichkeit des Nicht-Gestimmtseins anführen. Des weiteren ist die „fahle Ungestimmtheit" nicht einfach nur eine Stimmung u.a.; im Rahmen der Befindlichkeitsanalyse nimmt sie scheinbar sogar einen ganz besonderen Stellenwert ein: „Die [...] fahle Ungestimmheit, die nicht mit Verstimmung verwechselt werden darf, ist so wenig nichts, daß gerade in ihr das Dasein ihm selbst überdrüssig wird. Das Sein des Da ist in solcher Verstimmung als Last offenbar geworden."[431] In der Ungestimmtheit und Indifferenz offenbart sich der „Lastcharakter des Daseins."[432]
Ein Grund für Heideggers Tendenz, Stimmungen im allgemein mit dem „Lastcharakter des Daseins" in Verbindung zu bringen, liegt darin, dass der Mensch durch Stimmungen von etwas widerfahren werden kann, in denen er sich nicht als aktiv, sondern als passiv erfährt. Dies gilt auch dann, wenn er sich gegen seine Stimmungen auflehnen, sie „mit Wissen und Willen"[433] zu beherrschen versucht. Daraus gewinnt Heidegger den ersten ontologischen Wesenscharakter der Befindlichkeit: „Die Befindlichkeit erschließt das Dasein in seiner Geworfenheit und zunächst und zumeist in der Weise der ausweichenden Abkehr."[434]
Zweitens erschließt die Befindlichkeit das ganze In-der-Welt-Sein und macht Intentionalität erst möglich:
„*Die Stimmung hat je schon das In-der-Welt-sein als Ganzes erschlossen und macht ein Sichrichten ... allererst möglich*. Das Gestimmtsein bezieht sich nicht zunächst auf Seelisches, ist selbst kein Zustand drinnen, der dann auf rätselhafte Weise hinausgelangt und auf die Dinge und die Anderen abfärbt. Darin zeigt sich der *zweite* Wesenscharakter der Befindlichkeit. Sie ist eine existenziale Grundart der *gleichursprünglichen Erschlossenheit* von Welt, Mitdasein und Existenz, weil diese selbst wesenhaft In-der-Welt-sein ist."[435] Die Stimmung ist also weder intentionaler Akt, noch hat sie ein intentionales Korrelat,

[431] SZ § 29, 134.
[432] a.a.O.
[433] a.a.O., 136.
[434] a.a.O.
[435] a.a.O., 137.

sie begreift und versteht nichts, aber sie ermöglicht Begreifen und Verstehen.[436]
Neben den beiden angeführten Wesensbestimmungen der Befindlichkeit führt Heidegger eine dritte, vielleicht die fundamentalste vor, die vor allem zum eindringlicheren Verständnis der Weltlichkeit der Welt beiträgt: „Die Gestimmtheit der Befindlichkeit konstituiert existenzial die Weltoffenheit des Daseins".[437] Die Weltoffenheit des Daseins ist nichts anderes als die Bedingung der Möglichkeit dafür, das es von Welt und Innerweltlichem überhaupt betroffen werden kann. Weiter heißt es: „*In der Befindlichkeit liegt existenzial eine erschließende Angewiesenheit auf Welt, aus der her Angehendes begegnen kann.* Wir müssen in der Tat ontologisch grundsätzlich die primäre Entdeckung der Welt der bloßen Stimmung überlassen. Ein reines Anschauen, und dränge es in die innersten Adern des Seins eines Vorhandenen, vermöchte nie so etwas zu entdecken wie Bedrohliches."[438]
Wäre das Dasein ‚unbefindlich' empfindungslos, könnte es nichts betreffen und angehen. Geworfen in die Welt ist das Dasein an die Welt ausgeliefert, offen für den Begegnischarakter von Welt; im Leiden und Widerfahren ist das Dasein von sich her aufgeschlossen in sein Sein-zur-Welt, aus dem heraus ihm Innerweltliches begegnen kann. Das Dasein ist als befindliches nie in sich verschlossen, so dass es erst nachträglich aus einer subjektiven Innensphäre heraustreten müsste, um von daher zu einem Objekt zu gelangen. Es ist als Befindliches bei den Dingen und damit je so oder anders gestimmt, in dieser Gestimmtheit aber auch schon ein vor-intentionales bzw. prä-reflexives Offenbarhaben von Seiendem.
Würde man den Stellenwert der Befindlichkeit als Existenzial des Daseins verkennen und Stimmungen als existenzielle Phänomene des menschlichen Lebens nicht berücksichtigen, entfiele im Grunde das sachliche Motiv für die „Überwindung der erkenntnistheoretischen Frage-

436 vgl. Müller, M.: „Phänomenologie, Ontologie und Scholastik", in: O. Pöggeler (Hg): *Heidegger Perspektiven zur Deutung seines Werkes*, 89.
437 SZ § 29, 137
438 a.a.O., 137 f.

stellung"[439], die mit dem gesamten Komplex der Überlegungen zum In-der-Welt-Sein ausgeführt werden soll.
Heideggers Überlegungen lassen sich so resümieren: Der Mensch ist immer schon in einer jeweils spezifischen Weise gestimmt, er erfährt sich in den Stimmungen als passiv und die Passivität des Betroffenwerdens von etwas liegt der Intention zugrunde.

3.4.2 Verstehen

Das zweite konstitutive Strukturmoment der Erschlossenheit ist das Verstehen.[440] Befindlichkeit und Verstehen sind gleichursprünglich. Schon bei der Befindlichkeitsanalyse war das Verstehen mit im Spiel, weil jede Gestimmtheit ein unmittelbares Erschließen ist. Der existenziale Begriff des Verstehens meint weder *Verstehen* als Methode der Geisteswissenschaften im Unterschied zu *Erklären* als Methode der Naturwissenschaften wie bei Droysen[441] und Dilthey[442] noch erkenntnistheoretisches Verstehen, noch Sich-Verstehen auf etwas.[443] Daher schreibt Heidegger:

---

[439] Gadamer, H-G.: *Wahrheit und Methode*, 246.

[440] Das Verstehen ist ursprünglich ein Rechtsausdruck. „Er versteht seine Sache" heißt „er vertritt sie (vor dem Thing) in überlegener Weise, bis er obsiegt." Die Vorsilbe (s. ver-) steht im Sinne des Lateinischen per- in *perstare*. Von der geistigen Beherrschung einer (Rechts-)Sache geht die Entwicklung zum richtigen Erfassen eines geistigen Zusammenhangs. Vgl. Kluge, F.: *Etymologisches Wörterbuch der deutschen Sprache*, 818; Apel, K.O.: „Das Verstehen. Eine Problemgeschichte und Begriffsgeschichte", in: *Archiv für Begriffsgeschichte* 1, 142; Gadamer, H-G.: WuM, 246, Anm. 2.

[441] vgl. Historik. Vorlesungen über Enzyklopädie und Methodologie der Geschichte.

[442] vgl. *Der Aufbau der geschichtlichen Welt in den Geisteswissenschaften*, Gesammelte Schriften Bd. VII, 143; Patzig,G.: „Erklären und Verstehen. Bemerkung zum Verhältnis von Natur- und Geisteswissenschaften", in: *Neue Rundschau* 84 (1973) 392-413.

[443] Auf Deutsch hat der Ausdruck ‚Verstehen' mehrere Bedeutungen. Bezüglichdessen schreibt Gadamer: „Zwar bezeichnet man in der deutschen Sprache als Verstehen auch das praktisch ausgerichtete Können (‚er versteht nicht zu lesen', – gleichbedeutend mit: ‚er versteht sich nicht auf das Lesen', d.h. er kann es nicht). Aber das scheint von dem in der Wissenschaft geübten erkenntnismäßig ausgerichteten Verstehen wesensverschieden." Gadamer, H-G: *Wahrheit und Methode*, 246. In diesem Zusammenhang ist auch Tugendhats pragmatische Interpretation des Verstehens zu lesen: „Heidegger knüpft hier an einen natürlichen Sprachgebrauch an, demgemäß wir sagen, daß wir etwas ‚verstehen', wenn wir

„Mit dem Terminus Verstehen meinen wir ein fundamentales Existenzial; weder eine bestimmte *Art von Erkennen*, unterschieden etwa von Erklären und Begreifen, noch überhaupt ein Erkennen im Sinne des thematischen Erfassens. Wohl aber konstituiert das Verstehen das Sein des Da dergestalt, daß ein Dasein auf dem Grunde des Verstehens die verschiedenen Möglichkeiten der Sicht, des Sichumsehens, des Nurhinsehens, existierend ausbilden kann. Alles Erklären wurzelt als verstehendes Entdecken des Unverständlichen im primären Verstehen des Daseins."[444]

Besonders klar tritt die ontologische Bedeutung des Verstehenbegriffs in der Marburger Vorlesung vom Sommersemester 1927 hervor, wo Heidegger sagt:

„*Verstehen* ist eine ursprüngliche *Bestimmtheit* der *Existenz des Daseins*, abgesehen davon, ob das Dasein erklärend oder verstehend Wissenschaft treibt."[445]

Und wenig später heißt es:

„Sofern das Verstehen eine Grundbestimmung der Existenz ist, ist es als solches die Bedingungen der Möglichkeit für alle besonderen möglichen Verhaltensweisen des Daseins. Es ist die Bedingung der Möglichkeit für alle Arten nicht nur des praktischen Verhaltens, sondern auch des Erkennens. Die erklärenden und verstehenden Wissenschaften [...] sind nur möglich, weil das Dasein in sich selbst als existierendes verstehendes ist."[446]

Zwischen dem existenzial-ontologischen Verstehen und den daraus entstehenden Erkenntnisweisen besteht ein einseitiges Fundierungsverhältnis. Darum schreibt Heidegger: „Aus den verschiedenen Möglichkeiten des Verstehens [...] entspringen auch die verschiedenen Stufen

meinen, daß wir etwas ‚können', [...]; z.B. versteht man sich auf ein Handwerk. [...] In anderen Sprachen ist dieser Bedeutung stärker ausgebildet: *I know how to swim, je sais nager*. Im Deutschen sagen wir hier bezeichnenderweise: *ich kann schwimmen, ich kann Französich*, [...] Dieses Wissen ist kein Erkennen; was in ihm gewußt wird, sind nicht gegenständliche Sachverhalte, sondern Verrichtungen, Handlungsvollzüge." Tugendhat, E.: *Der Wahrheitsbegriff bei Husserl und Heidegger*, 305.

[444] SZ § 68, 336; vgl. auch SZ § 31, 143.

[445] GA 24, 390.

[446] a.a.O., 392.

und Formen des theoretischen Verstehens, bestimmte Formen möglicher verstehender Wissenschaften. Es ist aber immer im Auge zu behalten, daß Verstehen nie durch noch so viele Kenntnisse und Beweise zu gewinnen ist, sondern umgekehrt alles Erkennen, erkennende Beweisen und Beischaffen von Argumenten, Quellen und dergleichen setzt immer schon Verstehen voraus."[447]

Auf die existenzial-ontologische Bedeutung des Verstehens kommt es also Heidegger in *Sein und Zeit* grundsätzlich an. Mit der obenerwähnten ontologischen Bedeutung entpuppt sich Tugendhats Deutung des Verstehensbegriffs Heideggers als ein großes Missverständnis und als Irrtum.[448] Ganz anders als Tugendhat fasst der einstige Schüler Heideggers Gadamer denselben Sachverhalt im Sinne Heideggers, wenn er schreibt:

„Vor aller Differenzierung des Verstehens in die verschiedenen Richtungen des pragmatischen oder theoretischen Interesses ist Verstehen die Seinsart des Daseins, sofern es Seinkönnen und ‚Möglichkeit' ist."[449]

Mit anderen Worten: Das Verstehen ist nicht bloß eine Erkenntnisart unter anderen, sondern ein Modus des Seins, ein Seinsbezug zum Seienden. Nicht die Wirklichkeit zeichnet das Verstehen aus, sondern die Möglichkeit.

Der Zusammenhang von Verstehen und Möglichkeit ist in folgendem Text sehr klar ausgesprochen: „Das Verstehen betrifft als Erschließen immer die ganze Grundverfassung des In-der-Welt-seins. Als Seinkönnen ist das In-Sein je Seinkönnen-in-der-Welt. Diese ist nicht nur qua Welt als mögliche Bedeutsamkeit erschlossen, sondern die Freigabe des Innerweltlichen selbst gibt dieses Seiende frei auf *seine* Möglichkeiten. Das Zuhandene ist als solches entdeckt in seiner Dien*lichkeit*, Verwend*barkeit*, Abträg*lichkeit*. Die Bewandtnisganzheit enthüllt sich als das kategorial Ganze einer *Möglichkeit* des Zusammenhangs von Zuhandenem. Aber auch die ‚Einheit' des mannig-

---

447 GA 20, 358.
448 vgl. Tugendhat, E.: *Selbstbewußtsein und Selbstbestimmung*, 228.
449 Gadamer, H-G: WuM, 245.

faltigen Vorhandenen, die Natur, wird nur entdeckbar auf dem Grunde der Erschlossenheit einer Möglichkeit ihrer."[450]

Während im Zusammenhang mit der Befindlichkeit die Geworfenheit des Daseins in den Vordergrund rückte, ist es im Kontext des Verstehens der Entwurfcharakter des Daseins, der erhellt werden soll. Auf die Frage: „Warum dringt das Verstehen nach allen wesenhaften Dimensionen des in ihm Erschließbaren immer in die Möglichkeiten?"[451] antwortet Heidegger:

„Weil das Verstehen an ihm selbst die existenziale Struktur hat, die wir den *Entwurf* nennen. Es entwirft das Sein des Daseins auf sein Worumwillen ebenso ursprünglich wie auf die Bedeutsamkeit als die Weltlichkeit seiner jeweiligen Welt. Der Entwurfcharakter des Verstehens konstituiert das In-der-Welt-sein hinsichtlich der Erschlossenheit seines Da als Da eines Seinkönnens. Der Entwurf ist die existenziale Seinsverfassung des Spielraums des faktischen Seinkönnens. Und als geworfenes ist das Dasein in die Seinsart des Entwerfens geworfen. Das Entwerfen hat nichts zu tun mit einem Sichverhalten zu einem ausgedachten Plan, gemäß dem das Dasein sein Sein einrichtet, sondern als Dasein hat es sich je schon entworfen und ist, solange es ist, entwerfend. Dasein versteht sich immer schon und immer noch, solange es ist, aus Möglichkeiten. Der Entwurfcharakter des Verstehens besagt ferner, daß dieses das, woraufhin es entwirft, die Möglichkeiten, selbst nicht thematisch erfaßt. Solches Erfassen benimmt dem Entworfenen gerade seinen Möglichkeitscharakter, zieht es herab zu einem gegebenen, gemeinten Bestand, während der Entwurf im Werfen die Möglichkeit als Möglichkeit sich vorwirft und als solche *sein* läßt. Das Verstehen ist, als Entwerfen, die Seinsart des Daseins, in der es seine Möglichkeiten als Möglichkeiten *ist.*"[452] Das Verstehen ist also bei Heidegger vorwiegend zukunftsorientiert. Dieser Charakter wird von Strukturelementen wie Existenz, Entwurf, Seinkönnen, Möglich-Sein, Sich-vorweg-sein, Vorlaufen bezeugt. Der genannte Sachverhalt wird

---

[450] SZ § 31, 144 f.
[451] a.a.O., 145.
[452] a.a.O., 145.

auch von Heidegger ausdrücklich anerkannt: „Das Verstehen ist als Existieren im wie immer entworfenen Seinkönnen *primär* zukünftig."[453]
Im Verstehen eröffnet sich das Dasein sowohl den Spielraum seines Existierens mit seinesgleichen als auch den Gesichtkreis, worin innerweltliches Seiendes ihm begegnen kann; beides gehört zueinander. Verstehen und Befindlichkeit sind also jene beiden Grundexistenzialien im Sein des Daseins, in denen die Welt aufgeschlossen ist. Sie entsprechen nicht etwa den zwei Stämmen der menschlichen Erkenntnis bei Kant, nämlich Sinnlichkeit und Verstand, Anschauung und Denken[454] wie Karl-Otto Apel in seiner Bonner Dissertation *Dasein und Erkennen* meint[455], sondern sie bilden mit der Rede die ganzheitliche Erschlossenheit des Seins. Es ist wohl von Belang, dass Heidegger in seinem hermeneutischen Hinterfragen der metaphysischen Tradition auch die genannten Stämme menschlicher Erkenntnis der Destruktion unterwirft, und, mehr noch, dass er im Vollzug dieser Destruktion der von Kant als unbekannt bezeichneten Wurzel der Erkenntnis eben im hermeneutisch radikalisierten und neuformulierten Verstehensbegriff lokalisiert. Durch die Fundierung aller Erkenntnisweisen im Verstehen „ist dem puren Anschauen sein Vorrang genommen, der noetisch dem traditionellen ontologischen Vorrang des Vorhandenen entspricht. ‚Anschauung' und ‚Denken' sind beide schon entfernte Derivate des Verstehens. Auch die phänomenologische ‚Wesensschau' gründet im existenzialen Verstehen."[456] Mit der *Radikalisierung*[457] des Verstehensbegriffs geht Heidegger über Kant und Husserl hinaus.
Nun stellt sich die Frage: Wie läßt sich die Verschränkung von Geworfenheit und Entwurf, von Passivität und Aktivität, von Affektion und Konstitution erläutern?[458] C.F. Gethmann ist der Meinung, dass Hei-

[453] a.a.O., § 68, 337.
[454] vgl. KrV A 15, B 29, A 835, B 863.
[455] vgl. Apel, K.O.: *Dasein und Erkennen. Eine erkenntnistheoretische Interpretation der Philosophie Martin Heideggers*, 76-77.
[456] SZ § 31, 147.
[457] Zur Radikalisierung der Hermeneutik vgl. Apel, K.O.: „Heideggers philosophische Radikalisierung der ‚Hermeneutik' und die Frage nach dem ‚Sinnkriterium' der Sprache", in: ders.: *Transformation der Philosophie* Bd. 1, 276-334.
[458] Angesichts der von Heidegger immer wieder akzentuierten Gleichursprünglichkeit von Befindlichkeit und Verstehen sowie der Verschränkung von Geworfenheit und

degger darauf aufmerksam mache, dass das Dasein die Konstitution nicht als autonomes Subjekt leiste, gleichwohl aber im Entwurf vollziehe.[459] Heideggers spätere Entwicklung und sein Konzept einer Seinsgeschichte deuten allerdings eher daraufhin, dass mit der Ausweitung des Verstehensbegriffs die Grundlagen transzendentalphilosophischen Denkens und die Vorstellung von einem seiner selbst mächtigen Subjekt verlassen werden. Streng betrachtet hätte er bereits 1927 nicht mehr vom Entwurfscharakter sprechen dürfen und auf den mißverständlichen Begriff der Konstitution verzichten müssen. Die Konstitution ist nämlich keine Tat mehr oder ein ‚Machen', sondern letztlich ein vorgegebener Vollzug. Deshalb wird die Konstitution in seinen späteren Schriften zum ‚Seins-Geschick'.

Im Anschluss an eine Unterscheidung von eigentlichem und uneigentlichem Verstehen, wie wir im zweiten resp. ersten Kapitel im Detail ausgeführt haben, differenziert Heidegger drei Sichtweisen, die mit dem Entwurfscharakter des Daseins als Verstehen zusammenhängen: Umsicht, Rücksicht und Durchsichtigkeit.[460] In der Umsicht richtet sich das Dasein auf Zuhandene in seiner Umwelt; in der Rücksicht wendet es sich an die Anderen; in der Durchsichtigkeit richtet es sich auf sich selbst (Selbstbezug).

Hatten wir bei der Zeuganalyse von einer spezifischen Sicht gesprochen, d.h. Umsicht und beim Mitsein von der Rücksicht, so ist jetzt das Verstehen überhaupt als Sicht bestimmt. Weil das Verstehen ursprünglich Sicht ist, deshalb kann das Dasein die verschiedenen Weisen der Umsicht des Besorgens, der Rücksicht der Fürsorge, die Hinsicht des Erkennens usw. entfalten. Mit der Durchsichtigkeit umschreibt Heidegger die traditionelle Selbsterkenntnis, die dem Delphischen Orakel[461]

Entwurf spricht Romano Pocai von einer „grundlegende[n] konzeptuelle[n] Spannung" in *Sein und Zeit*; vgl. Pocai, R.: *Heideggers Theorie der Befindlichkeit. Sein Denken zwischen 1927 und 1933*, 27f.

[459] vgl. Gethmann, C.F.: *Verstehen und Auslegung. Das Methodenproblem in der Philosophie Martin Heideggers*, 80 f.

[460] SZ § 31, 146.

[461] Die Aufforderung des Delphischen Orakels lautet: „Erkenne dich selbst". Dazu fügt Heraklitus hinzu: „... wirst du auch die Welt und Menschen um dich herum besser verstehen und die Lösung deiner großen und kleinen Probleme leichter

zugeschrieben wird. In dieser Durchsichtigkeit sind die schon genannten Weisen der Sicht miteingeschlossen, ja gerade ermöglicht. Weil Dasein durch Verstehen konstituiert ist, vermag es nicht nur um sich selbst zu wissen, sondern auch um die Welt und die Anderen. Dabei ist jedoch zu berücksichtigen, dass mit dem Terminus Sicht gemeint ist, dass das Dasein „das zugängliche Seiende an ihm selbst unverdeckt begegnen lässt."[462] Zur Sicht gehört der Charakter der Offenheit oder Gelichtetheit des Daseins. Während das Dasein in *Sein und Zeit* mit der Lichtung zusammenfällt[463], wird es nach *Sein und Zeit* zum Ort für die Lichtung selbst. Auf die Frage: Wer ist der Mensch? antwortet Heidegger in *Beiträge zur Philosophie* folgendermaßen: „Jener, der gebraucht wird vom Seyn zum Ausstehen der Wesung der Wahrheit des Seyns."[464] Im Brief *Über den Humanismus* heißt es: „Das Stehen in der Lichtung des Seins nenne ich die Ek-sistenz des Menschen"[465], und an einer anderen Stelle: „‚Ek-sistenz' ist [...] das ek-statische Wohnen in der Nähe des Seins."[466] Der Mensch ist folglich als die Stätte der Lichtung des Seins und damit als die Offenbarkeit des Seienden im ganzen zu verstehen.

3.4.2.1 Verstehen und Auslegung

Das Verstehen im Sinne Heideggers ist freilich nicht unbedingt ein explizites Verstehen. „Der Entwurfscharakter des Verstehens besagt ferner, daß dieses das, woraufhin es entwirft, die Möglichkeiten, selbst nicht thematisch erfaßt."[467] Das thematische oder explizite Verstehen bezeichnet Heidegger als ‚Auslegung'. Dieser Begriff steht im Zentrum des § 32. Erneut gebraucht er einen Terminus, der in der Tradition des hermeneutischen Denkens vorrangig im Sinne von *explicatio* und

---

finden." „Selbsterkenntnis", schreibt Kant in seiner ersten Kritik, „ist die schwierigste aller Aufgaben der Vernunft" vgl. KrV A XI.

[462] SZ § 31, 147.

[463] a.a.O., § 28, 133.

[464] GA 65, 318, vgl. dazu Haeffner, G.: „Heidegger, Martin, *Beiträge zur Philosophie* (Gesamtausgabe, Bd. 65)", in: ThPh 65 (1990) 450.

[465] Hum 13, vgl. dazu Biemel, W.: „Heideggers Begriff des Daseins", in: *Studia Catholica* 24 (1949) 128.

[466] Hum 29.

[467] SZ § 31, 145.

interpretatio verwendet worden war, und nimmt eine folgenschwere Ausweitung des Bedeutungspektrums dieses Begriffs vor. Der Begriff der Auslegung, der sich traditionell vorrangig auf den Umgang von Lesern mit Texten bezogen hatte, wird im Rahmen der existenzialen Analytik nun für den Umgang von Menschen mit der Welt insgesamt verwendet.
„Die Ausbildung des Verstehens nennen wir *Auslegung*. In ihr eignet sich das Verstehen sein Verstandenes verstehend zu. In der Auslegung wird das Verstehen nicht etwas anderes, sondern es selbst. Auslegung gründet existenzial im Verstehen, es entsteht nicht dieses durch jene. Die Auslegung ist nicht die Kenntnisnahme des Verstandenen, sondern die Ausarbeitung der im Verstehen entworfenen Möglichkeiten."[468]
Um die Reichweite seines Begriffs der Auslegung zu verdeutlichen, führt Heidegger im Folgenden eine eingehende Analyse der Auslegung am Beispiel des Verstehens der Welt durch. Heideggers Kernthese zur Auslegung im Kontext des Verstehens von Welt lautet:
„Das umsichtig auf sein Um-zu Auseinandergelegte als solches, das ausdrücklich Verstandene, hat die Struktur des *Etwas als Etwas*."[469]
Der Ausdruck *Etwas als Etwas* gilt als Schibboleth der Phänomenologie: Etwas erscheint als Etwas, jemand erfährt Etwas als Etwas, das ist die Grundstruktur der phänomenologischen Erfahrung überhaupt. Erst aufgrund der Auslegung gibt es sprachliche Ausdrücklichkeit. Die Auslegung artikuliert nach Heidegger die vorprädikativen operativen Evidenzen ausdrücklich: „Auf die umsichtige Frage, was dieses bestimmte Zuhandene sei, lautet die umsichtige auslegende Antwort: es ist zum ... Die Angabe des Wozu ist nicht einfach die Nennung von etwas, sondern das Genannte ist verstanden *als* das, *als* welches das in Frage Stehende zu nehmen ist. Das im Verstehen Erschlossene, das Verstandene ist immer schon so zugänglich, daß an ihm sein ‚als was' ausdrücklich abgehoben werden kann. Das ‚Als' macht die Struktur der Ausdrücklichkeit eines Verstandenen aus; es konstituiert die Auslegung. Der umsichtig-auslegende Umgang mit dem umweltlich Zuhandenen, der dieses *als* Tisch, Tür, Wagen, Brücke ‚sieht', braucht das umsichtig Ausgelegte nicht notwendig auch schon in einer bestimmenden *Aussage*

[468] SZ § 32, 148.
[469] a.a.O., 149.

auseinanderzulegen. Alles vorprädikative schlichte Sehen des Zuhandenen ist an ihm selbst schon verstehend-auslegend."[470] Wenig später heißt es:

„Die Artikulation des Verstandenen in der auslegenden Näherung des Seienden am Leitfaden des ‚Etwas als etwas' liegt *vor* der thematischen Aussage darüber. In dieser taucht das ‚Als' nicht zuerst auf, sondern wird nur erst ausgesprochen, was allein so möglich ist, daß es als Aussprechbares vorliegt. Daß im schlichten Hinsehen Ausdrücklichkeit eines Aussagens fehlen kann, berechtigt nicht dazu, diesem schlichten Sehen jede artikulierende Auslegung, mithin die Als-Struktur abzusprechen. Das schlichte Sehen der nächsten Dinge im Zutunhaben mit ... trägt die Auslegungsstruktur so ursprünglich in sich, daß gerade ein gleichsam als-freies Erfassen von etwas einer gewissen Umstellung bedarf."[471]

Heidegger macht in diesen Passagen ausdrücklich auf die vorprädikative Dimension der Auslegung aufmerksam, die es erlaubt, bereits das vor Aussage und Urteil liegende Wahrnehmen als Deutungsleistung zu begreifen.

Im letzten Teil von § 32 kommt Heidegger im Zusammenhang mit seiner Thematisierung des Sinnbegriffs auf die sogenannte Vor-Struktur der Auslegung und auf das Problem der Zirkelhaftigkeit[472] des Verstehens zu sprechen. Für Heidegger ist die Untersuchung der Zirkelstruktur des Verstehens primär von ontologischem Interesse. Deswegen schreibt er:

„Dieser Zirkel des Verstehens ist nicht ein Kreis, in dem sich eine beliebige Erkenntnisart bewegt, sondern er ist der Ausdruck der existenzialen *Vor-Struktur* des Daseins selbst. Der Zirkel darf nicht zu einem vitiosum und sei es auch nur zu einem geduldeten herabgezogen werden. In ihm verbirgt sich eine positive Möglichkeit ursprünglichsten

---

470 a.a.O.

471 a.a.O.

472 Der hermeneutische Zirkel wurde erst von Schleiermacher folgendermaßen formuliert: „Jedes Verstehen des Einzelnen ist bedingt durch ein Verstehen des Ganzen." vgl. Schleiermacher, F.D.E: *Hermeneutik*, 46, vgl. hierzu auch Gadamer. H-G.: WuM, 178, 275, Bohman, J.: „hermeneutics", in: R. Audi (ed.): *The Cambridge Dictionary of Philosophy*, 377-378, Riesenhuber, K.: „Hermeneutik", in: W. Brugger: *Philosophisches Wörterbuch*, 167-166; Vetter, H: „Hermeneutik", in: ders. (Hg.): *Wörterbuch der phänomenologischen Begriffe*, 258-260.

Erkennens, die freilich in echter Weise nur dann ergriffen ist, wenn die Auslegung verstanden hat, daß ihre erste, ständige und letzte Aufgabe bleibt, sich jeweils Vorhabe, Vorsicht und Vorgriff nicht durch Einfälle und Volksbegriffe vorgeben zu lassen, sondern in deren Ausarbeitung aus den Sachen selbst her das wissenschaftliche Thema zu sichern"[473]
Mit dem Begriff der Vor-Struktur bezieht er sich auf den Umstand, dass alles, was Gegenstand der Auslegung ist oder werden kann, auf eine bestimmte Weise bereits zuvor verstanden sein muss. Diese Vorstruktur des Verstehens entspricht Husserls Begriff der *Vorzeichnung*.[474] Heidegger erläutert sie, indem er drei verschiedene Momente derselben unterscheidet: Vorhabe, Vorsicht und Vorgriff.[475]

1. Alles Verstehen bewegt sich innerhalb einer horizonthaften Eröffnung einer bestimmten Bewandtnisganzheit: Welt, aus der heraus es sich sein Bezugsworauf erschließt. Das Verstehen erschließt etwas als etwas je im Hinblick auf bestimmte Verweisungszusammenhänge, die operativ-unthematisch mitgewahrt sind und als solche das Begegnende in sein Verstandenwerden freigeben. Diesen vorverstandenen bewandtnishaften Horizont allen Verstehens bezeichnet Heidegger als ‚Vor-habe'.
2. Alles Verstehen thematisiert sein Bezugsworauf in einer bestimmten Perspektivik, die es in der Hinsicht und im Hinblick auf ein bestimmtes Was erschließt: das Verstandene erschließt sich als etwas nur im Horizont einer bestimmten thematischen Fixierung, die auf das maßgebliche Worumwillen, auf das sich das Verstehen je entworfen hat, verweist. Diese im Verstehen von etwas als etwas je schon vorverstandene leitende thematische Perspektivik bezeichnet Heidegger als ‚Vor-sicht'. Sie bezeichnet das im Vorhinein erblickte Worumwillen des Verstehens, aus dem sich bestimmt, in welcher thematischen Hinsicht das Verstehen es begegnen lässt.
3. Alles Verstehen vollzieht sich auf der Grundlage eines Schon-verstanden-habens des Begegnenden innerhalb einer bestimmten,

---

473 SZ § 32, 153; § 63, 314; vgl. auch Bollnow, O.F.: *Philosophie der Erkenntnis*, 25. Diese positive Möglichkeit des hermeneutischen Zirkels hat Gadamer in seinem *opus magnum* fruchtbar gemacht vgl. WuM, 250 f.

474 vgl. Caputo, J.: „Husserl, Heidegger and the question of a 'hermeneutic' phenomenology", in: *Husserls Studies* 1 (1984) 157-178.

475 SZ § 32, 150.

begrifflich erschlossenen Bedeutsamkeit: einer faktischen Gedeutetheit von Welt und Innerweltichem, in die das Zuverstehende integriert wird. Diese Faktizität schon verstandener und ausdrücklich zugeeigneter Offenheit von Sein überhaupt bezeichnet Heidegger als ‚Vor-griff'.

An diesen drei Momenten zeigt sich der Wesenskern allen Verstehens an seiner horizonthaften Verfassung: es ist, insofern es ist, je schon vorgängig eröffnet in eine bestimmte vor-intentionale Offenheit von Sein und Welt, die sowohl hinsichtlich ihrer Bewandtnisganzheit als auch hinsichtlich ihres maßgeblichen Worumwillen faktisch gedeutet ist. Die Vor-Struktur allen Verstehens verweist den Begriff konstitutiver Prinzipien allen Wissens und Erkennens an die vor-intentionale Offenheit von Sein, die das Dasein als faktisches In-der-Welt-Sein je schon ist.

Auf dieser Grundlage lässt sich nun auch der Begriff ‚Sinn' existenzialontologisch fassen als *„das durch Vorhabe, Vorsicht und Vorgriff strukturierte Woraufhin des Entwurfs, aus dem her etwas als etwas verständlich wird.*"[476] Heidegger fasst den Begriff des Sinns mithin als die horizontale Freigabe von Verständlichkeit, die im Entwurfscharakter des Verstehens selbst liegt. Der Sinn ist als *Woraufhin* des Entwurfes das *Wovonher* der ‚als-haft' eröffneten und offengehaltenen Verständlichkeit qua Erschlossenheit von etwas. Damit bezeichnet er nichts anderes als die horizonthafte Eröffnung von Sein und Welt selbst. Der Sinn als das, „worin sich die Verständlichkeit von etwas hält"[477] ist das, was „im verstehenden Erschließen artikulierbar ist."[478] ‚Artikulierbar' ist es allein kraft seiner ‚alshaften' Struktur. Die horizontale Eröffnung von Sein wäre nicht ‚artikulierbar', wenn sie nicht ‚alshaft' verfaßt wäre, weil allein diese alshafte Verfassung die Artikulation ermöglicht. Die Frage nach dem Sinn von Sein ist ohne den existenzialontologischen Begriff des Daseins als vor-intentionale Offenheit von Sein unverständlich: denn sie ist selbst die Frage nach dieser Offenheit von Sein. Daher schreibt Heidegger:

„Sinn ist ein Existenzial des Daseins, nicht eine Eigenschaft, die am Seienden haftet, ‚hinter' ihm liegt oder als ‚Zwischenreich' irgendwo

---

476 a.a.O., 151.
477 a.a.O.
478 a.a.O.

schwebt. Sinn ‚hat' nur das Dasein, sofern die Erschlossenheit des In-der-Welt-seins durch das in ihr entdeckbare Seiende ‚erfüllbar' ist. *Nur Dasein kann daher sinnvoll oder sinnlos sein.*"[479]
Im Zusammenhang mit der Frage nach dem Sinn der Sorge erläutert Heidegger den Terminus Sinn als „das, worin sich die Verstehbarkeit von etwas hält, ohne daß es selbst ausdrücklich und thematisch in den Blick kommt. Sinn bedeutet das Woraufhin des primären Entwurfs, aus dem her etwas als das, was es ist, in seiner Möglichkeit begriffen werden kann. [...] Streng genommen bedeutet Sinn das Woraufhin des primären Entwurfs des Verstehens von Sein."[480]
Daraus lässt sich sagen: Die eingangs von *Sein und Zeit* aufgeworfene Frage nach dem Sein bzw. nach dem Sinn von Sein ist nichts anderes als die Frage nach der vor-intentionalen Aufgeschlossenheit bzw. Offenheit von Sein, die allem intentionalen Verhalten des Daseins voraus- und zugrunde liegt.

3.4.2.2 Das apophantische ‚Als' als *modus derivatus* des hermeneutischen

Heideggers Fundierungsthese wird in § 33 am Beispiel der Aussage (das Urteil) ausgeführt. Der Aussage kommen nach Heidegger drei Bedeutungen zu: Aufzeigung, Prädikation und Mitteilung. Daraus entsteht die Definition: „Aussage ist mitteilend bestimmende Aufzeigung."[481] Zu fragen aber bleibt:
„Mit welchem Recht fassen wir überhaupt die Aussage als Modus von Auslegung? Ist sie so etwas, dann müssen in ihr die wesenhaften Strukturen der Auslegung wiederkehren. Das Aufzeigen der Aussage vollzieht sich auf dem Grunde des im Verstehen schon Erschlossenen bzw. umsichtig Entdeckten. Aussage ist kein freischwebendes Verhalten, das von sich aus primär Seiendes überhaupt erschließen könnte, sondern hält sich schon immer auf der Basis des In-der-Welt-seins. Was früher bezüglich des Welterkennens gezeigt wurde, gilt nicht weniger von

[479] a.a.O.
[480] a.a.O., § 65, 324.
[481] SZ § 33, 156.

der Aussage. Sie bedarf einer Vorhabe von überhaupt Erschlossenem, das sie in der Weise des Bestimmens aufzeigt. [...] Die Aussage hat notwendig wie Auslegung überhaupt die existenzialen Fundamente in Vorhabe, Vorsicht und Vorgriff."[482]

Nun stellt sich die entscheidende Frage: „Durch welche existenzial-ontologischen Modifikationen entspringt die Aussage aus der umsichtigen Auslegung?".[483] Die Antwort lautet: durch den Umschlag der Als-Struktur der Auslegung.

„Das *zuhandene Womit* des Zutunhabens, der Verrichtung, wird zum ‚Worüber' der aufzeigenden Aussage. [...] Die Als-Struktur der Auslegung hat eine Modifikation erfahren. Das ‚Als' greift in seiner Funktion der Zueignung des Verstandenen nicht mehr aus in eine Bewandtnisganzheit. Es ist bezüglich seiner Möglichkeiten der Artikulation von Verweisungsbezügen von der Bedeutsamkeit, als welche die Umweltlichkeit konstituiert, abgeschnitten. Das ‚Als' wird in die gleichmäßige Ebene des nur Vorhandenen zurückgedrängt. Es sinkt herab zur Struktur des bestimmenden Nur-sehen-lassens von Vorhandenem. "[484]

Das apophantische ‚Als' der Aussage ist also ein abkünftiger Modus des existenzial-hermeneutischen ‚Als' der Auslegung.[485]

Wie an so vielen anderen Stellen kommt in diesen Passagen erneut der erwähnte Pragmatismus von *Sein und Zeit* zur Geltung. Jede theoretische Beschreibung der Welt oder eines Teiles von ihr ist etwas Abgeleitetes. Primär hingegen ist der praktische Umgang des Menschen mit der Welt, den Heidegger vorrangig mit Begriffen wie Besorgen und Fürsorge thematisiert. Die Aussage als eine spezifische theoretische Form, auf die Welt Bezug zu nehmen, ist nicht nur allein auf ihrer Einbettung in ihr selbst vorgängige Praxisvollzüge verstehbar, sie ist auch nur auf der Grundlage solcher Praxisvollzüge möglich. Innerhalb dieser Praxisvollzüge ist die Welt bereits auf eine vorprädikative Weise erschlossen. Bereits in § 32 ist von der vorprädikativen Dimension der Auslegung die Rede, die es erlaubt, das vor Aussage liegende Wahrnehmen als

---

[482] a.a.O., 156 f.
[483] a.a.O., 158.
[484] a.a.O., 158.
[485] vgl. a.a.O.,

Deutungsleistung zu begreifen. Dass der Begriff des ‚Vorprädikativen' sich bei Heidegger nicht allein auf Vorsprachliches, sondern auch auf etwas „vor der Aussage" bezieht, machen erst weitere Textstellen deutlich. So geht er offensichtlich davon aus, dass es neben der theoretischen Aussage nicht nur weitere, sondern im gleichen Sinn fundamentale Sprachmöglichkeiten gibt, die sich nicht umstandslos auf die Aussage zurückführen lassen:

„Zwischen der im besorgenden Verstehen noch ganz eingehüllten Auslegung und dem extremen Gegenfall einer theoretischen Aussage über Vorhandenes gibt es mannigfache Zwischenstufen. Aussage über Geschehnisse in der Umwelt, Schilderung des Zuhandenen, ‚Situationsberichte', Aufnahme und Fixierung eines ‚Tatbestandes', Beschreibung einer Sachlage, Erzählung des Vorgefallenen. Diese Sätze lassen sich nicht, ohne wesentliche Verkehrung ihres Sinnes, auf theoretische Aussagesätze zurückführen. Sie haben, wie diese selbst, ihren ‚Ursprung' in der umsichtigen Auslegung."[486]

Mit dem Aufweis der Abkünftigkeit der Aussage sind bereits die Grundlinien der Metaphysik- und Wissenschaftskritik des späten Heidegger vorgezeichnet. Es ist die Kritik an der Vorhandenheits- bzw. Substanzontologie, dem Todfeind des Denkens. Überspitzend schreibt Heidegger: „Die [positive, C.U.] Wissenschaft denkt nicht."[487] Dazu sagt er, das sei „kein Mangel, sondern ein Vorzug", ein Vorzug freilich nicht überhaupt und allgemein, sondern nur für die Wissenschaften selbst. Aber auch die Philosophie als Metaphysik denkt nicht; deshalb bedarf es eines „Schrittes zurück aus der Philosophie in das Denken des Seyns."[488]

Was meint Heidegger mit dem „Denken des Seins"? Der Genetiv „des Seins" könnte nach Heidegger sowohl subjektiv (genitivus subjectivus) als auch objektiv (genitivus objectivus) aufgefasst werden und die enge Verbindung zwischen Denken und Sprache kommt hier zum Vorschein. „Der Genetiv sagt ein Zweifaches. Das Denken ist des Seins, insofern das Denken, vom Sein ereignet, dem Sein gehört. Das Denken ist

[486] a.a.O., 158.
[487] VA, 133 f.
[488] *Aus der Erfahrung des Denkens*, 19.

zugleich Denken des Seins, insofern das Denken, dem Sein gehörend, auf das Sein hört."[489]

Der springende Punkt: Nicht der Subjekt (Mensch), sondern das Sein ist der Protagonist des Denkens. Denken hier heißt soviel wie: Sich etwas sagen lassen. Übrigens stammt das Dingwort ‚Vernunft' vom Zeitwort ‚vernehmen' her, d.h. hören.

3.4.3 Rede

In § 34 von *Sein und Zeit*, betitelt *Dasein und Rede. Die Sprache*, entwickelt Heidegger seine Auffassung über das „Wesen der Sprache".[490]

Die Analyse beginnt mit dem kursiv gedruckten Wesenssatz:

„*Die Rede ist mit Befindlichkeit und Verstehen existenzial gleichursprünglich.*"[491] Damit ist die erste richtungsweisende Antwort auf die Frage gegeben, inwiefern denn die sprachliche Verlautbarung ihre Wurzeln in der Erschlossenheit hat. Heidegger geht es hier um das Wesen der Sprache. Das gesuchte Wesen der Sprache, nicht die sprachliche Verlautbarung, ist existenzial gleichursprünglich mit Befindlichkeit und der in ihr erschlossenen Geworfenheit sowie mit dem Verstehen als dem Entwerfen. Weiter heißt es:

„Das existenzial-ontologische Fundament der Sprache ist die Rede."[492]

Damit ist erst einmal gesagt: Die Sprache, die wir sprechen in Worten und (Aussage)sätzen, ist nicht das volle Phänomen der Sprache. Die Sprache erschöpft sich nicht in dem, was wir als Sprache kennen: das verlautende Wort mit seiner Bedeutung, die an den sinnlich aussprechbaren und vernehmbaren Laut gebunden ist. Die verlautende Sprache hat Wurzeln. Bei diesen ist nicht etwa an das gedacht, was wir in der Sprachwissenschaft unter dem Namen der Sprachwurzeln kennen. Auch

---

489 Hum, 7.

490 vgl. Tietz, U.: „Dasein-Mitsein-Sprache: Heideggers Auffassung über das ‚Wesen der Sprache' in ‚Sein und Zeit', in: *Deutsche Zeitschrift für Philosophie*, 1152-1160.

491 SZ § 34, 161.

492 a.a.O., 160. Es wird terminologisch und sachlich zwischen ‚Rede' und ‚Sprache' unterschieden. ‚Sprache' ist die terminologische Bezeichnung für die Verlautbarung. ‚Rede' ist das existenziale Wesen der verlautenden Sprache, von dem her die verlautende Sprache begriffen werden muss, das sich jedoch als das existenziale Wesen nicht so zeigt, wie sich die Sprache in ihrer Verlautbarung zeigt.

die in der Sprachwissenschaft untersuchte Sprachwurzeln gehören zur Sprache in ihrer Verlautbarung. Dagegen gehören die Wurzeln der Sprache, von denen am Beginn der fundamentalontologischen Analyse der Sprache die Rede ist, nicht zur verlautenden Sprache. Verbildlicht mit einem Gleichnis: Die verlautende Sprache gleicht einem Baum, der mit seinem Stamm, seinen Ästen, Blättern und Blütten dem Erdboden entwächst und für jedermann sichtbar ist. Seine Wurzeln sind durch das Erdreich, in dem sie stecken, verborgen. Und so sind auch die Wurzeln der verlautenden Sprache nicht in der Weise sichtbar und offenkundig wie die verlautende Sprache selbst. Die verhüllten Wurzeln der offenkundigen verlautenden Sprache sind das Wesen der in Worten und (Aussage)sätzen verlautenden Sprache. Das Wesen der verlautenden Sprache hat seinen Ort in der existenzialen Verfassung der Erschlossenheit. Existenzial verfasst ist die Erschlossenheit in den existenzialen Seinsweisen der Existenz, somit in der befindlichen Geworfenheit, im verstehenden Entwerfen und Auslegen. Weil das Wesen der Sprache seinen Wesensort in der existenzial verfassten Erschlossenheit hat, wurde und musste in den vorausgehenden Analysen der Befindlichkeit, des Verstehens und der Auslegung ständig schon vom existenzialen Phänomen der Sprache Gebrauch gemacht werden, ohne dass es auch schon einer thematischen Analyse unterzogen wurde.[493]

Bisher hieß es immer, Befindlichkeit und Verstehen, diese beiden fundamentalen Weisen, in denen der Mensch die Erschlossenheit aufgeschlossen hält, seien gleichursprünglich. Ferner hieß es, dass die existenziale Seinsweise der Auslegung ein fundierter Modus des entwerfenden Verstehens sei. Als fundierter Modus des Entwerfens ist das existenzial geschehende Auslegen nicht gleichursprünglich mit dem Entwerfen und der Geworfenheit. Jetzt wird betont: Mit Befindlichkeit und mit dem entwerfenden Verstehen ist das ontologisch-existenziale Wesen der Sprache, die Rede, gleichursprünglich. Damit ist dann auch schon gesagt: Rede als das Wesen der Sprache ist ursprünglicher als die Auslegung und erst recht ursprünglicher als das Sichaussprechen der

[493] a.a.O.

Aussage. Die Gleichursprünglichkeit des Verstehens und der Befindlichkeit mit der Rede, die die Untersuchung im sechsten Kapitel ausführlicher behandelt, besagt, dass die beiden Grundexistenzialien gegliedert bzw. sprachlich verfasst sind. Die Rede als Existenzial greift die beiden Grundexistenzialien durch. Auf diese Weise bestimmt sie die Erschlossenheit des In-der-Welt-Seins im ganzen.

Als die bedeutungsmäßige Gliederung der befindlichen Verständlichkeit hat die Rede nach Heidegger folgende konstitutive Momente: 1. das Beredete, 2. das Geredete als solches, 3. die Mitteilung und 4. die Bekundung.[494] Die vier Strukturmomente zeigen, wie die redende Gliederung die Selbstoffenbarkeit des Menschen und die Offenbarkeit der Dinge bestimmt. Sie lassen sehen, dass und wie die Selbstoffenbarkeit und Offenbarkeit vom existenzialen Wesen der Sprache bestimmt sind.

Zum redenden Sprechen gehören zwei existenziale Möglichkeiten, nämlich Hören und Schweigen. Wenn die Sprache von Haus aus dialogisch ist, wenn das Sprechen auf Grund der Mitseinsverfassheit des In-der-Welt-Seins wesenhaft ein Miteinandersprechen ist, dann gehört zu ihm auch das Hören – das Hören auf das Gesprochene des Anderen. Man kann in einer Fundamentalontologie der Sprache das Hören nicht übergehen. Das Sprechen in der Verlautbarung ist das stimmliche, ist das phonetische Sprechen. In Analogie dazu ist das Hören akustisches Hören. Allein, wie das phonetische Sprechen seinsmäßig im Reden als dem offenbarmachenden Sagen fundiert ist, so gründet das akustische Hören seinsmäßig im verstehenden Hören. Das verstehende Hören, jenes Verstehen, das dem Hören eigentümlich ist, hat den Charakter des Vernehmens. Das vernehmende Verstehen des Hörens ist unterschieden vom sagenden Verstehen. Im sagenden Verstehen verstehe ich das, was ich selbst sagend offenbar mache. Im vernehmenden Verstehen bin ich nicht selbst sagend, sondern halte ich mich offen für ein von einem Anderen Gesagtes. Das vernehmende Verstehen des Hörens ist somit hinnehmend. Es ist nicht selbst sagend-offenbarmachend, sondern Offenbarkeit eines anderen sagenden Offen-

[494] a.a.O.,162.

barmachens vernehmend. Zum Rede als sagendem Offenbarmachen gehört indes gleichursprünglich das hörende Vernehmen von Offenbarkeit. Der Seinsmodus des Hörens auf den Anderen kann in einem Dasein nicht fehlen, weil das Dasein existenzial als Mitsein verfasst ist. Das Hörenkönnen auf den Anderen ist das wesenhafte existenziale Offensein meines als Mitsein verfassten Daseins für den Anderen, der seinerseits in seinem Dasein als Mitsein verfasst und als solcher auch ein wesenhaft Hörender ist.

Das Aufeinanderhören ist eine Grundart, in der sich das Mitsein des In-der-Welt-Seins ausbildet. Alles Sprechen ist in sich immer schon geöffnet für das Hören auf den Anderen. Denn als Sprechen spricht es nicht zum Sprechenden, sondern zum Hörenden. Der Sprechende ist dabei selbst ein Hörender. Im Sprechen, worin er sich an das Hören des Anderen wendet, erwartet er das Sprechen des Anderen als Antwort auf das von ihm Gesprochene. Die Sprache wäre nicht von Hause aus dialogisch, wenn nicht zum Sprechen gleichursprünglich das Hören gehörte. Mögliche Modi des zum Sprechen gehörenden Aufeinanderhörens sind das Folgen und Mitgehen, aber auch das Nichthören, das Sichwidersetzen, das Trotzen, das Sichabkehren. In all diesen Modi vollbringt sich unser konkretes Miteinander-In-der-Welt-Sein.[495]

Nun stellt sich die Frage: Welche Seinsart hat das Hören als existenziale Möglichkeit des Redens? Darauf antwortet Heidegger:

„‚Zunächst' hören wir nie und nimmer Geräusche und Lautkomplexe, sondern den knarrenden Wagen, das Motorrad. Man hört die Kolonne auf dem Marsch, den Nordwind, den klopfenden Specht, das knisternde Feuer."[496]

Das heißt: Im Hören sind wir verstehend immer schon bei dem so und so innerweltlich verstandenen Seienden, und das deshalb, weil wir dafür als ekstatisch-horizontales In-der-Welt-Sein je schon verstehend herkommen aus der im Vorhinein verstandenen Welt. Weil wir für das Sprechen wie für das Hören aus der verstandenen Welt herkommen, sind wir sprechend und auch hörend immer schon beim innerweltlichen Seienden und beim anderen Dasein, und das heißt, wir sind nicht primär

[495] vgl. a.a.O., 163.
[496] a.a.O.

bei Empfindungen, um von diesen aus zu den affizierenden Dingen verstehend zu kommen.[497]

Im Vergleich zum Verstehen kommt der Begriff des Hörens in *Sein und Zeit* zu kurz. Erst in der Spätphilosophie rückt er als Hauptbegriff in den Mittelpunkt von Heideggers Überlegungen. Diese Entwicklung wird im zweiten Teil der Untersuchung gewürdigt.

Eine andere wesenhafte Möglichkeit, die wie das Hören in den Umkreis der Sprache gehört, ist das Schweigen. Das Schweigen ist nun anders als das Hören ein Modus des Sprechens. In der Marburger Vorlesung *Prolegomena zur Geschichte des Zeitbegriffs* schreibt Heidegger: *„Schweigen als eine Seinsart der Rede ist ein bestimmtes Sichaussprechen über etwas zu Andern."*[498] Das Schweigen ist ein Modus des Sprechens, während das Hören nicht ein Modus ist, in dem ich sprechen kann, sondern das Hinhören auf das Gesprochene eines Anderen. So, wie ich das Gesprochene hören kann, so kann ich auch das Schweigen und das darin Verschwiegene hören. Wer im Miteinanderreden nicht antwortet in der Weise der worthaften Verlautbarung, der schweigt. Sein Schweigen ist seine Antwort. Durch sein Schweigen sagt er etwas, gibt er etwas zu verstehen, vielleicht in deutlicherer Weise, als wenn er in der Verlautbarung sprechen würde. So spricht man von einem „beredten Schweigen". Das Schweigen ist selbst ein Modus des Sagens, ein Modus der Auslegung und Ausbildung von Verständlichkeit des Seienden. Auch das Schweigen ist, was und wie es ist, gerichtet an Andere. Das Schweigen ist ein Modus des Miteinandersprechens. Es ist von Hause aus dialogisch, ebenso wie das verlautende Sprechen und das Hören.[499]

Heideggers Redeanalyse wendet sich insbesondere gegen einen ausschließlich am propositionalen Gehalt von Aussage orientierten Zugriff auf die Sprache und hebt demgegenüber dialogische und expressive Komponenten des Sprachverhaltens hervor. Die Orientierung am Aussagesatz und dessen Logik stellt für ihn einen Verfall im abendländischen sprachphilosophischen Denken dar. Mit der Fun-

[497] vgl. a.a.O., 164.
[498] GA 20, 368.
[499] vgl. a.a.O., 165.

dierung der Sprache im Existenzial der Rede hingegen hofft Heidegger, die „Aufgabe einer Befreiung der Grammatik von der Logik“[500] in Angriff nehmen zu können. Erforderlich ist eine solche Befreiung, da der Sinn sprachlicher Äußerungen nicht angemessen beschrieben werden kann, wenn man sich dabei am Modell des Vorhandenen orientiert und die Sprache als etwas Gegenständliches begreift. Dies geschieht im Falle von Aussagen besonders leicht und ist Heidegger zufolge in der Tradition sprachphilosophischen Denkens immer wieder geschehen. Erst in § 68 d werden diese Überlegungen erneut aufgegriffen. Gegen ein ‚Vorhandenheitsmodell‘ der Sprache und ihres Sinns macht er die Zeitlichkeit der Rede geltend: „Die Rede ist *an ihr selbst* zeitlich, sofern alles Reden über ..., von ... und zu ... in der ekstatischen Einheit der Zeitlichkeit gründet [...] Aus der Zeitlichkeit der Rede, das heißt des Daseins überhaupt, kann erst die ‚Entstehung‘ der ‚Bedeutung‘ aufgeklärt und die Möglichkeit einer Begriffsbildung ontologisch verständlich gemacht werden.“[501] Heidegger konstatiert enge Verbindung zwischen der Zeitlichkeit des Daseins und der Zeitlichkeit der Rede. Er hegt außergewöhnlich starke Vorbehalte gegenüber sprachphilosophischen Positionen, welche die Sprache und den Sinn sprachlicher Äußerungen - durch die Orientierung an Aussagen - als etwas Vorhandenes auffassen und er legt nahe, dass diese Vorbehalte mit seiner spezifischen Konzeption der Zeitlichkeit des Daseins zusammenhängen.

Heideggers Überlegungen zur Sprache sowie zur Rede als Existenzial in *Sein und Zeit* stellen sich vielmehr programmatisch als durchdacht heraus. Zum Schluss der Sprachanalyse fragt Heidegger: „welche Seinsart der Sprache überhaupt zukommt. Ist sie ein innerweltlich zuhandenes Zeug, oder hat sie die Seinsart des Daseins oder keines von beiden?“ Die Beantwortung dieser Frage erfolgt nicht mehr in *Sein und Zeit*, sondern im Brief *Über den Humanismus* sowie auch in der Abhandlung *Unterwegs zur Sprache*, in denen Heidegger sich mit der Sprachthematik erneut auseinandersetzt. Die Kontinuität und Diskontinuität in Heideggers Sprachauffassung werden im sechsten Kapitel dieser Untersuchung thematisiert.

---

[500] a.a.O.
[501] a.a.O., § 68 d, 349.

Zwischenbilanz: Anders als in der Transzendentalphilosophie klaffen in der Existenzialanalytik Dasein und Welt nicht auseinander, sondern sind in einer vorgängigen Erschlossenheit aneinander verklammert. Welt ist demnach nicht das Objekt des Daseins, sondern jener Universalhorizont, in dem das Dasein sich überhaupt erst als Dasein durch Befindlichkeit, Verstehen und Rede erschließt. In dieser vorgängig-ganzheitlichen Erschlossenheit sind alle möglichen Verhaltensweisen des Daseins, das Erkennen nicht ausgenommen, fundiert.

4 Außenweltproblematik und Transzendenz

Hatten wir im vorigen Kapitel das Erkennen in der Erschlossenheit und deren drei Strukturmomenten zu fundieren versucht, so wollen wir nun dem sogenannten Außenweltproblem nachgehen, das in den traditionellen Begriffen des Erkennens und der Realität zum Ausdruck kommt, wobei der Weltbezug des Menschen als Subjekt-Objekt-Beziehung gefasst ist. Die „Ansetzung von Erkennen als einer Beziehung ‚zwischen Subjekt und Objekt', die so viel ‚Wahrheit' als Leerheit in sich birgt"[502], ist für Heidegger nicht eine bloße „‚äußerliche', formale Auslegung" des Weltbezugs des Menschen, sondern vielmehr eine in ihren Folgen „recht verhängnisvolle Voraussetzung."[503] Mit der Bestimmung der Grundverfassung des Daseins als des In-der-Welt-Seins lehnt Heidegger die traditionelle Subjekt-Objekt-Beziehung in Bausch und Bogen ab.[504] Unter der Subjekt-Objekt-Voraussetzung glaubt man, das Erkennen müsse im Subjekt sein, in der inneren Sphäre, und so entsteht für jede Erkenntnistheorie dieser Art das Problem: „Wie kommt dieses erkennende Subjekt aus seiner inneren Sphäre hinaus in eine andere und äußere, wie kann das Erkennen überhaupt einen Gegenstand haben, wie muß der Gegenstand selbst gedacht werden, damit am Ende das Subjekt ihn erkennt, ohne das es den Sprung in eine andere Sphäre zu wagen braucht?"[505] Wie im vorangehenden Kapitel ist das Erkennen für Heidegger zwar eine Weise des In-Seins bzw. des In-der-Welt-Seins, aber es ist keine Grundart davon, sondern vielmehr in diesem ontisch fundiert. Die Frage: „Wie kommt das innere intentionale Erlebnis zu einem Draußen?"[506] ist unsinnig, „weil überhaupt der Unterschied eines Innen und Außen konstruktiv ist."[507] Das Dasein ist als In-der-Welt-Sein immer und je

[502] vgl. SZ § 13, 60.
[503] a.a.O., 59.
[504] Heideggers Kritik am erkenntnistheoretischen Ansatz bei der Subjekt-Objekt-Beziehung richtet sich unmittelbar gegen Nicolai Hartmann, dessen *Metaphysik der Erkenntnis* (1921) die in der Entstehungszeit von *Sein und Zeit* neueste Erkenntnistheorie war.
[505] SZ § 13, 60; vgl. dazu auch GA 20, 216, GA 24, 294.
[506] GA 24, 89.
[507] a.a.O., 90.

schon in der Welt. Ähnliches wie für den Begriff des Erkennens gilt für den der Realität. Das traditionelle Verständnis des Seins des innerweltlichen Seienden als Realität ist damit das „Problem des Seins und der Beweisbarkeit der ‚Außenwelt'."[508] Nach Kant ist es ein „Scandal der Philosophie und allgemeinen Menschenvernunft, das Daseyn der Dinge außer uns (von denen wir doch den ganzen Stoff zu Erkenntnissen selbst für unsern inneren Sinn her haben,) bloß auf Glauben annehmen zu müssen, und, wenn es jemand einfällt es zu bezweifeln, ihm keinen genugthuenden Beweis entgegenstellen zu können."[509] Der kantische Beweis lautet:

„Das bloße, aber empirisch bestimmte Bewußtsein meines eigenen Daseins beweist das Dasein der Gegenstände im Raum außer mir." [510]

Heidegger hält diesen Beweis für völlig ungenügend: Kant beweise lediglich „das notwendige Zusammenvorhandensein von wechselndem und beharrlichem Seienden"[511], was noch nicht einmal das Zusammenvorhandensein von Subjekt und Objekt beweise, vielweniger das In-der-Welt-Sein als Grundverfassung des Daseins zum Vorschein brächte und damit die Voraussetzung für die Realität als Sein des vom Dasein getrennten Seienden ungeklärt läßt. Die Heideggersche Frage nach der Weltlichkeit der Welt wie wir im dritten Kapitel gesehen haben „ist überhaupt nicht die Frage, ob so etwas wie eine Außenwelt überhaupt real sei. Eine solche Fragestellung impliziert die Meinung, die Realität der Welt *müßte* und *könnte* bewiesen werden, oder es sei zum mindesten, wie Dilthey meinte, das Recht unseres Glaubens an die Realität der Außenwelt zu rechtfertigen. Beide Meinungen sind widersinnig"[512], denn Welt ist die Bedingung der Möglichkeit allen Fragens und eine Seinsart des Daseins; die Außenwelt aber ist lediglich ein spezifischer Modus davon. Für den Außenwelt-Beweis trifft zu, was für die Subjekt-Objekt-Beziehung und den Erkenntnisbegriff der traditionellen Erkenntnistheorie gilt: Man will beweisen, was weder beweisbedürftig noch beweisfähig ist und setzt voraus, was man erst beweisen

508 SZ § 43, 202.
509 KrV B XXXIX.
510 a.a.O., B 275.
511 SZ § 43, 204.
512 GA 20, 294; SZ § 43, 202.

will: „Das recht verstandene Dasein widersetzt sich solchen Beweisen, weil es in seinem Sein je schon ist, was nachkommende Beweise ihm erst anzudemonstrieren für notwendig halten."[513] Für Heidegger besteht daher der sogenannten Skandal der Philosophie „nicht darin, daß dieser Beweis bislang noch aussteht, sondern darin, daß solche Beweise immer wieder erwartet und versucht werden."[514] Und den Grund dafür sieht er wieder in der Tendenz der Verfallenheit, das Sein des Daseins zu ignorieren und in der verfallenen theoretischen Perspektive die unterschiedlichen Weisen des In-der-Welt-Seins auf das theoretische Erkennen zu reduzieren. Einerseits gibt er daher Philosophen wie Dilthey[515] und Scheler[516] recht, die beide darauf insistiert haben, dass Realität primär nicht im Denken und Erkennen, sondern in strebensmäßiger, voluntativer, praktischer Einstellung als Widerstand erfahrbar wird; andererseits aber kritisiert er sie auch, weil sie die Fundierung solcher Einstellungen im Sein des Daseins als Sorge nicht berücksichtigt haben.[517]

Wie Erkennen nicht die primäre Zugangsart zum Realen, sondern lediglich einen fundierten Seinsmodus bildet, so ist auch die Realität ein bloß fundierter Seinsmodus und ohne Vorrang: „*Realität* ist in der Ordnung der ontologischen Fundierungszusammenhänge und der möglichen kategorialen und existenzialen Ausweisung *auf das Phänomen der Sorge zurückverwiesen.*"[518] Mit anderen Worten: Realität ist fundiert in der Sorgestruktur des Daseins. Allerdings: Nicht das Seiende ist vom Dasein abhängig, wohl aber das Sein dieses Seienden, die Realität. Realität als Seinsweise ist nur, solange es Seinsverständnis, also Dasein gibt.

---

[513] SZ § 43, 205.
[514] a.a.O., 205.
[515] vgl. Dilthey, Wilhelm: *Beiträge zur Lösung der Frage vom Ursprung unseres Glaubens an die Realität der Außenwelt und seinem Recht* (1890).
[516] vgl. Scheler, M.: *Liebe und Erkenntnis*, 5-28, ders.: *Erkenntnis und Arbeit*, Abschnitt VI; Haeffner, G.: „Max Scheler: Der Mensch als Überstiegs-Wesen", in: R. Weiland (Hg.): *Philosophische Anthropologie der Moderne*, 104; Wuchterl, K.: Bausteine zu einer Geschichte der Philosophie des 20. Jahrhunderts, 196; vgl hierzu auch Disse, J.: „Liebe und Erkenntnis", in: Münchner Theologische Zeitschrift 3 (1999) 215-227.
[517] vgl. SZ § 43, 210.
[518] a.a.O., 211; vgl. die Sorgethematik im zweiten Kapitel.

Idealismus und Realismus sind, abgesehen von deren Unterformen, die zwei klassischen Formen des Außenweltproblems in der abendländischen Philosophie.[519] Das Problem wurde in der Neuzeit durch die cartesische Unterscheidung zwischen *res cogitans* und *res extensa* weiter verschärft. Sie entsprechen der metaphysichen Unterscheidung zwischen Geist und Natur[520], die auf die erkenntnistheoretische Unterscheidung zwischen Geistes- und Naturwissenschaften hinauslaufen. Die Existenz der Ersteren wird nach der Formel *cogito ergo sum* durch die Tätigkeit des Subjekts als denkendes Bewusstsein versichert, die der Letzteren steht nicht außer Zweifel. In der Tat stellt Descartes die Existenz der ganzen Außenwelt und folglich ihre Erfahrbarkeit und Erkennbarkeit in Frage. Dieser subjektive Idealismus cartesischer Herkunft wird bei Berkeley zum dogmatischen Idealismus: *esse est percipi*, d.h. das Sein ist das Wahrgenommensein. Kant teilte den subjektiven Idealismus nicht, weil er dachte, Descartes und seine Nachfolger hätten das Problem am falschen Ende angefangen. Sie hielten die innere Erfahrung für ausreichend. Aber mit der Welt bekamen sie Probleme. Kant wollte es besser ausdrücken:

„Der verlangte Beweis muss also dartun, dass wir von äußeren Dingen auch Erfahrung und nicht bloß Einbildung haben; welches wohl nicht anders wird geschehen können, als wenn man beweisen kann, dass selbst unsere innere, dem Cartesius unbezweifelte, Erfahrung nur unter Voraussetzung äußerer Erfahrung möglich sei.“[521]

Äußere Erfahrung heißt hier: Wir sind uns unmittelbar einer uns umgebenden Wirklichkeit bewusst. Ob Kant damit obsiegt, ist eine der großen Fragen der modernen Philosophie.

Die Subjekt-Objekt-Beziehung, die wohl seit Descartes das herrschende Paradigma der Philosophie bildet, ist nach Heidegger Folge einer schlechten Subjektivierung und Objektivierung. Weder die Objektseite noch die Subjektseite und schon gar nicht die Relation zwischen beiden als eine Frage der Erkenntnis sei zureichend erfasst. Mit welchen Aus-

---

[519] Für eine detaillierte Behandlung des erkenntnistheoretischen Gegensatzpaares vgl. Scheler, M.: „Idealismus – Realismus“ in: *Philosophischer Anzeiger* 2 (1927-1928) 255-324.

[520] vgl. SZ § 19.

[521] KrV B 275.

sagen skizziert Heidegger das Schema, welche Punkte sind zu revidieren?
Was die Objektseite betrifft: Objekte gibt es; sie lassen sich in unterschiedlicher Weise einteilen: Naturdinge, Wertdinge usw.; das eigentliche Sein liegt als Natur vor; die Objektseite liegt einem denkenden und handelnden Subjekt gegenüber.
Was die Subjektseite betrifft: Bewusstsein steht der objektiven Natur gegenüber; es ist als Pol und Zentrum, als Ort des Denkens und Handelns gefasst. Die Darstellung beider Seiten greift nach Heidegger zu kurz. Die Reduktion auf gegebenes Sein einerseits und denkendes Bewusstsein andererseits bringt erst das Problem der erkenntnistheoretischen Relation hervor. Erst die konstruktive Verkürzung lässt die Frage nach dem Verhältnis der beiden Seiten aufkommen. Für Heidegger wird es also darum gehen, diese Konstruktion zu destruieren, indem er die dualistische Entgegensetzung aufhebt. In der Freiburger Vorlesung vom Sommersemester 1923 *Ontologie* (*Hermeneutik der Faktizität*) schreibt Heidegger:
„Fernzuhalten ist *das Schema*: *Es gibt Subjekte und Objekte*, Bewußtsein und Sein; das Sein ist Objekt der Erkenntnis; das eigentliche Sein ist das Sein der Natur; das Bewußtsein ist ‚ich denke', also ichlich, Ichpol, Aktzentrum, Person; Iche (Personen) haben sich gegenüber: Seiendes, Objekte, Naturdinge, Wertdinge, Güter. Die Beziehung zwischen Subjekt und Objekt ist zu bestimmen und ist Frage der Erkenntnistheorie. Auf diesem Frageboden liegen die Möglichkeiten, die alle immer wieder ausprobiert und in endlosen Diskussionen aufeinander losgelassen werden: Das Objekt ist abhängig vom Subjekt, oder das Subjekt vom Objekt, oder beide korrelativ voneinander. Diese konstruktive, durch die Hartnäckigkeit einer verhärteten Tradition fast unausrottbare Vorhabe verbaut grundsätzlich und für immer den Zugang zu dem, was als faktisches Leben (Dasein) angezeigt ist. Keine Modifikation dieses Schemas vermag seine Unangemessenheit zu beseitigen."[522]
In § 43 a von *Sein und Zeit* unterzieht Heidegger das erkenntnistheoretischen Gegensatzpaar Realismus-Idealismus weiterer Kritik. Worum

[522] GA 63, 81.

geht es in der Realismus-Idealismus-Debatte eigentlich? Es geht um die Frage, ob Seiendes bewusstseinsabhängig (Idealismus) oder bewusstseinsunabhängig (Realismus) sei, d.h. ob es ‚an sich' existiert oder wird erst vom Denken hervorgebracht.[523] Nun ist zu fragen: Wie steht Heideggers Daseinsanalytik zu Realismus und Idealismus?

4.1 Die Kritik am Realismus

Die Fundierung der Realität im Sein des Daseins kann nach Heidegger nicht dazu verleiten, zu behaupten „daß Reales nur sein könnte als das, was es an ihm selbst ist, wenn und solange Dasein existiert."[524] Damit weist Heidegger die idealistische These, Seiendes sei bewusstseinsabhängig, entschieden zurück. In *Sein und Zeit* scheint Heidegger auf der einen Seite zum Realismus zu neigen, insofern er ohne weiteres zugesteht, dass Seiendes nicht *bewusstseinsabhängig* ist. Daher heißt es:

„Seiendes ist unabhängig von Erfahrung, Kenntnis und Erfassen, wodurch es erschlossen, entdeckt und bestimmt wird."[525]

Klarer heißt es in der Marburger Vorlesung Sommesemester 1928 *Metaphysische Anfangsgründe der Logik im Ausgang von Leibniz*:

„Seiendes ist an ihm selbst das Seiende, was es ist und wie es ist, auch wenn z.B. Dasein nicht existiert."[526]

Die Unabhängigkeit des innerweltlichen Seienden vom Bewusstsein entspricht Heideggers Kategorie des Vorhandenseins im weitesten Sinne dieses Wortes. Diese Seinsweise kommt jeglichem Seienden zu egal, ob es Objekt der menschlichen Erfahrung ist, werden kann oder nicht. Es ist das an-Sich des Dings unabhängig von menschlicher Erfahrung, das sich von Kants Ding-an-sich jenseits menschlicher Erfahrung unterscheidet. Bei Heidegger fällt das An-sich mit seiner Erscheinung zusammen:

„Das Seiende ‚in der Erscheinung' ist dasselbe Seiende wie das Seiende an sich, ja gerade nur dieses. […] Die Erscheinungen sind nicht bloßer

[523] vgl. Schatzki, T.: „Being, the Clearing, and Realism", in: H.L. Dreyfus & H. Hall (ed.): *Heidegger: A Critical Reader*, 91-96.
[524] SZ § 43, 212.
[525] a.a.O., § 40, 183.
[526] GA 26, 194.

Schein, sondern das Seiende selbst. Dieses Seiende wiederum ist nicht etwas anderes als die Dinge an sich, sondern eben dieses eine Seiende"[527]

Beim frühen Kant hingegen klaffen das Ding-an-sich und Erscheinung auseinander.[528] Dem Ding-an-sich entspricht der *intellectus archetypus*, der Erscheinung der *intellectus ectypus*.[529]

Auf den anderen Seite distanziert sich Heidegger von jedem Realismus, der „die Realität der ‚Welt' für beweisbedürftig, aber zugleich auch für beweisbar hält."[530]

Heidegger wirft dem Realismus „ontologisches Unverständnis"[531] vor, weil er versucht, Realität ontisch durch Wirkungszusammenhänge zwischen Realem zu erklären, und dabei nicht sieht, dass er die Konstitutionsbedingungen von Realität dabei völlig außer Acht lässt. Dass es Fakten, Realitäten etc. gibt, ist nicht selbst wiederum ein Faktum bzw. eine Realität. Deswegen schreibt Heidegger:

„... nur solange Dasein *ist*, das heißt die ontische Möglichkeit von Seinsverständnis, ‚gibt es' Sein. Wenn Dasein nicht existiert, dann ‚ist' auch nicht ‚Unabhängigkeit' und ‚ist' auch nicht ‚An-sich'. Dergleichen ist dann weder verstehbar noch unverstehbar. Dann ist auch innerweltliches Seiendes weder entdeckbar, noch kann es in Verborgenheit liegen. *Dann* kann weder gesagt werden, daß Seiendes sei, noch daß es nicht sein. Es kann *jetzt* wohl, solange Seinsverständnis ist und damit Verständnis von Vorhandenheit, gesagt werden, daß *dann* Seiendes noch weiterhin sein wird."[532]

Die Zusammengehörigkeit von Sein und Menschenwesen kommt nach *Sein und Zeit* deutlicher zum Ausdruck: Gibt es die Offenheit von Sein nur als das Sein des Daseins, dann gibt es Sein nur, sofern es das Dasein gibt. Vom Seienden lässt sich dies offensichtlich nicht sagen: es gibt das Seiende auch, insofern es den Menschen nicht gibt, allerdings

---

527 GA 3, 31-32..

528 vgl. Valicella, W. F.: „Kant, Heidegger, and the Problem of the Thing in itself", in: IPQ 23 (1983) 35-43.

529 vgl. KrV B 723, KU B 350 f.

530 SZ § 43, 207.

531 a.a.O.

532 a.a.O., 212.

weder als Seiendes noch als überhaupt irgendwie Sichtbares, Entborgenes, Eröffnetes, sondern nur als das an ihm selbst verborgene Anwesen seiner in sich. Das Sein west dagegen als seine Eröffnung in die Offenheit: es gibt Sein nicht außerhalb seiner Offenheit. Die Offenheit west als das Sich-Geben von Sein in seine Unverborgenheit, und außerhalb ihrer ist nichts gegeben – weder Sein noch Seiendes. Transzendentalphilosophisch rückübersetzt: Sein gibt es überhaupt nur im Umkreis des Bewusstseins; es lässt sich außerhalb seiner überhaupt nicht ansprechen.
In summa: Nicht das Da-sein (existentia) des Seienden, sondern dessen So-sein (essentia) hängt vom Seinsverständnis des Daseins ab.

4.2 Die Kritik am Idealismus

Dem Idealismus kommt nach Heidegger ein grundsätzlicher Vorrang vor dem Realismus zu, falls er nicht als „psychologischer Idealismus"[533] sich selbst missversteht. „Wenn der Idealismus betont, Sein und Realität sei nur ‚im Bewußtsein', so kommt hier das Verständnis davon zum Ausdruck, daß Sein nicht durch Seiendes erklärt werden kann. Sofern nun aber ungeklärt bleibt, daß hier Seinsverständnis geschieht und was dieses Seinsverständnis selbst ontologisch besagt, wie es möglich ist, und daß es zur Seinsverfassung des Daseins gehört, baut er die Interpretation der Realität ins Leere."[534] Der Idealismus behauptet zu Recht, dass das Sein vom Bewusstsein abhängig ist, aber sie fragt nicht weiter nach dem Sein des Bewusstseins. Darin besteht das Manko des Idealismus. Heideggers Daseinsanalytik ist nicht anderes als die ontologische Analyse des Bewusstseins. In der Abgrenzung der Daseinsanalytik schreibt Heidegger: „ *Descartes*, dem man die Entdeckung des cogito sum als Ausgangsbasis des neuzeitlichen philosophischen Fragens zuschreibt, untersuchte das cogitare des ego – in gewissen Grenzen. Dagegen läßt er das *sum* völlig unerörtert, wenngleich es ebenso ursprünglich angesetzt wird wie das cogito. Die Analytik stellt die ontologische Frage nach dem Sein des sum. Ist dieses

[533] a.a.O., 207.
[534] a.a.O.

bestimmt, dann wird die Seinsart der cogitationes erst faßbar."[535] Heidegger stellt sozusagen die cartesische Formel: *cogito ergo sum* auf den Kopf. Sie lautet nun *sum ergo cogito.*[536] Heideggers Descarteskritik in *Sein und Zeit* gilt als Kryptokritik an Husserl für seine transzendentale Wende in *Ideen zu einer reinen Phänomenologie und phänomenologischen Philosophie.*[537] Die meisten Schüler Husserls sahen in seiner transzendentalen Wende einen Verrat an der ursprünglichen phänomenologischen Forschungsmaxime: „Auf die Sachen selbst zurückgehen" bzw. „zu den Sachen selbst gehen."[538] Mit dem Schritt von der ‚eidetischen' zur ‚transzendentalen' Phänomenologie kehrt nach Heidegger das ausgetriebene transzendentale Subjekt durch die Hintertür wieder in die Phänomenologie zurück.

Die Vorlesungen hingegen führen uns die unmittelbare Auseinandersetzung Heideggers mit Husserl vor Augen. Besonders die Vorlesung vom Sommersemester 1925 *Prolegomena zur Geschichte des Zeitbegriffs*, die gewissermaßen als Urfassung von *Sein und Zeit* angesehen werden kann, zeigt, wie Heidegger seinen Daseinsbegriff gegen Husserls bewusstseinstheoretischen Ansatz entwickelt. Der erste Teil der Vorlesung beinhaltet eine umfangreiche Darstellung der Phänomenologie Husserls, wobei auch die Konzeption der *Ideen* zu einer reinen Phänomenologie und phänomenologischen Philosophie *in extenso* entwickelt wird. Die begleitende Kritik Heideggers gipfelt in der zusammenfassenden Feststellung:

„Daraus wird deutlich, daß die *Seinsfrage keine beliebige, nur mögliche Frage, sondern die dringlichste Frage* gerade im eigensten Sinne der Phänomenologie selbst ist – dringlich noch in einem viel radikaleren Sinne bezüglich des Intentionalen [...] So sehen wir in der Tat, die phänomenologische Forschung bewegt sich [...] in einem *fundamentalen Versäumnis*, und zwar im Hinblick auf die phänomenologische Befra-

---

[535] a.a.O., § 10, 46; vgl. dazu SZ § 6, 24.

[536] vgl. Dreyfus, H.: *A Commentary on Heidegger's Being and Time*, I, 3.

[537] vgl. Thurnher, R.: „Husserls *Ideen* und Heideggers *Sein und Zeit*" III, in: A. Bäumer & M. Benedikt (Hg.): Gelehrtenrepublik und Lebenswelt. Edmund Husserl und Alfred Schütz.

[538] LU Bd. II/1, § 2.; vgl. auch *Ideen* I, § 19.

gung und Bestimmung dessen, was ihr Thema sein soll: das intentionale Verhalten und alles mit ihm Gegebene."[539]

So sehen wir, dass Heideggers Forderung, das Seinsverständnis selbst in phänomenologischer Ursprünglichkeit zu fassen, in erster Linie aus seiner Auseinandersetzung mit Husserls *Ideen* erwachsen ist. Mit dem Konzept der Fundamentalontologie sollte dieser Forderung entsprochen werden. Diese bezweckt als Analytik der Existenz die phänomenologische Hebung des im Daseinsvollzug selbst je schon investierten Seinsverständnisses. In transzendentalem Rückgang ist so das a priori des faktischen Subjekts freizulegen, während der Ansatz eines reinen Ego ein phantastisch idealisiertes Subjekt in Anschlag bringt und gerade das a priori des nur tatsächlichen Subjekts verfehlt:

„Die Ideen eines ‚reinen Ich' und eines ‚Bewußtseins überhaupt' enthalten so wenig das Apriori der ‚wirklichen' Subjektivität, daß sie die ontologischen Charaktere der Faktizität und der Seinsverfassung des Daseins überspringen, bzw. überhaupt nicht sehen. Die Zurückweisung eines ‚Bewußtseins überhaupt' bedeutet nicht die Negation des Apriori, so wenig als der Ansatz eines idealisierten Subjekts die sachgegründete Apriorität des Daseins verbürgt."[540]

Wenn unter Idealismus allerdings, in Absehung vom Bewusstseinsbegriff, nur verstanden wird, dass das Sein dem Seienden transzendental vorausgeht, dann besitzt er „die einzige und rechte Möglichkeit philosophischer Problematik."[541] Wenn es ihm aber nur darum geht, alles Seiende auf ein Subjekt oder Bewußtsein rückzuführen, dann ist er methodisch nicht weniger naiv als „der grobschlächtigste Realismus".[542]

Aus dem Vorangehenden geht eindeutig hervor, dass Heidegger weder Idealist noch Realist sei. In seinem Denken versucht er, eingedenk des Spruches *amicus Plato, amicus Socrates, sed magis amica veritas*, das Wahre im Idealismus und im Realismus zusammenzufassen. Er besitzt eine außerordentliche Bodenhaftung und zugleich die Neigung zum Idealisieren. Das macht die intellektuelle Spannung seines Denkens aus.

---

[539] GA 20, 158.
[540] SZ § 44, 229.
[541] a.a.O., § 43, 208.
[542] a.a.O.

4.3 Intentionalität

In seiner Marburger Vorlesung vom Sommersemester 1925 *Prolegomena zur Geschichte des Zeitbegriffs* nennt Heidegger die Intentionalität als die erste Entdeckung der Phänomenologie. Heideggers Darstellung der drei seiner Ansicht nach entscheidenden Entdeckungen der Phänomenologie Husserls, nämlich Intentionalität, kategoriale Anschauung, der ursprüngliche Sinn des A priori, orientiert sich an den Hauptthemen und der Reihenfolge der VI. Logischen Untersuchung. Unter diesen entscheidenden Entdeckungen ist die der Intentionalität nicht nur die erste, sondern auch die wichtigste, weil sie die nachfolgenden Entdeckungen erst ermöglicht. Husserl selbt meint: „Der Problemtitel, der die ganze Phänomenologie umspannt, heißt Intentionalität."[543]

Von der Intentionalität sagt Heidegger, wir wollen „[sie, C.U.] deshalb zuerst behandeln, weil gerade an diesem Phänomen die zeitgenössische Philosophie damals und heute noch den eigentlichen Anstoß findet, weil Intentionalität gerade das ist, was ein unmittelbares und unvoreingenommenes Aufnehmen dessen, was Phänomenologie will, verhindert."[544] Wie aber ist das konkret zu verstehen?

Intentionalität bedeutet im Allgemeinen das Verhalten des Menschen, sich immer auf etwas zu richten. Die Grundrelation von Intentionalität ist dabei der Wegweiser vom Subjekt zu den Gegenständen der Welt. Jedes Erlebnis, sei es Wahrnehmen, Erkennen, Lieben, Hassen, Wollen etc., richtet sich auf etwas. Die Intentionalität macht also die Struktur der Erlebnisse überhaupt aus. Das wird so aufgefasst, dass Intentionalität dem bewussten Menschen nicht wie eine Eigenschaft bloß zugeordnet ist. Schon Franz Brentano[545], dessen wirkungsgeschichtlich einfluss-

[543] Husserl: *Ideen* 1, 337.

[544] GA 20, 34.

[545] An einer klassischen Stelle sagt Brentano: „Jedes psychische Phänomen ist durch das charakterisiert, was die Scholastiker des Mittelalters die intentionale [...] Inexistenz eines Gegenstandes genannt haben, und was wir, obwohl mit nicht ganz unzweideutigen Ausdrücken, die Beziehung auf einen Inhalt, die Richtung auf ein Objekt [...] oder die immanente Gegenständlichkeit nennen würden. Jedes enthält etwas als Objekt in sich, obwohl nicht jedes in gleicher Weise. In der Vorstellung ist etwas vorgestellt, in dem Urteile ist etwas anerkannt oder verworfen, in der Liebe

reiche Bedeutung für die Entwicklung der gegenwärtigen Philosophie nicht zu unterschätzen ist, erkannte in der Intentionalität die Struktur, welche die eigentliche Natur eines psychischen Phänomens ausmacht, nämlich ein Kriterium der Unterscheidung von psychischen und physischen Phänomenen. Zwar ist es das große Verdienst Brentanos, herausgestellt zu haben, dass die Intentionalität der Grundcharakter der Erlebnisse ist und dass es verschiedene Arten der intentionalen Beziehungen gibt; im Großen und Ganzen aber, meint Heidegger, blieb er bei einer rohen Kenntnis zu Zwecken der Klassifikation der Erlebnisse und dadurch übersah er das, was unter anderem für die phänomenologische Auffassung der Intentionalität ausschlaggebend ist. Für Heidegger ist es dabei entscheidend, dass in der Fortführung durch Husserl, obwohl er „von Brentano den Begriff der Intentionalität übernommen"[546] hat, „die Intentionalität eine Struktur der Erlebnisse als solche ist und nicht eine an die Erlebnisse als seelische Zustände herangebrachte Zuordnung zu anderen Wirklichkeiten."[547] Heidegger sagt:

„Mit Intentionalität meinen wir nicht eine zuweilen und nachträglich eintretende objektive Beziehung zwischen einem physischen Ding und einem psychischen Vorgang, sondern die Struktur eines Verhaltens als Verhalten zu, Sich-richten- auf."[548]

Das bekannte cartesische Bild des Menschen als eines seelischen Komplexes von cogito und cogitationes ist daher, wegen dieser intentionalen Struktur des sich immer schon auf etwas richtenden Verhaltens, unhaltbar. Sogar wenn man sich an etwas erinnert oder sich etwas vergegenwärtigt, ist es die Sache selbst und keineswegs ein Bild, eine Vorstellung oder ein Begriff derselben. Geht man dagegen von der Annahme aus, dass das Erlebnis von Vornherein nicht intentional wäre, sondern sich zunächst mit seinen eigenen Bewusstseinsinhalten beschäftige, dann entsteht das sowohl unlösbare als auch falsche Dilemma der Zuordnung der Wirklichkeit innerhalb des Bewusstseins

geliebt, in dem Hasse gehasst, in dem Begehren begehrt usw." *Psychologie vom empirischen Standpunkt* Bd. 1, 124-25.

[546] GA 20, 36.

[547] a.a.O., 37.

[548] a.a.O., 48.

und der Wirklichkeit außerhalb desselben, das heißt, zwischen dem psychischen Vorgang und einem realen Objekt. Die Eliminierung dieses Bildes, das verhängnisvolle Konsequenzen für die Psychologie sowie für die Erkenntnistheorie hat, ist eine der wichtigsten Folgen der Entdeckung, dass Intentionalität die Struktur der Erlebnisse überhaupt ist.
Um dies noch deutlicher zu zeigen, erörtert Heidegger zunächst am Beispiel der Wahrnehmung die Grundverfassung der Intentionalität. Die Wahrnehmung ist nach Heidegger kein „eigenständiges Betrachten und Studieren der Dinge, sondern geht auf in einem konkreten praktischen Umgehen mit den Sachen."[549]
Darin liegt der Grund für Heideggers Gegenkritik an der Rickertschen Kritik an der Intentionalität. Rickerts Kritik an der Intentionalität geht Heidegger zufolge von einer falschen Deutung der Wahrnehmung aus. Heidegger schreibt:
„Wenn wir urteilen, sagt Rickert, stimmen wir den Vorstellungen zu oder weisen sie ab. Im Urteilen steckt als das Wesentliche das ‚praktische' Verhalten. ‚Weil nun, was für das Urteil gilt, auch für das Erkennen gelten muß, so ergibt sich aus der Verwandtschaft, die das Urteilen mit dem Wollen und Fühlen hat, daß es sich auch *beim rein theoretischen Erkennen um ein Stellungnehmen zu einem Werte handelt*... Nur Werten gegenüber hat das alternative Verhalten des Billigens und Missbilligens einen Sinn.'"[550]
Auf diese Weise kommt Rickert nach Heidegger zu seiner Theorie: *„Der Gegenstand der Erkenntnis ist ein Wert."*[551] Statt zu sehen, wie der Sachverhalt ist, kommt er zu seiner These durch eine Deduktion. Einerseits nimmt er Brentanos Boden der Intentionalität in Anspruch, andererseits weist er sie zurück, weil Erkennen kein Vorstellen sein darf, „[...] denn wäre Erkennen Vorstellen, dann wäre seine eigene Theorie, daß das Erkennen Anerkennen und der Gegenstand der Erkenntnis ein Wert ist, überflüssig and vielleicht verkehrt."[552]

---

549 a.a.O., 37 f.
550 GA 20, 42; vgl. H. Rickert: *Der Gegenstand der Erkenntnis. Ein Beitrag zum Problem der philosophischen Transzendenz*, 106.
551 a.a.O.
552 a.a.O., 45.

Bei der Intentionalität geht es nicht um eine Zuordnung von Physischem und Psychischem, sondern um eine Struktur des Psychischen selbst. „Intentionalität ist nicht ein den Erlebnissen zugetragenes, zuweilen an ihnen vorkommendes Verhältnis zu nicht Erlebnismäßigem, sondern die Erlebnisse selbst als solche sind intentional. Das ist die erste, vielleicht noch ganz leere Bestimmung, die aber schon wichtig genug ist, um Boden für das Fernhalten metaphysischer Vorurteile zu haben."[553] Rickert nimmt die Intentionalität für das urteilsmäßige Verhalten in Anspruch, nicht aber für das Vorstellen, weil er Vorstellen nicht als Erkennen zugeben will. Rickert meint man komme im Vorstellen nicht zur Transzendenz, sondern im Bewusstsein bleibe; beim Urteil dagegen komme man zur Transzendenz, denn Urteilen ist Anerkennen eines Wertes und der Wert ist wiederum etwas, was nicht realiter existiert, etwas Geistiges, etwas, was im Bewusstsein selbst ist, etwas Immanentes. Rickert ist inkonsequent, indem er einerseits die Intentionalität für seinen Ausgangspunkt in Anspruch nimmt, sie aber dann weglässt, wenn sie nicht mehr in seine Theorie passt. Das ist für Heidegger ein Beispiel, dass Scharfsinn nicht besagt, auf den gegebenen Sachverhalt eingehen zu können. „Nur aus dem recht Gesehenen und durch es hindurch ist eine schärfere Fassung und vielleicht Kritik der bisherigen phänomenologischen Interpretation der Intentionalität möglich."[554]

In der ersten natürlichen Analyse erscheint das in der Wahrnehmung Wahrgenommene als Umweltding. In unserer sinnlichen Anschauung sehen wir also „nicht auf das Wahrnehmen, sondern auf das Wahrgenommene und zwar das *Wahrgenommene dieser Wahrnehmung*."[555] Das heißt also: „Ich sehe nicht Vorstellungen von dem Stuhl, erfasse kein Bild von dem Stuhl, spüre nicht Empfindungen von dem Stuhl, sondern sehe ihn schlicht – ihn selbst. Das ist der nächst gegebene Sinn des Wahrnehmens."[556] Nach einer Blickänderung kann das Wahrge-

---

[553] a.a.O., 40
[554] a.a.O., 46.
[555] a.a.O., 48.
[556] a.a.O.

nommene (Umweltding) auch als Naturding beschrieben werden.[557] Was ich bei der Beschreibung eines Naturdings heraushole, liegt in der Sache selbst. Ich kann auf die Strukturen achten, die der Dinglichkeit selbst zukommen. Dabei bin ich aber nicht bei dem Wahrgenommenen im Sinne der Phänomenologie. Sie will das wahrgenommene Seiende als Wahrgenommenes fassen, also die ‚Wahrgenommenheit', d.h. was zu einem Wahrgenommenden als Wahrgenommen gehört, gleichgültig, um was für einen Gegenstand es sich dabei handelt.

Was aber ist diese Wahrgenommenheit? Gibt es überhaupt so etwas und kann man über die Wahrgenommenheit eines Dinges etwas aussagen? Eine erste Antwort in Bezug auf die Wahrgenommenheit ist der Charakter der leibhaftigen Gegebenheit.

„Das Wahrgenommene als solches hat den Charakter der *Leibhaftigkeit*, d.h. das Seiende, das sich als Wahrgenommenes präsentiert, hat den Charakter des *Leibhaft-da*. Nicht nur ist es als es selbst gegeben, sondern es selbst in seiner Leibhaftigkeit."[558]

Ich kann mir etwas vergegenwärtigen, in dieser Vergegenwärtigung von etwas ist es selbst gegeben, ich meine es selbst und kein Bild davon, keine Phantasie, sondern es selbst, und doch ist es mir nicht leibhaftig gegeben.

„Was selbst gegeben ist, braucht nicht leibhaftig gegeben zu sein, wohl aber umgekehrt ist jedes leibhaftig Gegebensein selbst gegeben. *Leibhaftigkeit ist ein ausgezeichneter Modus der Selbstgegebenheit eines Seienden.*"[559]

Beim bloßen Vorstellen stelle ich mir auch die Sache vor, sie ist aber nicht in der gleichen Weise der Leibhaftigkeit gegenwärtig wie beim Wahrnehmen.

Heidegger macht diese Wahrnehmungsanalyse, um von ihr aus zu einer Kritik *Brentanos* zu gelangen. Nach Heidegger: „Brentano sah an der Intentionalität die *Intentio*, Noesis, und die Verschiedenheit ihrer Weisen, aber er sah nicht das *Noema*, das *Intentum*. Er blieb unsicher in der Bestimmung dessen, was er ‚intentionales Objekt' nannte. [...] *Brentano*

[557] vgl. a.a.O., 49
[558] a.a.O., 53 f.
[559] a.a.O., 54.

schwankt denn auch: einmal meint er mit intentionalem Objekt das Seiende selbst in seinem Sein, dann wieder das Wie seines Erfaßtseins ungeschieden vom Seienden; zur reinen Abhebung des Wie des Intendiertseins kommt es bei *Brentano* überhaupt nicht, d.h. die Intentionalität als solche, als Strukturganzheit, ist bei ihm nicht abgehoben."[560]

4.4 Die kategoriale Anschauung

Wie schon erwähnt ist für Heidegger die kategoriale Anschauung die zweite Endeckung der Phänomenologie Husserls. Phänomenologisch genommen besagt der Ausdruck ‚Anschauung: *„schlichtes Erfassen von leibhaftig Gegebenem, wie es sich zeigt.*"[561] Das Kategoriale selbst wird am sich zeigenden Seienden abgelesen. Daher schreibt Heidegger:
„Die Endeckung der kategorialen Anschauung ist der Nachweis, erstens daß es ein schlichtes Erfassen des Kategorialen gibt, solcher Bestände im Seienden, die man traditionellerweise als Kategorien bezeichnet und in roher Form sehr bald gesehen hat. Zweitens ist sie vor allem der Nachweis, daß dieses Erfassen in der alltäglichsten Wahrnehmung und jeder Erfahrung investiert ist."[562]
Das ist der Ausgangspunkt der Überlegungen, das Moment, durch das sie in Gang gebracht werden, wodurch der Hörer in die richtige Einstellung versetzt werden soll. Zuerst muss verständlich gemacht werden, dass in jedem Akt des Wahrnehmens, Erfassens, Aussagens so etwas wie kategoriale Anschauung im Spiel ist. Das wird am Beispiel der Wahrnehmung verdeutlicht. Das Leervermeinte soll durch Anschauung seine Erfüllung finden. Dann ist die Erfüllung gegeben, wenn das Seiende unmittelbar anwesend ist – in der Anschauung. Die Selbigkeit des Vermeinten und Angeschauten ist das Ziel; das ist ein Akt des Identifizierens. Die Identität ist nicht thematisiert, sondern erfahren.

---

[560] a.a.O., 61 f.
[561] a.a.O., 64.
[562] a.a.O.

„In dieser Erfüllung als einem Akt der Identifizierung liegt eine Einsichtnahme in die Sachgegründetheit des Vermeinten, und diese Einsichtnahme als identifizierende Erfüllung bezeichnet man als *Evidenz*."[563]
Nun stellt sich die Frage: Was ist Evidenz? Heidegger definiert die Evidenz folgendermaßen:
„Evidenz ist ein bestimmter intentionaler Akt, und zwar der Identifizierung des Vermeinten und Angeschauten; das Vermeinte leuchtet selbst an der Sache auf."[564]
Und fortfahrend merkt Heidegger an:
„Diese Herausarbeitung der Evidenz ist zum erstenmal *Husserl* gelungen, und damit war ein wesentlicher Fortschritt über alle die Unklarheiten, die traditionell in der Logik und Erkenntnistheorie umlaufen, gewonnen."[565]
Alle Gegenstand gebenden Akte haben ihre spezifische Evidenz. „Wir sprechen daher von der *Regionalität der Evidenz*. Jede Evidenz ist ihrem Sinne nach auf eine entsprechende Sachregion zugeschnitten. Es ist ein Widersinn, eine Möglichkeit von Evidenz [...] auf andere Erfassungsarten übertragen zu wollen [...] Bei all dieser Regionalität ist andererseits wieder die *Universalität der Evidenz* zu beachten. *Evidenz ist eine universale Funktion zunächst aller gegenstandsgebenden Akte, im weiteren aller Akte* (Willens-, Wunschevidenz, Evidenz des Liebens und Hoffens). Sie ist nicht beschränkt auf Aussagen, Prädikationen, Urteile. Bei dieser Universalität ist sie zugleich je nach der Sachregion und Zugangsart verschieden."[566] Im Vollzug des Aktes, bei dem das Vermeinte und Angeschaute zur Deckung kommt, bin ich auf die Sache selbst gerichtet. Zugleich erfahre ich dabei die Evidenz, ohne sie selbst thematisch zu machen. „Das ist der phänomenologische Sinn der Rede, daß ich in evidenter Wahrnehmung nicht die Wahrheit dieser Wahrnehmung selbst thematisch studiere, sondern *in* der Wahrheit lebe. Wahrsein wird erfahren als ein ausgezeichneter *Verhalt*, ein Verhalt zwischen Vermeintem und Angeschautem, und zwar im Sinne der

[563] a.a.O., 67.
[564] a.a.O.
[565] a.a.O., vgl. hierzu auch Brand, G.: „Husserls Lehre von der Wahrheit", in: *Philosophische Rundschau* 17 (1970) 57-94.
[566] a.a.O., 68.

Identität."[567] Diesen ausgezeichneten Verhalt bezeichnet Heidegger als *Wahrverhalt*. In ihm ist das Wahrsein fundiert. Ein zweiter Begriff der Wahrheit hat zum Thema die Intentionalität, das Strukturverhältnis der Akte des Vermeinens und Anschauens. Ein dritter Begriff von Wahrheit geht auf das Seiende selbst, das der Anschauung die Fülle gibt. Jetzt besagt Wahrsein Wirklichsein. Für die kategoriale Anschauung ist das Verhältnis des Gemeinten zum Angeschauten wichtig. Das in der Anschauung Gegebene kann im Urteil ausgesprochen werden. Traditionell spricht man die Wahrheit dem Urteil zu, der Aussage. Heidegger behauptet nun, dass die Phänomenologie durch ihre Deutung der Wahrheit als Identifizierung von Meinung und Anschauung die traditionelle Festlegung der Wahrheit auf das Urteil durchbricht und sich, ohne es zu wissen, dem griechischen Wahrheitsbegriff nähert, bei dem auch vom Wahrsein des schlichten Vernehmens gesprochen wird.

Heidegger verteidigt in dieser Vorlesung ausdrücklich die Darstellung der kategorialen Anschauung von Husserl gegen verschiedene Missdeutungen, so z.B. die des Sensualismus; oder die, dass mit der kategorialen Anschauung nur der Kantische Form-Begriff verstanden wäre. „Diese kategorialen ‚Formen' sind keine Gemächte der Akte, sondern Gegenstände, die in diesen Akten an ihnen selbst sichtbar werden. Sie sind nichts vom Subjekt Gemachtes und noch weniger etwas an die realen Gegenständen Herangebrachtes, so daß durch diese Formung das reale Seiende selbst modifiziert würde, sondern sie präsentieren ihn gerade eigentlicher in seinem ‚An-sich-Sein.'"[568]

Heideggers Hochachtung vor Husserls Herausarbeitung der Lehre der kategorialen Anschauung ist enorm. Wie er sie schätzt, zeigt er in seiner Zusammenfassung ihrer Bedeutung in drei Punkten:

1. Es gibt Akte, in denen sich ideale Bestände an ihnen selbst zeigen. Diese idealen Bestände sind nicht Funktionen und Gemächte des Denkens, d.h. des Subjekts.

2. Die Möglichkeit dieser aufgewiesenen Anschauungsart und des in diesen Anschauungen sich Präsentierenden gibt den Boden für die Hebung der Strukturen dieser idealen Gegenstände, d.h. für die

[567] a.a.O., 70.
[568] a.a.O., 96.

Ausarbeitung der Kategorien. Mit anderen Worten: Mit der Entdeckung der kategorialen Anschauung ist zum ersten Male gewonnen der konkrete Weg einer ausweisenden und echten Kategorienforschung.
3. Diese in solchen Akten der kategorialen Anschauung sich gebende Gegenständlichkeit ist selbst eine gegenständliche Weise, in der Realität im früher genannten engen Sinn eigentlicher gegenständlich wird, d.h. mit dem Aufweis dieser kategorialen Struktur ist die Idee der Objektivität erweitert, so zwar, daß diese Objektivität selbst nun in der Durchforschung der entsprechenden Anschauungen und ihrer Gehalte aufweisbar wird. Mit anderen Worten: In der damit durchbrechenden phänomenologischen Forschung ist die Forschungsart gewonnen, die die alte Ontologie suchte. Es gibt keine Ontologie *neben* einer Phänomenologie, sondern *wissenschaftliche Ontologie ist nichts anderes als Phänomenologie.*[569]
Diese Stelle ist wichtig, weil hier deutlich wird, wie Heidegger die Phänomenologie interpretiert und wie für ihn die Phänomenologie entscheidend wird für den Philosophen, der nach einer Grundlegung der Ontologie sucht. Gerade das Herausarbeiten der kategorialen Anschauung als konstitutives Moment beim Erfassen des Seienden ‚an sich' zeigt, wie Heidegger diesen Ansatz Husserls nicht in eine transzendentalen Betrachtungsart zurückschlagen lassen will, sondern, wie er hier den Weg sieht, das Seiende an ihm selbst zu bestimmen. Deswegen erfolgt eine Abweisung der Möglichkeit, alles, was mit kategorialer Anschauung zu tun hat, gleich zurückzuführen auf das Subjekt und seine Leistung. Die kategoriale Anschauung ist Gegenstand gebende Anschauung. Sie muss im Zusammenhang mit der Intentionalität gesehen werden. Allein durch die Intentionalität wurde sie zugänglich. In der kategorialen Anschauung erfahren wir eine bestimmte Form der Intentionalität.

[569] vgl. a.a.O., 97 f.

4.5 Der Sinn des A priori

Als dritte Entdeckung der Phänomenologie nennt Heidegger das von ihr gedachte A priori. Dazu einige Hinweise. Gerade bei der Darstellung des A priori wird der Zug der Heideggerschen Husserl-Interpretation sehr deutlich. „Im Sinne Kants ist Apriori ein Charakter der subjektiven Sphäre. Diese Verklammerung des Apriori mit der Subjektivität wurde durch Kant besonders deshalb hartnäckig, weil er die Frage des Apriori mit seiner spezifisch erkenntnistheoretischen Fragestellung zusammenbrachte und bezüglich eines apriorischen Verhaltens, der synthetischen Urteile a priori, gefragt hat, ob und wie sie transzendente Gültigkeit haben. Die Phänomenologie hat demgegenüber gezeigt, daß das Apriori nicht auf die subjektive Sphäre beschränkt ist, ja daß es überhaupt primär zunächst mit der Subjektivität nichts zu tun hat. Die Charakteristik der Ideation als einer kategorialen Anschauung hat deutlich gemacht, daß es sowohl im Felde des Idealen, also der Kategorien, als auch im Felde des Realen so etwas wie die Abhebung von Ideen gibt."[570] Es gibt sinnliche Ideen, das heißt solche von sachhaltiger Struktur z.B. Farbe, Materialität, Räumlichkeit; die ganze Geometrie als solche ist der Beweis für die Existenz eines materialen A priori. Das Sein als das *transcendens* schlechthin[571] liegt sowohl dem Idealen als auch dem Realem voraus:

„Im Idealen sowohl im Realen, wenn wir diese Unterscheidung einmal hinnehmen, gibt es hinsichtlich ihrer Gegenständlichkeit abhebbares Ideales, etwas im Sein des Idealen und im Sein des Realen, was a priori ist, strukturmäßig früher ist. Damit deutet sich schon an, daß Apriori im phänomenologischen Verstande kein Titel des Verhaltens, sondern ein *Titel des Seins* ist."[572]

Sein als A priori umgreift sowohl die Subjekt- als auch die Objektsphäre. Es ist dieser Unterscheidung gegenüber indifferent.

Aus der phänomenologischen Betrachtung des A priori ergibt sich Folgendes: Erstens die universale Reichweite des A priori, zweitens seine spezifische Indifferenz gegenüber der Subjektivität und drittens die

[570] a.a.O., 101.
[571] vgl. SZ § 7, 38.
[572] vgl. GA 20, 101.;

Zugangsart zum A priori.[573] Damit wird die vierte und wohl für Heidegger ausschlaggebende Bestimmung des A priori angedeutet, die zugleich auf die Grenzen der frühen Phänomenologie Husserls hinweist. Aus dem Sinn des A priori lässt sich nämlich nicht entnehmen, was das proteron[574] ist: „Das Früher ist kein Charakter in der Ordnungsfolge des Erkennens, aber auch kein solcher in der Folgeordnung des Seienden, genauer in der Folgeordnung der Entstehung von Seiendem aus Seiendem. Das Apriori ist vielmehr *Charakter der Aufbaufolge im Sein des Seienden, in der Seinsstruktur des Seins.*"[575]
Die Entdeckung des A priori steht nach Heidegger im Zusammenhang mit der Entdeckung des Seinsbegriffes bei Parmenides, ja ist mit dieser Entdeckung identisch.

4.6 Transzendenz

In § 69 c von *Sein und Zeit* umschreibt Heidegger das Transzendenzproblem folgendermaßen: „Das Transzendenzproblem kann nicht auf die Frage gebracht werden: wie kommt ein Subjekt hinaus zu einem Objekt, wobei die Gesamtheit der Objekte mit der Idee der Welt identifiziert wird. Zu fragen ist: was ermöglicht es ontologisch, daß Seiendes innerweltlich begegnen und als begegnendes objektiviert werden kann?".[576] Anders gefragt: Was ist die Bedingung der Möglichkeit dafür, dass Dasein etwas Ontisches erfahren bzw. erkennen kann? Die aufgeworfene Frage wird nicht mehr in *Sein und Zeit* beantwortet, sondern später, in der letzten Marburger Vorlesung *Metaphysische Anfangsgründe der Logik im Ausgang von Leibniz* vom Sommersemester 1928, in der die explizite Identifizierung von Transzendenz des Daseins und Seinsverständnis stattfindet. Dieses Seinsverständnis ist keine ontische Beziehung des Subjekts zum Objekt, das heißt keine Intentionalität im erkenntnistheoretischen Sinne, welche Heidegger jetzt als ontische Transzendenz bezeichnet. Das Seinsverständnis ist zwar Transzendenz, aber nicht im ontischen,

---

573 a.a.O.
574 Zum Begriff von próteron und hysteron, prius und posterius, a priori und a posteriori vgl. Ferrari, M.: *Categorie e a priori*, 11;vgl. auch 165-206.
575 a.a.O., 102.
576 SZ § 69, 336.

sondern ontologischen Sinne. Insofern konnte Heidegger sagen: „Das Transzendenzproblem überhaupt ist nicht identisch mit dem Problem der Intentionalität. Diese ist als ontische Transzendenz selbst nur möglich auf dem Grunde der ursprünglichen Transzendenz: dem In-der-Welt-sein. Diese Urtranszendenz ermöglicht jegliches intentionale Verhältnis zu Seiendem. [...] Es gründet in einem vorgängigen Verstehen des Seins des Seienden. Dieses Verständnis gewährt aber erst die Möglichkeit , daß sich Seiendes als Seiendes bekundet. Es trägt das Licht voran, in dessen Helligkeit Seiendes sich zeigen. Wenn demnach die ursprüngliche Transzendenz [...] die intentionale Beziehung ermöglicht, diese aber ontisch ist, und das Verhältnis zu Ontischem im Seinsverständnis gründet, dann muß zwischen ursprünglicher Transzendenz und Seinsverständnis überhaupt eine innere Verwandtschaft bestehen; ja am Ende sind sie ein und dasselbe."[577] Wie ist nun diese Transzendenz des Seinsverständnisses, und damit die durchaus ontologisch verstandene Freiheit des Daseins zu verstehen?

Heidegger fixiert zunächst die formale Bedeutung des Begriffs Transzendenz: „Die Wortbedeutung kommt von *transcendere*: übersteigen, überschreiten, hinüberschreiten zu. Daher bedeutet *Transzendenz*: der Überschritt, das Überschreiten, und das *Transzendente* bezeichnet das, wohin der Überschritt gemacht wird, was, um zugänglich und faßbar zu sein, einen Überschritt fordert, das Jenseitige, das Gegenüber; schließlich das *Transzendierende*: dasjenige, das den Überschritt vollzieht."[578]

Nach dieser Fixierung der allgemeinen Bedeutung wird das Wort Transzendenz im erkenntnistheoretischen und im theologischen Begriff der Transzendenz spezifiziert. Der erkenntnistheoretische Transzendenzbegriff wird zunächst in einer Gegenüberstellung von Transzendentem und Immanentem charakterisiert. Mit dem Immanenten meint Heidegger „das Inbleibende, gemeint ist: was im Subjekt, innerhalb der Seele, des Bewußtseins verbleibt."[579] Das Transzendente als Gegenbegriff des Immanenten bedeutet das, „was draußen ist: das außerhalb

---

[577] GA 26, 170; vgl. dazu GA 26, 280 f.

[578] a.a.O, 204.

[579] a.a.O.

der Seele und des Bewußtseins Liegende."[580] Wichtig ist dabei Heideggers Hinweis, dass in dieser Gegenüberstellung von Transzendentem und Immanentem das Subjekt gleichsam einer Kapsel vorgestellt wird, mit einem Inneren, einer Kapselwand und einem Außerhalb ihrer. „[...] wie immer und wo immer das Transzendenzproblem gestellt wird, in ausdrücklicher oder unausdrücklicher Orientierung am Gegenbegriff der Immanenz, da liegt im Prinzip die genannte Kapsel-Vorstellung vom Subjekt, vom Dasein zugrunde."[581]

In dieser Analogie sieht Heidegger einen darin versteckten Anspruch: „Freilich wird nicht die grobe Meinung vertreten, das Bewußtsein sei in der Tat eine Kapsel, aber was in der Analogie wesentlich ist und was eben zu diesem Begriff des Transzendenten gehört: eine Schranke zwischen Innen und Außen muß überschritten werden. Das heißt: das Innere ist zunächst und eigentlich eben eingeschränkt durch die Schranke und muß sie erst durchbrechen, es muß erst die *Einschränkung entschränken*."[582] In diesem Fall wird die Transzendenz als eine Beziehung, die irgendwie den Verkehr zwischen dem Inneren der Kapsel und dem Äußerem durch ein Überspringen oder Durchdringen der Kapselwand aufrechterhält, verstanden. Deswegen stößt Erkenntnistheorie immer wieder auf das Problem, die Möglichkeit dieses Verkehrs zu erklären.

Unter der theologischen Transzendenz meint Heidegger diejenige, die in der Gegenorientierung zu Kontingenz verstanden wird. „Das Kontingente ist das, was uns berührt, was uns direkt betrifft, womit wir selbst gleichgestellt sind, was unserer Art und unseres Stammes bzw. darunter ist."[583] Das Transzendente ist dagegen das, „was über all das hinausliegt als das, was jenes bedingt: das Unbedingte, aber zugleich eigentlich Unerreichbare: das *Überschwängliche*. Transzendenz ist das Überschreiten im Sinne des Hinausliegens über das bedingte Seiende."[584] Der so verstandene theologische Transzendenbegriff ist auch wie der erkenntnistheoretische ein Beziehungsbegriff. Aber diese Beziehung

[580] a.a.O.
[581] a.a.O., 205.
[582] a.a.O
[583] a.a.O., 206
[584] a.a.O., 206.

besteht „nicht zwischen Subjekt und Objekt, sondern zwischen dem bedingten Seienden überhaupt, dazu auch die Subjekte gehören und allen möglichen Objekten, und dem Unbedingten."[585] Diese Beziehung drückt einen Gradunterschied des Seins aus, d.h. die unendliche Verschiedenheit von Geschaffenem und Schöpfer. Aber es ist nicht notwendig, für das Transzendente den christlich verstandenen Gott einzusetzen.

Diese zwei Transzendenzbegriffe können nun miteinander in eine spezifische Beziehung gesetzt werden. Dabei wird die theologische Transzendenz als das Motiv der erkenntnistheoretischen Transzendenz verstanden: Denn hat man den erkenntnistheoretischen Transzendenzbegriff zugrunde gelegt, ob ausdrücklich oder unausdrücklich, so ist ein außerhalb des Subjekts Seiendes und diesem Gegenüberliegendes gesetzt. Unter diesem gegenüberliegenden Seienden aber gibt es ein solches, das alles überragt: die Ursache davon – das ein Gegenüberliegende und zugleich alles bedingte Gegenüberliegende Überschreitende. Das Transzendente in diesem doppelten Sinne ist das Eminente, das alle Erfahrung übersteigende, überschwängliche Seiende. „So verschlingt sich die Frage nach der möglichen Erfassung des Transzendenten im erkenntnistheoretischen Sinne mit der nach der Möglichkeit der Erkenntnis des transzendenten Objektes im theologischen Sinne. Ja, die letzte Frage ist in gewisser Weise das Motiv für die erste. Daher ist das Problem der Existenz der Außenwelt und ihrer Erkennbarkeit verschlungen mit dem Problem der Erkenntnis Gottes und der Möglichkeit des Beweises seiner Existenz."[586]

Transzendenz versteht Heidegger nicht mehr erkenntnistheoretisch als Subjekt-Objekt-Beziehung, als Überstieg zum Seienden, sondern als Überstieg über das Seiende auf das Sein bzw. die Welt hin. Im Gegensatz zur Tradition darf daher das Transzendente weder erkenntnistheoretisch aus seinem Unterschied zum Immanenten als außerhalb des Bewußtseins vorhandenes Objekt, noch theologisch aus seinem Unterschied zum Kontingenten als unbedingter, unerreichbarer Gott gefasst werden, es ist vielmehr die Welt. Insofern verweist Transzendenz auf

---

585 a.a.O.

586 a.a.O., 207.

denselben Sachverhalt wie das In-der-Welt-sein. Transzendenz meint also gerade nicht eine bloße Verhaltensweise des Daseins unter anderen, das dann erst die Möglichkeit zu transzendieren habe, sondern die *„vor aller Verhaltung geschehende Grundverfassung dieses Seienden."*[587] Das bedeutet folglich: Dasein existiert in und als Transzendenz. Gegenüber den beiden Transzendenzbegriffen ist nun grundsätzlich zu sagen:

„Die Transzendenz ist weder eine Beziehung zwischen einer Innensphäre und einer Außensphäre, so daß das, was in ihr überschritten würde, eine zum Subjekt gehörige Schranke wäre, die das Subjekt von der Außensphäre trennte."[588]

Denn das Dasein ist für Heidegger nicht ein isoliertes Subjekt, sondern als In-der-Welt-Sein immer schon ekstatisch draußen. Dieses ekstatische Draußen-sein bedeutet, dass das Dasein in seinem Bezug zum Sein immer schon transzendent ist:

„Das Dasein existiert nicht etwa und vollzieht dann gelegentlich einen Überschritt, sondern Existieren besagt ursprünglich Überschreiten. Das Dasein selbst ist der Überschritt. Darin liegt: die Transzendenz ist nicht irgendein mögliches Verhalten (unter anderen möglichen Verhaltungen) des Daseins zu anderem Seienden, sondern die Grundverfassung seines Seins, auf deren Grunde es sich allererst zu Seiendem verhalten kann."[589]

Transzendenz ist nicht erst ein dazukommendes Verhalten, sondern sie macht als das Grundphänomen die Grundverfassung des Daseins aus. Genau deswegen bestimmt Heidegger die Grundverfassung des Daseins als In-der-Welt-Sein. Der Ausdruck In-der-Welt-Sein ist, so gesehen, nichts anderes als Synonyme für die Transzendenz des Daseins: „Transzendenz ist In-der-Welt-sein."[590]

In *Vom Wesen des Grundes* heißt es:

---

[587] GA 9, 137.
[588] a.a.O., 210 f.
[589] a.a.O., 211.
[590] a.a.O., 218.

„Wie nennen das, woraufhin das Dasein als solches transzendiert, die Welt und bestimmen jetzt die Transzendenz als In-der-Welt-sein."[591] Diese ontologische Auffassung der Transzendenz von Heidegger hat nun gegenüber der Erkenntnistheorie eine wichtige Folge: Das Problem des Beweises der Realität der Außenwelt und ihrer Erfahrbarkeit bzw. Erkennbarkeit ist nur ein *Scheinproblem.* Aber dieses Problem der sogenannten Realität der Außenwelt ist nach Heidegger die notwendige Folge der Verschlingung der beiden obengenannten Transzendenzbegriffe. „Dieses Knäuel von halbgestellten und falschgestellten Problemen wälzt sich in der ontologischen Philosophie und systematischen Theologie weiter, man gibt es von Hand zu Hand und verwirrt nur die Lage der Verschlingungen und versieht sie mit neuen Namen."[592] Daraus ergibt sich: Wenn die Transzendenz des Daseins richtig verstanden wird, muss dieses Problem notwendig als ein *Scheinproblem* gezeigt werden.

Zwischenbilanz: Das Außenweltproblem kann nach Heidegger weder zu Gunsten des Idealismus noch des Realismus entschieden werden, ebensowenig zu Gunsten deren Zwischenbereichs. Auf diese Weise entkommt er der Skylla des Idealismus wie auch der Charybdis des Realismus. Dieses erkenntnistheoretische Gegensatzpaar, das die Philosophiegeschichte wie ein roter Faden durchzieht, setzt eine ursprünglichere Einheit voraus, die sowohl die Idealität des Idealen als auch die Realität des Realen umgreift. Dieses Umgreifende nennt Heidegger das Sein.

591 WG, 20.
592 GA 26, 207.

Teil 2: Die Fundierung des Erkennens im Logos nach *Sein und Zeit*

Im ersten Teil befasst sich die Untersuchung mit der Fundierung des Erkennens im Verstehen in *Sein und Zeit*. Es wurde herausgestellt, dass das Erkennen in der Erschlossenheit bzw. in der Lichtung und deren drei Strukturmomenten, nämlich Befindlichkeit, Verstehen und Rede fundiert ist. Diese ursprüngliche Erschlossenheit bildet das notwendige Kriterium (conditio sine qua non) dafür, dass das Dasein Seiendes erfahren bzw. erkennen kann.

Im zweiten Teil geht es um die Fundierung des Erkennens nicht mehr wie in *Sein und Zeit* im Verstehen, sondern im Logos. Auch nach *Sein und Zeit* gibt Heidegger sein Begründungs- bzw. Fundierungsdenken nicht auf, aber es fällt auf, dass seine Begrifflichkeit sich gewandelt hat. Die Grundbegriffe seiner Frühphilosophie kommen selten bzw. überhaupt nicht mehr vor. Statt von Verstehen spricht er fortan von Sprechen, Sagen, Nennen, Hören – alle Worte, die in der Sprache beheimatet sind. Nun ist zu fragen: Gibt Heidegger seine früheren Ansätze im Ganzen und Großen auf? Was ereignete sich bei der Kehre im Denken Heideggers? Die folgenden Ausführungen über die Wahrheitsfrage und die Frage nach dem Wesen der Sprache werden die Antwort auf die aufgeworfene Frage zu geben versuchen.

5 Die Frage nach [dem Wesen] der Wahrheit

Anfangs des § 44 weist Heidegger daraufhin, dass die abendländische Philosophie von alters her Wahrheit mit Sein zusammenstellt. Mit dem berühmten Satz: τὸ γὰρ αὐτὸ νοεῖν ἐστίν τε καὶ εἶναι[593] identifiziert Parmenides das Sein mit dem vernehmenden Verstehen von Sein. Aristoteles bezeichnet die Philosophie sowohl als ἐπιστήμη τις τῆς ἀληθείας[594], d.h. Wissenschaft der Wahrheit als auch ἣ θεωρεῖ τὸ ὄν ἧ ὄν[595], d.h Wissenschaft des Seienden, insofern es in seinem Sein ist. Heidegger sucht nach dem Grund, „warum Sein notwendig mit Wahrheit und diese mit jenem zusammengeht?“[596]

5.1 Die Wahrheitsfrage in *Sein und Zeit*

Heideggers Analyse geht vom *tradtionellen Wahrheitsbegriff* aus und versucht dessen ontologische Fundamente freizulegen. Aus diesen Fundamenten heraus zeigt sich das *ursprüngliche* Phänomen der Wahrheit. Von ihm aus lässt sich die *Abkünftigkeit* des traditionellen Wahrheitsbegriffes aufzeigen. Dass Heidegger hier wie auch in *Vom Wesen der Wahrheit*, von der Aussagewahrheit ausgeht, ist eine methodische Notwendigkeit. Heideggers Herkunftslehre geht wie im Allgemeinen vom vermeintlich Ersten aus zum vermeintlich Letzten aufgrund der Vorherrschaft der Vorhandenheitsontologie. In der Tat: Das vermeintlich Erste ist das Letzte und das vermeintlich Letzte das Erste. Daher schreibt Heidegger:
„Was [...] in der Ordnung der existenzial-ontologischen Fundierungszusammenhänge das Letzte ist, gilt ontisch-faktisch als das Erste und Nächste. Dieses Faktum aber gründet hinsichtlich seiner Notwendigkeit

---

[593] Diels, Fragm. 3. Diesen Satz übersetzt Heidegger manchmal so: „Dasselbe ist Denken und Sein.“ vgl. GA 24, 154 f; *Einführung in die Metaphysik*, 104 f; *Was heißt Denken?*, 146; *Der Satz der Identität*, 14. Auffällig ist die Umstellung von ‚Denken‘ und ‚Sein‘ in: GA 24, 444: „Dasselbe ist Sein und Denken.“
[594] Met II 1, 993b 20.
[595] a.a.O., IV 1, 1003a 20.
[596] SZ § 44, 213.

wiederum in der Seinsart des Daseins selbst. Im besorgenden Aufgehen versteht sich das Dasein aus dem innerweltlich Begegnenden."[597]
Diese Formulierung erinnert an die alte auf Aristoteles zurückgehende Unterscheidung zwischen *epistemologischer* und *ontologischer* Rangordnung. Das, was im Erkenntnisprozess als Erstes begegnet, ist das Abgeleitetste nach seinem Ursprünglichhkeitsgrad, das Ursprünglichste ist das Letzte der Erkenntnis.[598]
Die traditionelle Wahrheitsformel, die zum ersten Mal bei Isaak Israels *Buch der Definitionen* vorkommt, lautet: *veritas est adaequatio rei et intellectus.*[599] Wie ist nun, fragt Heidegger, die hier gemeinte Übereinstimmung eigentlich zu verstehen?
Die Antwort wird vorbereitet durch eine Kritik verschiedener zeitgenössischer Auffassungen, insbesondere der sogenannten Bildertheorie. Fragt man nach der Wahrheit der Meinung, so handelt es sich nicht um die Übereinstimmung einer immanenten Vorstellung mit einem transzendenten Sein, sondern auf das Seiende sind wir auch schon in der bloßen Meinung gerichtet. Und wahr ist nun die Meinung, die Aussage dann, wenn sie das Seiende so aufzeigt, „wie es an ihm selbst ist", wenn das Seiende „in Selbigkeit so ist als wie seiend es in der Aussage aufgezeigt, entdeckt wird."[600]
In einer Anmerkung beruft sich Heidegger an dieser Stelle auf die phänomenologische Wahrheitstheorie, wie sie Husserl in seiner VI. *Logischen Untersuchung* entwickelt hatte, und mit Recht. Wie Heideggers Kritik der Bildertheorie nur die Argumentation Husserls wiederholt, so scheint auch seine Bestimmung des Wahrheitsbegriffs zunächst nur diejenige Husserls wieder aufzunehmen. Husserl war durch seine spezifisch phänomenologische Thematik, durch seine neuartige Unterscheidung zwischen den gegenständlichen Inhalten und ihren intentionalen Gegebenheitsweisen sowohl zu seiner Widerlegung der Bildertheorie gekommen als auch zu einer aussichtsreichen Auslegung der Ädäquationsformel. Die Unterscheidung verschiedener Gegebenheits-

[597] a.a.O., 225.
[598] vgl. Kettering, E.: *Nähe*, 105 f.
[599] vgl. hierzu auch *Summa contra gentiles*, liber 1, caput 59; *De veritate*, quaestio 1, art. 1; KrV B 82.
[600] SZ § 44, 218.

weisen desselben Gegenstandes führte zu der Erkenntnis, dass das, was gemäß der Ädäquationsformel mit der Sache übereinzustimmen hat, weder, wie diese Formel es irreführend nahelegt, das Subjekt, noch eine andere Sache sei, sondern dieselbe Sache, nur in anderer Gegebenheit. Auf der einen Seite steht die Sache, wie wir sie meinen, in sogenannter signitiver Gegebenheit, auf der anderen eben diese Sache, wie sie selbst ist. Dieses Selbstsein der Sache ist nicht etwas Erfahrungstranzendentes, sondern selbst nur Korrelat einer ausgezeichneten Gegebenheitsweise: Die Sache, wie sie selbst ist, das ist die Sache, wie sie sich zeigt, wenn sie uns selbst-gegeben ist.

Wenn also Heidegger sagt, die Aussagewahrheit bestehe darin, dass sie das Seiende ‚so' aufzeigt, entdeckt, „wie es an ihm selbst ist", so könnte man zunächst meinen, er wiederhole geradezu die Auffassung Husserls. Demnach wird man das Besondere seines Wahrheitsbegriffs nur zu fassen bekommen, wenn man fragt, wie und warum er sich von demjenigen Husserls unterscheidet. Worin sich Heideggers Auffassung von derjenigen Husserls unterscheidet, lässt sich nur aus den verschiedenen Varianten entnehmen, die er der zuerst gegebenen Bestimmung als äquivalente Formulierungen an die Seite stellt. Die erste Bestimmung lautet: Die Aussage ist wahr, wenn sie das Seiende ‚so' aufzeigt, entdeckt, „wie es an ihm selbst ist". Das ‚So-Wie' wird hier von Heidegger gesperrt. Offensichtlich ist dieses ‚So-Wie' für das Wahrheitsverhältnis wesentlich, denn es bezeichnet die Übereinstimmung des Seienden so, wie es von der Aussage entdeckt wird, mit eben diesem Seienden, „wie es an ihm selbst ist". Um so überraschender ist es, dass Heidegger ohne Begründung nun auch eine Formulierung bringt, in der das ‚So-Wie' fehlt. Er schreibt: „Die Aussage ist *wahr*, bedeutet: sie entdeckt das Seiende an ihm selbst".[601] Die Umformulierung ist jedoch durchaus legitim, sie entspricht im übrigen auch noch ganz der Auffassung Husserls. Denn da die Übereinstimmung, wenn sie zutrifft, eine Identität ist, kann man, wenn die Aussage das Seiende so aufzeigt, wie es selbst ist, auch schlicht sagen: Sie zeigt das Seiende an ihm selbst auf. Das ‚So-Wie' ist in dem „an ihm

---

[601] a.a.O.

selbst" impliziert. Aber Heidegger führt nun in einer dritten Formulierung die Vereinfachung noch um einen Schritt weiter: Er streicht, wieder ohne Begründung, auch das „an ihm selbst". Die Aussage ist wahr, bedeutet jetzt schlichtweg: sie entdeckt das Seiende. Und damit ist die These erreicht: „Wahrsein (Wahrheit) der Aussage muß verstanden werden als Ent-deckend-sein".[602] Erst mit dieser Wendung hat Heidegger sich deutlich von Husserl abgesetzt. Um so merkwürdiger ist es dann aber, dass gerade dieser kleine, aber entscheidende Schritt nicht weiter erläutert wird. Wie kann man ihn verständlich machen?

Als es zunächst hieß, eine Aussage sei dann wahr, wenn das gemeinte Seiende „in Selbigkeit so ist, als wie seiend es in der Aussage aufgezeigt, entdeckt wird", schien noch kein besonderes Gewicht auf dem Wort ‚entdeckt' zu liegen. Als Aufzeigen und Entdecken versteht Heidegger die Aussage überhaupt[603], und was die Wahrheit der Aussage ausmacht, schien nicht die Tatsache zu sein, dass das Seiende von ihr entdeckt wird, sondern wie es von ihr entdeckt wird, nämlich „so wie es an ihm selbst ist". In der letzten Formulierung aber zeigt sich, dass gerade diese Qualifikation, die das Wesentliche ausmachen schien, für Heidegger entbehrlich wird und die Wahrheit im Aufzeigen, Entdecken als solchem besteht.

Nun liegt in Heideggers Charakterisierung der Aussage als ein Aufzeigen und Entdecken in der Tat ein wesentlicher Schritt über Husserl hinaus. Solange man die Aussage statisch als ein Vorstellen oder Meinen versteht wie bei Husserl, kann man natürlich nicht sagen: eine Aussage ist dann wahr, wenn sie das Seiende meint; denn die Art, wie sie das Seiende meint, kann ja auch falsch sein. Man muss also schon sagen: sie ist dann wahr, wenn sie das Seiende so meint, wie es selbst ist. Versteht man hingegen die Aussage als ein Aufzeigen und Entdecken, dann scheint es zu genügen, wenn man ohne weitere Qualifikation sagt: Die Aussage ist dann wahr, wenn sie das Seiende entdeckt. Also liegt es bereits im Entdecken als solchem, dass es, wenn es wirklich ein Entdecken ist, wahr sein muss.

---

[602] a.a.O.
[603] vgl. a.a.O, § 33.

Einerseits stimme ich Tugendhat zu, wenn er schreibt: „Heideggers neue Auffassung der Aussage als ein Entdecken und Entbergen scheint [...], durchaus geeignet, das Verständnis der Aussagewahrheit zu vertiefen. Die funktional-apophantische Auffassung der Aussage ist der statisch intentionalen überlegen. Insbesondere erlaubt diese dynamische Konzeption es dann auch, nicht nur die fertige wahre Aussage, sondern schon das Unterwegssein zur Wahrheit als Entbergen der Sache selbst und damit als Wahrheitsbezug [...] zu verstehen."[604] Andereseits möchte ich Tugendhat entschieden widersprechen, wenn er meint, Heideggers Analyse des Wahrheitsbegriffs in *Sein und Zeit* übergehe das Wahrheitsproblem, indem Heidegger die Wahrheit mit der Erschlossenheit gleichstellt.[605] Tugendhats Fehlschätzung besteht darin, dass er Heideggers Unterscheidung des traditionellen Wahrheitsbegriffs vom ürsprunglichen Phänomen der Wahrheit, die der Unterscheidung zwischen ontischer und ontologischer Wahrheit entspricht, nicht beachtet. Diese Unterscheidung kommt in Heideggers These der Fundierung des traditionellen Wahrheitsbegriffs im ursprünglichen Phänomen der Wahrheit in § 44 b ans Licht. Dies wollen wir nun ausführen.

5.1.1 Die Fundierung der Wahrheit als *veritas* und *certitudo* in der Ἀ-λήθεια

Heideggers Bestimmung der Aussage als Entdeckendsein führt in § 44 b zur Frage nach den Bedingungen der Möglichkeit der Entdecktheit des innerweltichen Seienden in der Aussage. Wieso kann innerweltliches Seiendes für das Dasein entdeckbar sein und wieso kann Dasein entdeckend sein? Darauf antwortet Heidegger:

„Sofern das Dasein wesenhaft seine Erschlossenheit ist, als erschlossenes erschließt und entdeckt, ist es wesenhaft ‚wahr'. *Dasein ist ‚in der Wahrheit'*."[606]

[604] Tugendhat, E.: „Heideggers Idee von Wahrheit", in: O. Pöggeler (Hg.): *Heidegger Perspektiven zur Deutung seines Werkes*, 293.
[605] a.a.O., 296.
[606] a.a.O.

Die Begründung für diese Antwort ist bereits in der Analyse der Weltlichkeit der Welt in § 18 und der existenzialen Analyse des Da in § 29 gegeben worden. Sie hängt wesentlich mit der Seinsproblematik zusammen. Das Dasein, dem es als Existenz um sein Sein geht, ist Selbsterschlossenheit und zugleich als In-der-Welt-Sein Welterschlossenheit. Dasein als Erschlossenheit ist Entwurf, insofern es das Sein des Seienden konstitutiv entwirft. Daher ist dem Dasein ursprünglich alles Seiende gelichtet, insofern es auf das Sein des Seienden bezogen ist. „Mit dem Sein des Daseins und seiner Erschlossenheit ist gleichursprünglich Entdecktheit des innerweltlichen Seienden."[607] Mit Recht spricht Heidegger von einer „veritas transcendentalis"[608] in dem doppelten Sinne, dass a priori jedes Seiende erschlossen ist, als auch, dass diese Erschlossenheit Bedingung der Möglichkeit für Seiendes überhaupt ist. Mit der Rückführung der Aussagewahrheit auf die transzendental-ontologische Wahrheit als ihre apriorische Bedingung weitet Heidegger keineswegs den Wahrheitsbegriff bis zur Unkenntlichkeit aus, sondern führt die klassische Lehre von der Wahrheit als transzendentaler Seinseigenschaft in die neuzeitliche transzendentale Fragestellung ein.

Tugendhat sieht zwar deutlich, dass die Fragestellung auf die Bedingung der Möglichkeit der Aussagewahrheit zielt. Bei diesem Rückgang wird aber in seiner Sicht gefragt: „was dem zunächst als ‚Wahrheit' Vorgegebenen zugrunde liegt, und dies wird dann seinerseits als Wahrheit und als die jeweils ‚ursprünglichere' Wahrheit verstanden. So führt die Frage nach der Bedingung der Möglichkeit [...] zugleich zu einer Erweiterung des Wahrheitsbegriffes."[609]

Hier liegt eine ungerechtfertigte Schlussfolgerung vor. Die Frage nach der Bedingung der Möglichkeit kann ja nicht auf eine ‚Erweiterung'[610] des Begriffes des Bedingten hinauslaufen. Vielmehr muss gefolgert werden: Weil Heidegger sowohl das Bedingte als auch seine Bedingung ‚Wahrheit' nennt, haben wir es mit zwei äquivoken Wahrheitsbegriffen zu

[607] a.a.O., 221.
[608] a.a.O., § 7, 38.
[609] Tugendhat, E.: *Der Wahrheitsbegriff bei Husserl und Heidegger*, 349.
[610] a.a.O., 329, 330, 345, 350 u.a.

tun, keineswegs mit einer unreflektierten ‚Zweideutigket'[611] nach Tugendhat. In seinem Vortrag *Das Ende der Philosophie und die Aufgabe des Denkens* hat Heidegger auf diese Äquivokation hingewiesen, die er jetzt als „nicht sachgemäß und demzufolge irreführend"[612] betrachtet.

„Sofern man Wahrheit im überlieferten ‚natürlichen' Sinn als die am Seienden ausgewiesene Übereinstimmung der Erkenntnis mit dem Seienden versteht, aber auch, sofern die Wahrheit als die Gewißheit des Wissens vom Sein ausgelegt wird, darf die 'Αλήθεια, die Unverborgenheit im Sinne der Lichtung, nicht mit der Wahrheit gleichgesetzt werden. Vielmehr gewährt die 'Αλήθεια, die Unverborgenheit als Lichtung gedacht, erst die Möglichkeit von Wahrheit. Denn die Wahrheit kann selbst ebenso wie Sein und Denken nur im Element der Lichtung das sein, was sie ist. Evidenz, Gewißheit jeder Stufe, jede Art von Verifikation der *veritas*, bewegen sich schon mit dieser im Bereich der waltenden Lichtung."[613]

Aus dem Text geht eindeutig hervor, dass die griechische 'Αλήθεια[614] die Bedingung der Möglichkeit der lateinischen *veritas* und *certitudo* bildet. Nicht das Spätere, sondern das Frühere ist das Primäre. Zwischen beiden besteht ein einseitiges Fundierungsverhältnis.

Dass die von der Aussagewahrheit vorausgesetzte ontologische Wahrheit von Tugendhat völlig übersprungen wird, beweist seine Stellungnahme zur Notwendigkeit der Wahrheitsvoraussetzung. Tugendhat bringt zu Heideggers Satz: „Weil zum Sein des Daseins dieses Sichvoraussetzen gehört, müssen ‚wir' auch ‚uns', als durch Erschlossenheit bestimmt, voraussetzen"[615] folgende Kritik vor: „Die Frage, ob wir voraussetzen können, daß es Wahrheit gibt, wird durch die Gleichsetzung von Wahrheit und Erschlossenheit zur Trivialität: [...] In dieser Argumentation zeigt sich so drastisch wie an keiner anderen Stelle von SuZ, wie Heidegger den spezifischen Wahrheitsbegriff auflöst. Die Frage nach der Möglichkeit der Wahrheit – einer ausgezeichneten Erschlossenheit –

---

611 a.a.O., 333.
612 *Zur Sache des Denkens*, 77.
613 a.a.O., 76.
614 vgl. Inwood, M.: *A Heidegger Dictionary*, 13-15.
615 SZ § 44, 228.

wird mit dem Hinweis auf das allgemeine Faktum der Erschlossenheit überhaupt beantwortet."[616]

Tugendhat interpretiert also Heideggers Aussage als Aussage über die Aussagewahrheit, denn nur von dieser kann gesagt werden, sie sei eine „ausgezeichnete Erschlossenheit." Die Frage nach der Wahrheitsvoraussetzung bewegt sich aber in § 44 c schon längst auf der Ebene der ontologischen Wahrheit, die vorausgesetzt werden muss, wenn es überhaupt Aussagewahrheit geben soll. Nachdem zu Ende des § 44 b festgestellt wurde, dass die ontologische Wahrheit ein Existenzial, also eine a priori vorausgesetzte transzendentale Struktur des daseinsmäßigen Seinsvollzuges ist, stellt sich jetzt die Frage nach dem „Sinn der Wahrheitsvoraussetzung."[617] Der Ansatz zur Beantwortung liegt in der expliziten Definition dessen, was überhaupt transzendental-ontologische Wahrheit besagt: „Nicht wir setzen Wahrheit voraus, sondern *sie* ist es, die ontologisch überhaupt möglich macht, daß wir so *sein* können, daß wir etwas ‚voraussetzen'. Wahrheit *ermöglicht* erst so etwas wie Voraussetzung."[618] Die Erschlossenheit des Seienden gründet in der Selbsterschlossenheit des Daseins; dem Dasein geht es unthematisch immer schon um sein Sein und dadurch hat es Seinsverständnis. Wahrheit des Seienden (Eröffnetheit des Seins des Seienden) ist ursprünglich die Wahrheit, die die Existenz selbst ist. Die Wahrheitsvoraussetzung ist daher im strengsten Sinne transzendental. Daher schreibt Heidegger: „Die Wahrheitsvoraussetzung müssen wir ‚machen', weil sie mit dem Sein des ‚wir' schon ‚gemacht' *ist.*"[619] Indem überhaupt Subjektivität ist, ist der Bereich des Seienden bereits erschlossen, und zwar aufgrund der apriorischen Vorvertrautheit des Seins von Seiendem. Die transzendentale Wahrheit[620] ist diejenige, die „als Erschlossenheit des Daseins"[621] sein muss.

---

[616] Tugendhat, E.: a.a.O., 347, Anm. 30.

[617] SZ § 44 , 227.

[618] a.a.O., 227 f.

[619] a.a.O., 228.

[620] vgl. Die Einführung des Begriffes der transzendentalen Wahrheit: „Jede Erschließung von Sein als des transcendens ist transzendentale Erkenntnis. Phänomenologische Wahrheit (Erschlossenheit von Sein) ist veritas transcendentalis" (SZ § 7, 38).

[621] a.a.O.

Selbstverständlich ist die transzendental-ontologische Wahrheit nur eine notwendige, keinesfalls aber eine hinreichende Bedingung der Aussagewahrheit; es kommt Heidegger nicht darauf an zu zeigen, aus welchen Prinzipien sich die Aussagewahrheit vollständig herleiten lässt, sondern dass die Aussagewahrheit auch durch die ontologische Wahrheit bedingt ist und dadurch die Zusammengehörigkeit von Sein und Wahrheit aufgewiesen ist; gerade darin liegt der hermeneutische Charakter der Heideggerschen Phänomenologie begründet, dass das Sein nicht ein universales Deduktionsprinzip ist.

Diese Auslegung bestätigt sich noch einmal durch die Problematik der Falschheit der Aussage. Nach Tugendhats Interpretation ist es Heideggers Vorstellung, dass eine Aussage dann falsch ist, wenn sie verdeckend ist. Demgegenüber kann kein Zweifel sein: Wenn die wahre Aussage eine solche ist, die sich bewährt, d.h. die das Seiende so zeigt, wie es selbst ist, dann ist die falsche Aussage eine solche, die sich nicht bewährt, d.h. die das Seiende nicht so zeigt, wie es selbst ist. Aber nicht diese Frage steht bei Heidegger im Zentrum des Interesses, sondern die nach der Bedingung der Möglichkeit dafür, dass es Falschheit geben kann. Wie die Aussagewahrheit muss auch die Aussagefalschheit auf der Ebene der *veritas transcendentalis* eine Möglichkeitsbedingung haben. Heidegger sieht diese in der Verfallenheit als wesenhafter Tendenz zur Unwahrheit (Verstelltheit, Verborgenheit). Dieses Verdeckend-sein ist nicht die Definition der Aussagefalschheit, sondern ihre transzendental-ontologische Bedingung. „Das Dasein ist, weil wesenhaft verfallend, seiner Seinsverfassung nach in der ‚Unwahrheit'. Dieser Titel ist hier ebenso wie der Ausdruck ‚Verfallen' ontologisch gebraucht. Jede ontisch negative ‚Wertung' ist bei seinem existenzial-analytischen Gebrauch fernzuhalten. Zur Faktizität des Daseins gehören Verschlossenheit und Verdecktheit. Der volle existenzial-ontologische Sinn des Satzes: ‚Dasein ist in der Wahrheit' sagt gleichursprünglich mit: ‚Dasein ist in der Unwahrheit'. Aber nur sofern Dasein erschlossen ist, ist es auch verschlossen; und sofern mit dem Dasein je schon innerweltliches

Seiendes entdeckt ist, ist dergleichen Seiendes als mögliches innerweltlich Begegnendes verdeckt (verborgen) oder verstellt.“[622]
Im Alpha der ἀ-λήθεια sieht Heidegger ein Alpha-privativum. „Das Seiende wird der Verborgenheit entrissen. Die jeweilige faktische Entdecktheit ist gleichsam immer ein Raub.“[623] Wenn die Göttin der Wahrheit Parmenides vor zwei Wege stellt, den des Entdeckens und den des Verbergens, ist das für Heidegger ein vorontologisches Beweis dafür, dass der Mensch zugleich in der Wahrheit und der Unwahrheit steht.[624]
Aussagewahrheit und –falschheit als Entdecktheit des Seienden so wie es selbst ist bzw. nicht ist, haben also ihren transzendentalen Ursprung in der *veritas transcendentalis*, die zugleich eine Verdeckungstendenz in sich hat. Wenn Tugendhat in seinem Aufsatz zusammenfassend urteilt: „Was Heidegger durch seine *Argumentation* erreicht, ist also nur die Position Husserls, und der entscheidende Schritt über Husserl hinaus wird nicht mehr begründet, ja nicht einmal als eigener Schritt kenntlich gemacht“, so ist insofern zuzustimmen als Heidegger hinsichtlich der Aussagewahrheit prinzipiell die Position von Husserl vertritt. Diese wird als *explanandum* vorausgesetzt. Die Interpretation des Schrittes über Husserl hinaus ist aber ein Missverständnis. Der wirkliche neue Schritt liegt in der *veritas transcendentalis*, und dieser ist ebenso kenntlich gemacht wie begründet. Er ist eine Antwort auf die Frage „worin der ontologische Grund für diesen notwendigen Seinszusammenhang von Aussage und Wahrheit liegt.“[625] Wenn Tugendhat die Heideggersche Theorie von Aussagewahrheit und –falschheit so zusammenfasst: „Eine Aussage ist wahr, wenn sie das Seiende entdeckt, und sie ist falsch, wenn sie es verdeckt“[626], dann wird hier das *explanans* mit dem *explanandum*, die Bedingung mit dem Bedingten, der Grund mit dem Begründeten konfundiert. Wie sich bei Tugendhat diese ontische und die ontologische Ebene verwischen, belegt auch folgende kritische Bemerkung: „Wenn wir nach der Wahrheit einer Sache fragen, fragen wir

[622] a.a.O., 222.
[623] a.a.O.
[624] a.a.O.
[625] a.a.O., 228.
[626] Tugendhat, E.: a.a.O., 333.

weder nach ihrer Offenbarkeit noch nach ihrer Verborgenheit, sondern danach, wie sie selbst ist, und das ist uns (normalerweise) faktisch verborgen, kann uns aber (normalerweise, wenn auch vielleicht nur teilweise) offenbar werden."[627] Durch seine unkritische Orientierung am „spezifischen Wahrheitsbegriff" verfehlt Tugendhat die Absicht Heideggers, nicht die Aussagewahrheit, sondern deren ontologische Bedingung zu bestimmen. Tugendhats „spezifischer Wahrheitsbegriff" stellt nach Gethmann das ständig angeführte Grundkriterium[628] dar, womit er sich mit Heidegger auseinandersetzt. Diesen spezifischen Wahrheitsbegriff bestimmt er wie folgt: „Denn wenngleich er zeigen will, daß es einen weiteren und sogar ursprünglicheren Wahrheitsbegriff gibt, muß sich doch die Rechtmäßigkeit einer Wahrheitsbestimmung zunächst an demjenigen Sinn von Wahrheit ausweisen, der der geläufigste und allgemein anerkannte ist. Daß ein Wahrheitsbegriff auf die Aussagewahrheit paßt, ist die Minimalbedingung, die er erfüllen muß, wenn er überhaupt ein Wahrheitsbegriff sein soll."[629]

Hinsichtlich dieser Verfahrensweise erhebt sich der grundsätzliche Einwand, welche Legitimation die Berufung auf Geläufigkeit und allgemeine Anerkennung hier überhaupt haben kann. Bietet der phänomenologische Wahrheitsbegriff Husserlscher Prägung, der der Heideggerkritik von Tugendhat als „formaler Leitfaden"[630] dient, tatsächlich ein adäquates Vorverständnis? Gerade da Heidegger der Meinung ist, ein ursprünglicheres Wahrheitsphänomen gefunden zu haben, kann man nicht die Aussagewahrheit, von der Heidegger ausgeht, zum Kriterium für den behaupteten Ursprung erheben. Auch wenn also zugestanden wird, dass der Wahrheitsbegriff der Aussage Minimalbedingung für den Erklärungswert einer Wahrheitstheorie ist, muss man bezweifeln, dass damit dieses Wahrheitsphänomen bereits als spezifisch betrachtet werden darf, da Heidegger diese Spezifizität gerade bestreitet. So läuft Tugendhats Interpretation Gefahr, von Vornherein an der Sache vorbeizuführen.

---

[627] a.a.O., 395.

[628] a.a.O., 330, 331, 335, 336, 337, 351, 353, 359, 362, 364, 373, 383, 387, 397, 398, 402, 405; vgl. Gethmann, C.F.: „Zu Heideggers Wahrheitsbegriff", in: *Kant-Studien* 65 (1974) 187.

[629] Tugendhat, E.: a.a.O., 331.

[630] a.a.O., 5.

5.1.2 Die Wahrheit des Seins und die Geschichtlichkeit der Wahrheit

Tugendhats Missverständnis wurzelt offenbar darin, dass er Heideggers Aussagen wie einen Traktat über die Aussagewahrheit interpretiert, während Heideggers knappe Ausführungen einzig den Sinn haben, auf die jede Aussagewahrheit bedingende „Wahrheit des Seins“ hinzuweisen. Dieser Titel nennt den Zusammenhang zwischen Sein und Wahrheit[631], zwischen Fundamentalontologie und Fundamentalaletheiologie.[632] Er soll deutlich machen, dass Sein und Wahrheit keine getrennten Phänomene sind, deren eines der Metaphysik und deren anderes der Logik zugeordnet ist. Beide sind nämlich in ihrem Wesen einig, d.h. ihre Einheit ist die erste und einzige Aufgabe des Denkens, das sich von den vorgegebenen Aussagen über Sein und Wahrheit befreit und deren Grund und Möglichkeit aufzuzeigen sucht. Diese Aufgabenstellung wird mehrfach betont und lässt sich auch am Resultat der Überlegungen zum Wahrheitsbegriff ablesen:

„Das Sein steht in ursprünglichem Zusammenhang mit dem Dasein. Und nur weil Dasein ist als konstituiert durch Erschlossenheit, das heißt durch Befindlichkeit, Verstehen und Rede, kann überhaupt so etwas wie Sein verstanden werden, ist Seinsverständnis möglich. Sein – nicht Seiendes – ‚gibt es‘ nur, sofern Wahrheit ist. Und sie *ist* nur, sofern und solange Dasein ist. Sein und Wahrheit ‚sind‘ gleichursprünglich.“[633]

Damit ist lediglich expliziert, was im Begriff der Sorge als Seinsverständnis bereits mitgesagt ist. Die apriorische Vorvertrautheit vom Sein ist die Bedingung der Möglichkeit für alle ontischen Wahrheitsphänomene, die Aussagewahrheit einschließend. Das Sein jeder Form von Wahrheit gründet in der Wahrheit des Seins. Von dieser Folgerung her mag deutlich sein, wie eine Interpretation des Heideggerschen Wahrheitsverständnisses an seinen Intentionen vorbeisieht, die die Wahrheitsfrage nicht im Zusammenhang mit der Seinsfrage ausein-

---

[631] vgl. Bretschneider, W.: *Sein und Wahrheit*, 1 f.

[632] vgl. Kettering, E.: „Fundamentalontologie und Fundamentalaletheiologie“, in Forum für Philosophie Bad Homburg (Hg.): *Martin Heidegger: Innen- und Außensichten*, 201-214.

[633] SZ § 44, 230.

anderlegt. Gegenüber der Seinsfrage meldet Tugendhat jedoch grundsätzliche Vorbehalte an, wonach bezweifelt werden müsse, „ob, was Heidegger meint, überhaupt noch legitim als ‚Sein' bezeichnet werden kann."[634] Aufgrund dieses Vorbehaltes glaubt Tugendhat, die Seinsfrage für die systematische Interpretation ausklammern zu können, ohne zu beachten, dass dadurch der hermeneutische Sinn des Seinsverständnisses als Universalhorizont, in welchem alles Seiende offenbar ist, aus dem Blick gerät.

Das Sein als Wahrheit hat hermeneutischen Charakter, vor allem in dem Sinn, dass es zwar Horizont der Auslegung, aber nicht Prinzip der Deduktion ist. Als Horizont der Auslegung ist es nur als konstitutives Moment von dieser Auslegung ansprechbar und außerhalb ihrer kann von Sein gar nicht sinnvoll gesprochen werden. Heidegger hebt die hermeneutische Struktur der Wahrheit des Seins in dem Satz heraus: „*Wahrheit ‚gibt es' nur, sofern und solange Dasein ist.*" Danach ist das Seiende in seinem Sein dem Dasein nicht offenbar, wenn es keinen Daseinsvollzug gibt. Die Aussage: Sein ist nur Sein im Vollzug, basiert auf der trivialen, sogar tautologischen Feststellung: Dem Dasein kann nichts offenbar sein, was ihm nicht offenbar ist. In der ekstatisch-transzendentalen Offenheit des Menschen ist die Identität von daseinmäßigem und nichtdaseinsmäßigem Seienden apriori vollzogen. Es besteht „die existenziale Selbigkeit des Erschließens mit dem Erschlossenen." Die Betonung muss hier auf ‚existenzial' liegen: Gemeint ist die ontologische Selbigkeit, die jeder ontischen Differenz begründend und bedingend vorausliegt. Damit ist aber keinesfalls gesagt, dass das Seiende von der Spontaneität des Erkennens abhängig sei. Das Seiende wird im Seinsverständnis überhaupt erst so erschlossen, dass es von der Aussage entdeckt werden kann, denn Seiendes kann immer nur als Seiendes entdeckt werden. Dieser hermeneutische Horizont ist im Seinsverständnis entworfen. Insofern ist das Entdeckte der wahren Aussage durchaus das Seiende, denn dieses wird keineswegs erst durch das Entdecken der Aussage konstituiert, wie Tugendhat interpretiert. Die Als-Struktur der Aussage vom Seienden entsteht nicht erst

[634] Tugendhat, E.: a.a.O., 277, Anm. 13.

durch das Aussagen, sondern ist durch das Seinsvermögen als transzendentale Wahrheit des Seienden ausgemacht.
Im gleichen Sinne versucht Heidegger in § 25 von *Kant und das Problem der Metaphysik* auch die Kantische Unterscheidung von empirischem und transzendentalen Gegenstand, Erscheinung und Ding an sich zu interpretieren. Den transzendentalen Gegenstand nennt Kant X, weil wir nichts von ihm wissen können.
„Es ist aber nicht deshalb nicht wißbar, weil dieses X als ein Seiendes ‚hinter' einer Sicht von Erscheinungen versteckt liegt, sondern weil es schlechthin kein möglicher Gegenstand eines Wissens, d.h. des Besitzes einer Erkenntnis vom Seienden, werden kann. Es kann dergleichen nicht werden, weil es ein Nichts ist."[635]
Das X ist nicht ein Seiendes, das sich von anderem nur dadurch unterscheidet, dass es unerkennbar ist, sondern „seinem Wesen nach reiner Horizont" von Seiendem.
„Das X ist ‚Gegenstand überhaupt'. Das bedeutet nicht: ein allgemeines, unbestimmtes gegenstehendes Seiendes. Dieser Ausdruck meint vielmehr das, was im Vorhinein den Überschlag über alle möglichen Gegenstände als gegenstehende ausmacht, den Horizont eines Gegenstehens. Dieser Horizont ist freilich nicht Gegenstand, sondern ein Nichts, wenn Gegenstand so viel bedeutet wie thematisch erfaßtes Seiendes."[636]
Die Wahrheit, die diesem horizonthaften ‚Gegenstand' entspricht, heißt „transzendentale Wahrheit", weil sie die ursprünglich gelichtete Transzendenz ist, in der das Sein des Seienden vorgängig, d.h. vor jeder Erfassung von Erscheinungen offenbar wird. Der apriorische Horizont des Seins liegt der Zweiheit von Subjekt und Objekt begründend voraus.
„Das ein Erfahren Ermöglichende ermöglicht zugleich das Erfahrbare, bzw. Erfahrene als ein solches. Das sagt: Transzendenz macht einem endlichen Wesen das Seiende an ihm selbst zugänglich."[637]
Das ist Heideggers Umschreibung von Kants oberstem Grundsatz aller synthetischen Urteile:

---

[635] GA 3, 122.
[636] a.a.O., 123.
[637] GA 3, 119.

„Die Bedingungen der Möglichkeit der Erfahrung überhaupt sind zugleich Bedingungen der Möglichkeit der Gegenstände der Erfahrung."[638]
Von dieser hermeneutisch-apriorischen Funktion der transzendentalen Wahrheit her ist Heideggers Aussage in § 44 über die Wahrheit der Gesetze Newtons zu interpretieren. Heidegger will verdeutlichen, dass Dasein überhaupt konstitutiv für Wahrheit ist, weil das Seiende, insofern es durch die Gesetze Newtons überhaupt erst erkannt wird, nicht vorher gewesen sein kann. Der Satz bedeutet nicht, dass das Seiende, das als durch die Gesetze Newtons geregeltes erkannt wird, nicht auch schon vorher gewesen sein kann. Die Wahrheit ist eben nicht nur durch das Dasein, sie ist keine Produktion. Tugendhat ist der Meinung, dass Heidegger hier die faktische Aussage und die Aussage in specie nicht unterscheidet.[639] Dieser Vorwurf ist aber wenig plausibel. Obwohl sich bei Heidegger eine Unterscheidung zwischen konkretem Akt und Aussage in specie nicht findet, wird man sagen dürfen, dass Heidegger überhaupt nur die Aussage in specie behandelt. Die Philosophie betrachtet immer nur das Aussagen in specie als Aussage der transzendentalen Subjektivität. Auch hier gilt, „daß die Philosophie das ‚Apriori' und nicht ‚empirische Tatsachen' als solche zum Thema hat." Insoweit akzeptiert Heidegger die Rede vom „idealen Subjekt". Es kommt Heidegger gerade darauf an, ontische und ontologische Ebene auseinanderzuhalten, wie sich in den Anführungszeichen des „es gibt" zeigt, die hier wie häufig signalisieren sollen, dass ein Ausdruck in ontologischer und nicht in ontischer Bedeutung zu nehmen ist. Der Satz über die Gesetze Newtons will also keineswegs die Überindividualität der Wahrheit leugnen, sondern lediglich ihre Subjektivität unterstreichen. Seiendes ist durch das entwerfende Dasein konstituiert. Daher ist es dem Entwurf selbst a priori offenbar. Wird nun der transzendental-ontologische Konstitutionsprozess vom konstituierten Seienden selbst substrahiert, bleibt lediglich ein X, bei dem es sinnlos ist, über Wahrheit und Falschheit zu sprechen. Es könnte ja erst dadurch in den Bereich möglicher Wahrheit oder Falschheit gelangen, dass es konstituiert würde. Nun tut sich die Frage auf: Wird dadurch nicht aber ein

---

[638] KrV A 158, B 197.
[639] vgl. Tugendhat. E.: *Der Wahrheitsbegriff bei Husserl und Heidegger*, 344 f.

Idealismus der Wahrheit begründet, der jeden gegenständlichen Sinn von Wahrheit aufhebt? Tugendhats Kritik läuft auf diesen Punkt hinaus, wenn er einwendet:

„Wenn ein Sachverhalt, solange er überhaupt nicht bekannt ist, noch nicht wahr ist, dann wäre es wohl auch konsequent zu sagen, daß er aufhört wahr zu sein, wenn er gerade von niemandem beachtet wird, und daß seine Wahrheit wächst, von je mehr Menschen er beachtet wird."[640]

Dieser Verdacht kann nur aufkommen, wenn man der Auffassung ist, die Als-Struktur des Seienden werde durch die Aussage in specie erst konstituiert. Die Als-Struktur des Seienden ist aber nach Heidegger das Seinsverständnis, das die Entdeckungspotenz der Aussage erst begründet. Gerade am Beispiel der Gesetze Newtons demonstriert er den Sinn dieser These sehr treffend. Die Gesetze Newtons sind vor Newton noch nicht wahr, weil das Seinsverständnis, das das von den Gesetzen Newtons betroffende Seiende konstituiert, vor Newton noch nicht gegeben war, sondern der mathematische Seinsentwurf erst am Beginn der Neuzeit gültig wird. Heidegger hat in seiner Schrift *Die Frage nach dem Ding*[641], die Tugendhat nicht berücksichtigt, den Sinn dieser These genauer erläutert. Nicht Heidegger, sondern Tugendhat verwechselt also ontische mit ontologischer Ebene. Dass das Seiende ontisch gesehen vom Aussagevollzug unabhängig ist, ist für Heidegger selbstverständlich.[642] Das Sein des Seienden ist aber vom Seinsverständnis abhängig; nun ist das Seinsverständnis auch Bedingung der Entdeckungspotenz der Aussage; also ist die Wahrheit einer Aussage vom Seinsverständnis abhängig. Aus diesem Grunde ist die Frage, ob die Gesetze Newtons vor Newton wahr waren, inadäquat. Sie wurden durch das mit Newton anbrechende mathematische Seinsverständnis wahr. Die Problematik um die Gesetze Newtons zeigt nämlich, dass der Einsatzpunkt der Frage nach der Geschichtlichkeit der Wahrheit nicht die jeweilige Historizität des menschlichen Selbst- und Weltverständnisses ist, sondern die Bedingtheit durch das Seinsverständnis. Mit der Geschichtlichkeit der Wahrheit ist primär die ontologische Wahrheit

---

[640] a.a.O.
[641] vgl. *Die Frage nach dem Ding*, besonders 59-68.
[642] vgl. SZ § 39, 183; § 44, 230.

angesprochen. Die Wahrheit ist geschichtlich heißt: Die Weise, wie uns Seiendes im Horizont der Wahrheit offenbar ist, hängt in einer schicksalsbestimmenden Weise von unserem Verständnis von Sein ab. Heidegger sieht daher den Sinn der Rede von der Geschichtlichkeit der Wahrheit darin, „daß das Wesen der Wahrheit nicht das leere ‚Generelle' einer ‚abstrakten' Allgemeinheit ist, sondern das sich verbergende Einzige der einmaligen Geschichte der Entbergung des ‚Sinnes' dessen, was wir das Sein nennen und seit langem nur als das Seiende im Ganzen zu bedenken gewohnt sind."[643]

Die Problematik bewegt sich nicht auf der Ebene der Aussagewahrheit, weshalb sich die Frage des historischen Relativismus der Aussagewahrheit gar nicht stellt[644], sondern auf der Ebene der ontologischen Bedingung, auf der es erst möglich wird, das Verhältnis von historischer Bedingtheit und Geltung sowie die spezifische Wahrheitsform historischer Erkenntnis aufzuklären. Es ist daher nicht überraschend, dass Tugendhat feststellt: „Konkrete Überlegungen, wie das geschichtliche Selbstverständnis sich auf die Wahrheit beziehen kann, fehlen [...] bei Heidegger völlig."[645]

Die Wahrheitsfrage, die in *Sein und Zeit* im Rahmen der Existenzialanalytik des Dasein behandelt wurde, nimmt Heidegger in seiner Spätphilosophie sehr in Anspruch. Dem Thema widmet er mehrere Schriften u.a. *Vom Wesen der Wahrheit*, *Platons Lehre von der Wahrheit* etc. In den folgenden Ausführungen wollen wir das Verhältnis des früheren und des späteren Wahrheitsverständnisses Heideggers untersuchen, um Kontinuität und Differenz aufzuzeigen.

5.2 Die Wahrheitsfrage in Vom Wesen der Wahrheit

Die im Jahre 1943 erschienene Schrift *Vom Wesen der Wahrheit* ist ein Vortrag, den Heidegger unter dem gleichen Titel erstmals 1930 hielt und seitdem öfters umgearbeitet hat. Die jetzige Form erfuhr abgesehen von der vollständigen Anmerkung am Schluss eine wiederholte Neufassung.

---

643 *Vom Wesen der Wahrheit*, § 8.
644 Tugendhat, E.: a.a.O., 346.
645 a.a.O., 358.

Darum ist das Jahr 1930 der Beginn eines bewussten und stets neu ansetzenden Denkweges, der das Denken der Kehre in die Wahrheit des Seins zum Ziel hat. Die Kehre ist die Rückkehr Heideggers zu dem Beginn seines eigentlichen Anliegens in *Sein und Zeit*, die in vorsichtigen Worten das anzudeuten und zu sagen versucht, was sich ihm als das Erstzudenkende eröffnet hat: das Sein. Über die Kehre verrät Heidegger selbst: „Ich habe einen früheren Standpunkt verlassen, nicht um dagegen einen anderen einzutauschen, sondern weil auch der vormalige Standort nur ein Aufenthalt war in einem Unterwegs. Das Bleibende im Denken ist der Weg. Und Denkwege bergen in sich das Geheimnisvolle, daß wir sie vorwärts und rückwärts gehen können, daß sogar der Weg zurück erst vorwärts führt."[646] Im Humanismus-Brief heißt es: „Der Vortrag ‚Vom Wesen der Wahrheit', [...], gibt einen gewissen Einblick in das Denken der Kehre von ‚Sein und Zeit' zu ‚Zeit und Sein'. Diese Kehre ist nicht eine Änderung des Standpunktes von ‚Sein und Zeit', sondern in ihr gelangt das versuchte Denken erst in die Ortschaft der Dimension, aus der ‚Sein und Zeit' erfahren ist, und zwar erfahren aus der Grunderfahrung der Seinsvergessenheit."[647]

In *Vom Wesen der Wahrheit* geht Heidegger über die Existenzialanalytik hinaus und untersucht unmittelbar den Bezug des Daseins zum Seienden, insofern es erfahrbar ist, ohne Rücksicht auf die jeweilige Seinsweise des Daseins. Gerade diese ursprüngliche Beziehung des Menschen zum Seienden, die in *Vom Wesen des Grundes* die transzendentale Beziehung genannt wird, ist das eigentliche Thema der Wahrheitschrift. Wir erfahren aus ihr, dass der Mensch immer ursprünglich bei den Dingen ist, das seine Seinsverfassung eben die Ek-sistenz ist, d.h. der Ausstand, das Außer-sich-Sein. Wie dieser Ausstand im einzelnen verstanden ist, was ihn ermöglicht, wird später erörtert werden. Der Begriff der Ek-sistenz wird nun den Platz einnehmen, den in *Sein und Zeit* das In-der-Welt-Sein innehatte; nicht zuletzt auch darum, weil seine etymologische Bedeutung gerade den transzendentalen Charakter des In-der-Welt-Seins unterstreicht.

---

[646] US 98 f; vgl. hierzu auch Thurnher, R.: *Wandlungen der Seinsfrage. Zur Krisis im Denken Heideggers nach ‚Sein und Zeit'*, 10.

[647] Hum 17.

Es bleibt also wahr, dass das In-der-Welt-Sein oder, in der jetzigen Sprache, die Ek-sistenz, für die Wahrheit konstitutiv ist. Aber der Sinn dieser These ist nicht mehr genau derselbe wie in *Sein und Zeit*. Sie bedeutet, dass es ohne Menschen keine Wahrheit gibt, da ohne ihn, der ek-sistierend immer schon ‚außer-sich' ist, keine Entbergung stattfinden kann. Die ontologische Verdoppelung, die die Wahrheit voraussetzt, verweist notwendig auf die Ek-sistenz. Allerdings darf diese Behauptung nicht so verstanden werden, als ob der Mensch den Inhalt der wahren Sätze, die er aussagt, schaffen würde.
In *Sein und Zeit* vertrat Heidegger eine radikalere Auffassung. Von dem alltäglichen Dasein ausgehend und seinen Beschäftigungen, in denen es je schon befangen ist, wurde die Entbergung einzig und allein durch den Entwurf des Daseins bestimmt, der das Seiende freigab, es der Verborgenheit entnahm. In *Vom Wesen der Wahrheit* dagegen ist das Seiende nicht aus der Perspektive des Besorgens her begriffen, sondern erhält eine gewissen Eigenständigkeit, die sich schon dadurch ausdrückt, dass das Sein-bei wesentlich als Offensein-für ... verstanden ist. An Stelle des Entwurfs tritt so gleichsam die Offenständigkeit. Nicht als ob der Entwurfscharakter des Daseins vollständig ausgeschaltet wäre, aber er ist dem Sichunterwerfen unter das Seiende untergeordnet. Das nennt Heidegger das Sein-Lassen. Allerdings, um das Seiende sein zu lassen, bedarf es des Entwurfs des Daseins, aber der Entwurf selbst wird im Sinne des Freilegens des Seienden verstanden, das im offenständigen Verhalten vollzogen wird.
Die These schließlich, dass die Wahrheit unserer Existenz von dem Vermögen abhängt, die Wahrheit zu ermöglichen, wird beibehalten, aber in einer etwas gewandelten Bedeutung. Die Entdeckung des Seienden als solchem und im Ganzen, worin alles Wahre verwurzelt ist, ist abhängig vom Sein-Lassen, das es nicht zulässt, das gerade offenbare Seiende des alltäglichen Besorgens für das Seiende schlechthin auszugeben. Um das Seiende als solches im Ganzen entbergen zu können, müssen wir vor dem jeweilig im Besorgen gegebenen Seienden zurücktreten. Das Dasein im Sinne des ek-sistenten Außer-sich-Seins vermag in dem Maße zu entbergen und so Wahrheit zu besitzen, als es ek-sistiert. Heidegger kann nun unzweideutig behaupten, es gibt Wahr-

heit, weil ich in Wahrheit bin, der ich bin. Mit anderen Worten: Wenn für Heidegger das Dasein *lumen naturale* ist, so bedeutet das nicht, dass es dem Seienden jeglichen Sinn verleiht, sondern bloß, dass es als ekstatisches Seiendes die Rolle eines Anzeigers innehat, der die dem Seienden innewohnende Bedeutung zum Vorschein kommen lässt.

Hier eröffnet sich eine neue Problematik. Die Bedeutung des einzelnen Seienden ist unabtrennbar von der Bedeutung des Seienden als solchem im Ganzen. Zwischen beiden herrscht eine dialektische Beziehung. So kommt es, dass der Mensch im tagtäglichen Umgang mit dem einzelnen Seienden einen gewissen Bezug zum Seienden im Ganzen aufrecht erhält, ohne eigentlich darum zu wissen. Das Kennzeichen dieses verfallenen Daseins besteht darin, dass es ständig den Bezug zum Seienden im Ganzen vergisst, indem es sich mit dem jeweilig gegenwärtigen Seienden abgibt, sich ihm hingibt, an es verliert. Infolgedessen versieht sich das Dasein selbst am jeweilig gegebenen Seienden, da dieses ständig einen gewissen Bezug zum Seienden im Ganzen voraussetzt. So wird es verständlich, wie das echte Dasein, im Sinne des Sein-Lassens des Seienden im Ganzen, die Voraussetzung für die Entbergung des Seienden ist.

Aus dem Gesagten geht hervor, dass es nun ein eigenes Problem der Un-wahrheit gibt, da es eine ursprüngliche Un-wahrheit gibt. Die Unwahrheit ist nicht einfach eine Lüge. Sie bildet wie in *Sein und Zeit* das dialektische Gegenstück zur Wahrheit. Wenn die Wahrheit im Entbergen des Seienden besteht, welches Entbergen aber gerade im Bezug zum einzelnen Seienden vollzogen wird, und wenn andererseits gerade durch den Bezug zum jeweilig gegenwärtigen Seienden das Seiende im Ganzen in Vergessenheit gerät, dann ist jegliches Entbergen notwendig zugleich ein Verbergen. Je mehr sich das Dasein nur an ein Element dieses Bezugsganzen klammert, um so mehr gerät es in die Irre, genauer gesprochen, um so irriger wird sein Gang in der Irre.

5.2.1 Rückgang zum Wesen der Wahrheit

Der erste Satz des Vortrages nennt unmittelbar das Thema: „Vom Wesen der Wahrheit ist die Rede.“[648] Es gilt zunächst zu sehen, was dort das Wort ‚Wesen‘ heißt. Heidegger erläutert es, indem er sagt, worum sich die Frage nach dem Wesen ‚nicht‘ kümmert. Das erscheint anfechtbar. Durch das, was etwas nicht ist, kann es doch nicht bestimmt werden, das verbietet das Gesetz der Logik. Aber es handelt sich hier nicht um eine Definition, sondern darum, wie das Fragen nach dem Wesen der Wahrheit vorgehen muss. Wenn Heidegger damit beginnt, worum sich die Frage nach dem Wesen der Wahrheit nicht kümmert, so hat das seinen Grund in der Art des Wesensblickes als solchen. Jede Wesensfrage ist in sich doppelwendig. Sie ist ein Absehen von ..., das zugleich ein Hinsehen auf ... ist. Das Absehen muss erfolgen, sobald der Wesensblick seine Bahn eröffnet hat, um diese Bahn rein zu erhalten. Das Wesentliche ist nie und nimmer ein Selbstverständliches, das sich dem Blick unmittelbar darböte, vielmehr muss alles unmittelbar Sich-Darbietende ferngehalten werden. So betrifft im vorliegenden Falle das Absehen von ..., das im ‚nicht‘ ausgesprochen ist, die vielfältigen Wahrheiten „der praktischen Lebenserfahrung“, „wirtschaftlichen Berechnung“, „technischen Überlegung“, „politischen Klugheit“, wissenschaftlichen Forschung“, „künstlerischen Gestaltung“, „denkerischen Besinnung“ und des „kultischen Glaubens“. Diese Wahrheiten werden der phänomenologische Methode nach ausgeblendet, nicht weil sie unwichtig wären, sondern weil sie die hier zu erörternde Wesensfrage nicht vorbereiten können. Die Abweisung des ‚nicht‘ bezieht sich nicht auf eine bloße Aufzählung verschiedener Möglichkeiten, sie versperrt vielmehr die Wege, die wir unmittelbar einzuschlagen bereit sind. Bleibt aber überhaupt noch etwas übrig, wenn all diese Betrachtung außer Acht gelassen werden? Der erste Absatz endet mit der Kennzeichnung der Bahn des Wesensblickes:

„Von alldem sieht die Wesensfrage weg und blickt in das Eine hinaus, was jede ‚Wahrheit‘ überhaupt als Wahrheit auszeichnet.“[649]

---

[648] *Vom Wesen der Wahrheit*, 5.
[649] a.a.O.

Indem Heidegger so vorgeht, bringt er die Frage selbst in Gang und zugleich die Einwendungen des Denkens, das sich nur an das allzeit Nahe und Nächste klammert. Diesem Überlegen scheint es, dass die Wesensfrage darum, worauf es eigentlich ankommt, unbekümmert ist. Im zweiten Absatz wird dem gewöhnlichen Denken das Wort gegeben. Alle Einwände, die das gewöhnliche Denken gegen die Wesenfrage hat und die gerade darin gründen, dass die Wesensfrage von den allernächsten und für das alltägliche Leben dringlichsten Fragen absieht, werden vorgebracht. Sie gipfeln in der Frage:

„Ist die Wesensfrage nicht das Unwesentlichste und das Unverbindlichste, was überhaupt gefragt werden kann?"[650]

Die Wesensfrage muss dem gewöhnlichen Meinen als das Unverbindlichste erscheinen, weil sich das gewöhnliche Meinen immer dem unmittelbar Dringlichen und Fasslichen zuwendet und alles nicht unmittelbar Gegebene und Erfahrene eben als unwesentlich ansieht. Es hat mit seinem Bereich nichts zu tun. Der gewöhnliche Bereich wird aber wie selbstverständlich als der Bereich des Wirklichen ausgesprochen, weil sich darin alles gewöhnliche Wirken und Bewirken vollzieht. Der Frage nach dem Wesen der Wahrheit muss das gewöhnliche Meinen die Frage nach der ‚wirklichen' Wahrheit entgegenstellen. Der Bereich des Wirklichen als Bereich des unmittelbaren Wirkens und der Bereich des Wirklichen als des Wesenhaften klaffen auseinander. Aus diesem Grund ist notwendigerweise der Bereich des Wesenhaften für die gewöhnliche Auffassung unverbindlich.

Im dritten Absatz erfahren wir die Stellungnahme des eigentlichen Denkens zu diesen Einwänden. Es widerlegt sie sich nicht durch Gegeneinwände, im Gegenteil, es erkennt sie an: „Niemand wird sich der einleuchtenden Sicherheit dieser Bedenken entziehen. Keiner darf den drängenden Ernst dieser Bedenken leichthin mißachten."[651] Aber mit diesem Anerkennen ist zugleich ein Erkennen dessen verbunden, der sich in ihnen ausspricht, nämlich des gesunden Menschenverstandes. Er wird gleich charakterisiert als das Meinen, das sich auf den unmittelbar handgreiflichen Nutzen versteift. Durch das Bloßstellen des Trägers der

[650] a.a.O.
[651] a.a.O.

Meinung, der die Vorwürfe gegen die Wesensfrage vorgebracht hat, werden diese Vorwürfe grundsätzlicher widerlegt als durch eine Auseinandersetzung mit ihnen, die an und für sich unmöglich ist, eben weil die beiden Bereiche auseinanderklaffen.

Der vierte Absatz bringt eine nähere Kennzeichnung des gemeinen Menschenverstandes. Zunächst wird darauf hingewiesen, dass er eine gewisse Berechtigung, ja Notwendigkeit besitzt. Während das gewöhnliche Meinen das eigentliche Denken einfach ablehnt, da es ihm unmöglich ist, zu erfassen, was in ihm geschieht, erkennt das eigentliche Denken dem gewöhnlichen Meinen eine bestimmte Notwendigkeit zu. Es liegt ihm ferne, das gewöhnliche Meinen einfach leugnen zu wollen, also diesselbe Waffe gegen es anzuwenden, die das Meinen gegen das Denken richtet. Aber die Rechtfertigung der gewöhnlichen Meinung ist zugleich ihre Bloßstellung. Sie hat zur Folge, dass die Argumente der gewöhnlichen Meinung ihre Kraft verlieren, denn diese Argumente sind nur so lange wirksam, als der Bereich des gewöhnlichen Meinens das Recht beanspruchen kann, der ausschließliche und wesentliche Bereich zu sein. So wird die gefährlichste Waffe des gemeinen Menschenverstandes wirkungslos, nämlich „die Berufung auf das ‚Selbstverständliche' seiner Ansprüche und Bedenken."[652]

Das Selbstverständliche ist der Gegensatz zum Fragwürdigen. Dort, wo die Fragwürdigkeit aufzubrechen droht, wird sie durch die Selbstverständlichkeit niedergehalten. Ein wesentlicher Gegensatz zwischen dem Meinen und Denken besteht darin, dass ersteres für die eigentliche Fragwürdigkeit blind ist, während letzteres zuinnerst ein Stehen in der Fragwürdigkeit ist. Dieser Gegensatz zeigt die Unmöglichkeit eines Zwiegesprächs zwischen beiden. Denn das, was vom eigentlichen Denken vorgebracht wird, kann vom gewöhnlichen gar nicht begriffen, geschweige denn überlegt werden. Es müsste sonst seinen Standpunkt der Selbstverständlichkeit aufgeben und damit sich selbst. Darum schreibt Heidegger:

„Die Philosophie jedoch kann den gemeinen Verstand nie widerlegen, weil er für ihre Sprache taub ist. Sie darf ihn nicht einmal widerlegen

---

[652] a.a.O., 6.

wollen, weil der gemeine Verstand blind ist für das, was sie vor den Wesensblick stellt."[653]

Nach dem im vierten Absatz der gemeine Verstand bloßgestellt wurde, wendet sich der Denker im fünften gegen uns, die wir den Text lesen. Er wirft uns vor, dass wir selbst auf der Ebene des gemeinen Menschenverstandes stehen. Statt um unsere Gunst und Zustimmung zu werben, was gewöhnlich getan wird, wehrt er, uns warnend, jede Zustimmung ab. Diese Abwehr und Warnung ist notwendig, wenn wir zu dem Fragen der Wesensfrage gelangen sollen und nicht bloß zu einer Abart des gesunden Menschenverstandes, der sich fälschlich das Ansehen des echten Denkens verleiht. Die Gefahr besteht, dass wir gleich zu Beginn in eine falsche Bahn geraten, in der der gesunde Verstand nur zum Schein überwunden ist durch eine äußerliche Zustimmung zu der Einstellung des Denkers. Davor werden wir gewarnt. Gerade nicht auf die Zustimmung kommt es dem Denker an, nicht auf ein Gutheißen seiner Gedanken, sondern darauf, dass das Fragwürdige uns unmittelbar in seiner Bedrohlichkeit anspricht, unseren gesicherten Stand erschüttert. Dann kann die Notwendigkeit des Fragens aus unserem Sein selbst entspringen. Das ist jedoch nicht möglich, solange wir uns in den verschiedenen Wahrheiten gesichert fühlen und nur oberflächlich mit der philosophischen Fragen in Berührung treten wollen.

Im sechsten Absatz ist nicht zufällig alles in der Man-Form gesprochen. Es ist wieder der gesunde Menschenverstand, der sich zu Wort meldet. Er will gleichsam beweisen, dass er durchaus nicht jedes Fragen ablehnt. Aus der Fragestellung, die er anerkennt, wird aber unmittelbar ersichtlich, dass die Frage nach dem Wesen der Wahrheit ihm fremd bleibt. Was ihn interessiert, ist nicht das Wesen der Wahrheit, sondern eine Wahrheit, die ihn über die gegenwärtige Situation aufklärt. Er will wissen, wo er steht, wie es um ihn steht, und zwar immer heute, denn es gibt doch für ihn nichts Dringlicheres als das Aktuelle. Die eigentliche Schwere der Zeit liegt für ihn in der Gegenwart. Andererseits soll, gerade um den heutigen Stand zu verstehen, der Sinn der Geschichte klargelegt, ihr Ziel angegeben werden. Als ob überhaupt schon

[653] a.a.O.

feststünde, was Geschichte heißt und mit welchem Recht hier von einem Ziel gesprochen werden kann. Aus der Art, wie er die Fragen stellt, ist schon ersichtlich, dass ihm die echte Fragwürdigkeit fremd bleibt, da er in seiner Eile statt Fragen immer schon Antworten fordert, während das wesentliche Denken zuinnerst frag-würdig bleibt. Er hat den Vorwurf des philosophischen Denkens nicht verstanden. Ihn interessiert lediglich das unmittelbar Wirkliche, im diesem Fall die „wirkliche Wahrheit".

Im siebten Absatz verweist Heidegger darauf, dass der gesunde Verstand, um nach der „wirklichen Wahrheit" fragen zu können, schon wissen muss, was Wahrheit ist. Er zeigt, dass es durchaus nicht möglich ist, sich nur an das Nächste zu klammern, dass das wahre Verständnis dessen, was das Nächste ist, schon ein viel umgreifenderes und tieferes Verständnis des scheinbar Fernliegenden voraussetzt, das das Meinen als Unwesentliches abtut. In diesem Absatz wird uns endgültig der Boden der gemeinen Einstellung, in der wir uns gesichert fühlen, unter den Füßen entrissen. Wir erfahren die Notwendigkeit einer Umstellung, wodurch wir die natürliche Einstellung verlassen. Das ist der Sinn der Einleitung des Vortrages.

Im ersten Abschnitt des Vortrags wird der geläufige Wahrheitsbegriff auseinandergelegt. Was dem traditionellen Denken als selbstverständlich und weiter keiner Begründung bedürftigt erscheint, wird für Heidegger gerade der Anlass zur eigentlichen Fragestellung. Der geläufige Wahrheitsbegriff erklärt sich durch die Idee der Übereinstimmung. Das Wahre ist jeweils das Stimmende. Was aber stimmt, ist einmal die Sache, einmal der Satz. Die Sache stimmt mit der Vor-meinung überein, die wir von ihr haben; sie stimmt damit überein, wofür wir sie je schon gehalten haben. Das Stimmen des Satzes wird als Übereinstimmen der Aussage mit dem, worüber ausgesagt wird, aufgefasst:

„Das Wahre, sei es eine wahre Sache oder ein wahrer Satz, ist das, was stimmt, das Stimmende. Wahrsein und Wahrheit bedeuten hier Stimmen, und zwar in der gedoppelten Weise: einmal die Einstimmigkeit einer Sache mit dem über sie Vorgemeinten und zum andern die Übereinstimmung des in der Aussage Gemeinten mit der Sache."[654]

[654] a.a.O., 7.

Diese Struktur des gewöhnlichen Wahrheitsbegriffes wird von Heidegger zunächst auf ihren mittelalterlichen und aristotelischen Ursprung zurückgeführt. Das Kennzeichen des mittelalterlichen Wahrheitsbegriffes ist die Bestimmung der Wahrheit von der Richtigkeit her. Was die Wahrheit als Wahrheit auszeichnet, ist, dass sie durch das Sich-Richten bestimmt wird. Dieses Sich-Richten ist in sich gedoppelt wie die mittelalterliche Bestimmung selbst: *adaequatio rei (creandae) ad intellectum (divinum) und aedaquatio intellectus (humani) ad rem (creatam)*. Heidegger verweist ausdrücklich daraufhin, dass hierbei die res und der intellectus jedesmal verschieden gedacht ist. In der ersten Formel ist res die Gesamtheit des geschaffenen Seienden als Geschaffenem, der intellectus ist der Schöpferverstand Gottes, der in seinem Denken und durch es das Geschaffene entstehen lässt. In der zweiten Formel ist intellectus der menschliche Verstand, der sich in seinem Erkennen dem Erkannten angleicht. Während gewöhnlich bloß die zweite Formel der Richtigkeit hervorgehoben wird, nämlich die Angleichung des Denkens an die gedachte Sache, zeigt Heidegger gerade, wie dieser zweiten Formel der adaequatio die erste zugrunde liegt. Weil das Seiende als von Gott Geschaffenes aufgefasst wird, und weil hierbei sowohl der menschliche Verstand als auch die Dinge, die er erkennt, der göttlichen Idee gemäß sein müssen, deswegen ist es möglich, dass der menschliche Verstand sich nach den Dingen richtet. „Veritas meint im Wesen überall die convenientia, das Übereinkommen des Seienden unter sich als eines Geschaffenen mit dem Schöpfer, ein ‚Stimmen' nach der Bestimmung der Schöpfungsordnung."[655]

Im säkularisierten Verständnis von Sach- und Satzwahrheit, in dem an die Stelle der Schöpfungsordnung die vernüftige Weltordnung tritt, übernimmt diese aber die Rolle des Garanten der Übereinstimmung. Heidegger versucht daher zu zeigen, wie die Wahrheitsbestimmung im Sinne der adaequatio intellectus ad rem sich verselbständigt. Das hat zur Folge, dass der Satzwahrheit als etwas Evidentes dargestellt wird, das keiner weiteren Rechtfertigung mehr bedarf. Die Sachwahrheit ihrerseits wird aufgefasst als „die Einstimmigkeit des vorhandenen

[655] a.a.O., 8.

Dinges mit seinem ‚vernüftigen' Wesensbegriff."[656] Damit geht das Wesen der Wahrheit seiner innersten Geschichtlichkeit verlustig, die Wahrheit wird als etwas ein für allemal Festgelegtes angesehen, das weiter keiner Begründung bedarf. Und schließlich setzt sich dadurch die Auffassung durch, die Bestimmung des Wesens der Wahrheit als Übereinstimmung und Richtigkeit sei unabhängig von der Auslegung des Wesens des Seins alles Seienden, so dass die Wahrheitsproblematik aus der Ontologie herausgelöst und ausschließlich in der Blickbahn der Logik und Erkenntnistheorie thematisiert wird. Die wesentliche Verbindung der Bestimmung des Seins des Seienden und des Wesens der Wahrheit darf nicht aus dem Blick verloren werden. Beide sind Heidegger zufolge nicht ohne einander zu denken. Das Wesen der Wahrheit ist nicht zu trennen von dem Eröffnen des Seienden im Ganzen, welches wiederum ein bestimmtes Begreifen des Wesens des Menschen einschließt.

Im zweiten Abschnitt wird der Begriff nach der inneren Ermöglichung der Übereinstimmung befragt. Es geht also um die Freilegung des Grundes, in dem die Übereinstimmung selbst erst ermöglicht wird. Heidegger stellt zunächst zwei Weisen der Übereinstimmung heraus: die Übereinstimmung zwischen zwei oder mehreren Dingen und die Übereinstimmung zwischen Aussage und Ding. Mehrere Dinge stimmen überein will sagen: Ihr Aussehen ist das gleiche. Die Gleichheit des Aussehens ermöglicht die Übereinstimmung. Bei dem Verhältnis zwischen Aussage und Ding steht es nicht so einfach. Die seit jeher als selbstverständlich geltende Ansicht, die Aussage gleiche sich dem Ding an wird plötzlich fraglich. Die Ungleichheit von Aussage und Sache ihrer Seinsart nach ist so groß, dass sie keine mögliche Übereinstimmung zuzulassen scheint. „Worin sollen aber das Ding und die Aussage übereinkommen, wo doch die Bezogenen offensichtlich in ihrem Aussehen verschieden sind? Das Geldstück ist Metall. Die Aussage ist überhaupt nicht stofflich. Das Geldstück ist rund. Die Aussage hat überhaupt nicht die Art eines Räumlichen. [...] Aber trotz aller Ungleichheit beider stimmt die genannte Aussage als wahre überein mit dem Geldstück. Und dieses Stimmen soll

[656] a.a.O., 9.

nach dem geläufigen Begriff der Wahrheit eine Angleichung sein. Wie kann das völlig Ungleiche, die Aussage, an das Geldstück angleichen?“[657] Heidegger verweist darauf, dass Angleichung hier nicht dasselbe besagen kann wie in dem Falle, wo es sich um zwei dingliche Seiende handelt. „In der Angleichung muß die Aussage bleiben, ja sogar erst werden, was sie ist. Worin besteht ihr von jeglichem Ding durchaus verschiedenes Wesen? Wie vermag die Aussage gerade durch ein Beharren auf ihrem Wesen einem Anderen, dem Ding, sich anzugleichen?“[658] Angleichung meint hier eine bestimmte Weise der Beziehung zwischen der Aussage und dem Ding, über das ausgesagt wird. Das Wesen dieser Beziehung stellt Heidegger zur Erörterung.

Durch die zwischen Aussage und Ding waltende Beziehung stellt der Aussagende das Ding vor: „Die Aussage über das Geldstück bezieht ‚sich‘ aber auf dieses Ding, indem sie es vor-stellt und vom Vorgestellten sagt, wie es mit ihm nach der je leitenden Hinsicht bestellt sei.“[659] Wenn Heidegger Vor-stellen mit einem Bindestrich schreibt, so will er dadurch die ursprüngliche Bedeutung dieses Wortes herausstellen, gegenüber der psychologischen Auffassung der Repräsentation, der bloßen Vorstellung. Das Vorgestellte ist nicht ein Bewusstseinsinhalt in der Kapsel des Bewusstseins, sondern das Ding selbst. Im Vor-stellen und durch es zeigt sich das Ding, so wie es ist. Vor-stellen heißt: „Entgegenstehenlassen des Dinges als Gegenstand.“[660]

Damit etwas als Entgegenstehendes sein kann, muss es, obzwar vom Vor-stellenden getrennt, ihm doch irgendwie bekannt sein. Dies ist nur möglich, wenn das Entgegenstehende in einem Bereich steht, der das darin Befindliche nicht verschließt, sondern zum Vorschein kommen lässt. Diesen Bereich nennt Heidegger das Offene. Die Offenheit des Offenen, könnte man meinen, wird durch das vorstellende Verhalten des Menschen geschaffen. Keinesfalls! Die Offenheit ist nicht ein Ergebnis des Vorstellens, sondern gerade dessen Bedingung der Möglichkeit, d.h. die Offenheit wird nicht vom Menschen geschaffen, sondern der Mensch

657 a.a.O., 10 f.
658 a.a.O., 11.
659 a.a.O., 11.
660 a.a.O.

ist Mensch bloß durch den Bezug zum Offenen. Die Voraussetzung für das Vorstellen ist, dass der Vorstellende selbst innerhalb einer Öffnung steht, innerhalb der ihm etwas Offenbares begegnen kann. Zu Unrecht meint Tugendhat, indem Heidegger die Offenheit als solche zum Maß nehme, verfehle er gerade den spezifischen Sinn von Wahrheit, der darin bestehe, ein Kriterium zu liefern, um zwischen wahr und falsch unterscheiden zu können. [661] Darum geht es Heidegger in *Vom Wesen der Wahrheit* wie auch in *Sein und Zeit* gar nicht. Diese Kritik entpuppt sich wieder als eine Verkennung der ontologischen Absicht Heideggers, nach dem Wesen der Wahrheit zu fragen.

Der Bezug des Vorstellenden zum Bereich des Offenen, das Stehen in der Lichtung des Offenen, ist die Offenständigkeit. Weil der Mensch von Haus aus offenständig ist, kann sich sein Aussagen nach dem Seienden richten, kann er es vor-stellen und vom Vor-gestellten sagen, wie es beschaffen ist. Das Wahre als das Richtige ist so zurückgeführt auf das, was es als Richtiges ermöglicht: die Offenständigkeit. Nur auf Grund der Offenständigkeit ist der Bezug des Aussagenden zum Ding möglich, der eine Angleichung, ein Sich-Richten sein kann, oder, wie Heidegger auch sagt, die Anweisung eines Richtmaßes, wonach die Aussage sich richten muss.

„Wenn aber nur durch die Offenständigkeit des Verhaltens die Richtigkeit (Wahrheit) der Aussage möglich wird, dann muß das, was die Richtigkeit erst ermöglicht, mit ursprünglicherem Recht als das Wesen der Wahrheit gelten."[662]

Die Frage nach dem Wesen der Übereinstimmung führt so zurück auf das Verhalten, in dem der Mensch offenständig ist, im Offenen steht und so das Offenbare als Richtmaß für sein Aussagen anerkennt. Damit ist aber die selbstverständliche Auffassung, der Wesensort der Wahrheit sei die Aussage, hinfällig geworden. Die Frage, die weiter entfaltet werden soll, ist diejenige „nach dem Grund der inneren Möglichkeit des offen-

---

[661] vgl. Tugendhat, E.: a.a.O., 371-387; Kettering, E.: „Fundamentalontologie und Fundamentalaletheiologie", in: Forum für Philosophie Bad Homburg (Hg.): *Martin Heidegger: Innen- und Außenansichten*, 202-203.

[662] WW 12.

ständigen und ein Richtmaß vorgebenden Verhaltens."[663] Durch den nun zu vollziehenden Schritt wird sich auch aufklären, wieso die bisherige Wahrheitsauffassung sich als wesensgerechte ausgeben konnte.

5.2.2 Wahrheit und Freiheit

Der dritte Abschnitt trägt den Titel „Der Grund der Ermöglichung einer Richtigkeit"; darin ist schon die bisher vollzogene Schrittfolge des Denkens zusammengefasst. Der gewöhnliche Wahrheitsbegriff hatte sich als Richtigkeit erwiesen. Was jedoch eine Richtigkeit im Sinne der Übereinstimmung ermöglicht, war Offenständigkeit. Die Frage wird nun weiter vorgetrieben nach der Möglichkeit der Offenständigkeit, nach dem Grund, der allererst eine Richtigkeit trägt. Zu Beginn des Abschnitts fasst Heidegger in Form von Fragen das zusammen, was in der Frage steht, was erörtert werden muss. Diese Fragen betreffen das für die Offenständigkeit kennzeichnende Verhalten und seine Beziehung zum Wesen der Wahrheit.

Die Offenständigkeit zeigte sich als „Vorgabe einer Richte", wodurch allererst so etwas wie ein Stimmen möglich wird. „Das Sich-freigeben für eine bindende Richte ist nur möglich als Freisein zum Offenbaren eines Offenen."[664] In diesem Freisein erfahren wir das bisher verborgen gebliebene Wesen der Freiheit.

„Die Offenständigkeit des Verhaltens als innere Ermöglichung der Richtigkeit gründet in der Freiheit. *Das Wesen der Wahrheit ist die Freiheit.*"[665]

Mit dem Aufdecken des Wesens der Freiheit als Grund des Wesens der Wahrheit ist ein entscheidender Schritt vollzogen, der unmittelbar gar nicht verstanden werden kann. Deswegen lässt Heidegger gleich nach dem angeführten Satz die Einwände dagegen zu Wort kommen. Es sind keineswegs rhetorische Einwände, sondern vielmehr Einwände, die wir alle spontan vorbringen, da wir das Wesen der Freiheit nach der gewöhnlichen Auffassung gemäß denken.

663 a.a.O., 13.
664 a.a.O., 12.
665 a.a.O., 13.

Die traditionelle Auffassung sträubt sich gegen die aufgestellte Wesensumschreibung der Wahrheit, weil sie meint, die Wahrheit würde dadurch verdorben, verlöre ihren Ewigkeitswert, würde subjektiviert. Wohl wird die Unwahrheit dem Menschen zugerechnet, nicht aber darf die Wahrheit in Zusammenhang mit dem Wesen des Menschen gebracht werden. Die Einwände beruhen alle auf einer ungeprüften Voraussetzung: „Die Freiheit ist eine Eigenschaft des Menschen. Das Wesen der Freiheit braucht und duldet keine weitere Befragung. Was der Mensch sei, weiß jedermann."[666] Entgegen dieser Meinung kommt es gerade darauf an, das Wesen der Freiheit in die Frage zu stellen und somit zugleich das Wesen des Menschen.

Nicht erst seit Hegel darf in der Philosophie nichts als selbstverständlich gelten. Die Philosophie entzündet sich sogar gerade dort und dann, wo und wann die Selbstverständlichkeit erschüttert, in Frage gestellt wird. War denn nicht eine der reichen Quellen der Platonischen Philosophie der erbarmungslose Kampf gegen die Meinung (doxa)? Ist seitdem der Kampf gegen verwurzelte Vorstellungen und unbegründete Vormeinungen nicht eine dauernde und lebenswichtige Aufgabe der Philosophie geblieben, liegt darin nicht ihre elementare Erfahrung, heute nicht weniger verpflichtend als früher? Um den echten Sinn und die Tragweite des Heideggerschen Satzes über den Wesenszusammenhang zwischen Wahrheit und Freiheit zu verstehen, um folglich die neue Dimension der Freiheitsfrage, in die sie Heidegger verlegt und in der sie behandelt, in ihrer vollen Bedeutung zu erschließen, muss man alle jene Vormeinungen verlassen, in deren Netz die Freiheit als philosophisches Problem gefangen und verstrickt ist. Hinzuzufügen ist folgendes: eine unerläßliche Bedingung des Verstehens des Wesens der Wahrheit als Freiheit stellt die Bereitschaft dar, die Wandlung des Denkens zu vollziehen. Alles kommt auf diese Bereitschaft an und alles steht auf dem Spiel, wenn es diese nicht gibt oder wenn sie vielleicht nicht möglich ist.

Im vierten Abschnitt wird das Wesen der Freiheit im Zusammenhang mit dem Wesen der Wahrheit zur Erörterung gestellt. Nach dem Vorblick auf den zu vollziehenden Gang wird der im dritten Abschnitt eingeführte

[666] a.a.O., 14.

Begriff der Freiheit auseinandergelegt. Die Freiheit bestimmt das Wesen der Offenständigkeit. Die Offenständigkeit ist das Stehen im Offenen, wobei dem so Stehenden jeweils das Seiende als Offenbares begegnet. Es kann ihm nur begegnen, weil er das Seiende sein lässt. Die Freiheit als Freiheit für das Offenbare bestimmt sich jetzt näher eben als „das Seinlassen von Seiendem."[667] Nach der Abweisung der wieder unmittelbar sich aufdrängenden Missverständnisse, die dieser Ausdruck hervorruft, nämlich in der gängigen, negativen Bedeutung, legt Heidegger den eigentlichen Sinn auseinander. Demgemäß ist das Sein-Lassen nicht Absehen von ..., sondern „das Sicheinlassen auf das Seiende", und zwar nicht auf dieses und jenes Seiende, sondern auf das Seiende als Seiendes. Dieses Sicheinlassen darf wiederum nicht in der Weise des Sorgens für ... verstanden werden, sondern als „sich einlassen auf das Offene und dessen Offenheit, in die jegliches Seiende hereinsteht, das jene gleichsam mit sich bringt. Dieses Offene hat das abendländische Denken in seinem Anfang begriffen als τὰ ἀληθέα, das Unverborgene."[668] Das so verstandene Sein-Lassen klebt also nicht am Seienden, sondern ist vielmehr über das Seiende hinaus, im Bereich dessen, was es als Seiendes ermöglicht, was im Wort das ‚Offene' ausgesprochen ist. Indem Heidegger uns in die griechische Erfahrung des Offenen versetzt, bringt er uns so in den Bereich der ursprünglicher wesenden Wahrheit, wie sie von den Griechen gedacht wurde. Im Begriff der ἀλήθεια dachten die Griechen die Unverborgenheit. Heideggers Übersetzung gibt uns die Möglichkeit, die ἀλήθεια im Sinne der Ent-borgenheit zu verstehen. Durch die ἀλήθεια wird etwas der Verborgenheit geraubt, was im Alphaprivativum ausgesprochen ist. Die geläufige Übersetzung durch Wahrheit denkt das griechische Wort modern und lässt dazu das Wesen der Wahrheit ungedacht.

Durch das Zurückversetzen in die griechische Erfahrung wird der geläufige Wahrheitsbegriff, der von der Richtigkeit der Aussage her bestimmt ist, verlassen. In seiner Deutung von Platons Höhlengleichnis zeigt Heidegger, wie innerhalb des griechischen Denkens die Wandlung

[667] a.a.O., 15. Vgl. hierzu auch Lee, Y-T.: *Vom Seinkönnen zum Seinlassen. Heideggers Denken der Freiheit*, v.a. 3. Abschnitt.
[668] a.a.O., 16.

der ἀλήθεια von der Unverborgenheit zur ὀρθότης und ὁμοίωσις angebahnt wird und die ganze spätere Entfaltung der Metaphysik bis zu Nietzsche bestimmt.

„Nietzsches Begriff der Wahrheit zeigt den letzten Widerschein der äußersten Folge jenes Wandels der Wahrheit aus der Unverborgenheit des Seienden zur Richtigkeit des Blickens. Der Wandel selbst vollzieht sich in der Bestimmung des Seins des Seienden [...] als ἰδέα."[669]

Es gilt nun zu sehen, welche Erfahrung uns der ursprüngliche Wahrheitsbegriff vermittelt und wie durch diese Erfahrung die Freiheit selbst sich näher bestimmt: „Das Sicheinlassen auf die Entborgenheit des Seienden verliert sich nicht in dieser, sondern entfaltet sich zu einem Zurücktreten vor dem Seienden, damit dieses in dem, was es ist und wie es ist, sich offenbare und die vorstellende Angleichung aus ihm das Richtmaß nehme."[670] Auf die Frage, was eigentlich in dem Sein-Lassen geschieht, wenn es nicht im gewöhnlichen, negativen Wortsinne verstanden werden soll, antwortet Heidegger, dass im Sein-Lassen der Mensch sich der Offenheit des Seienden aussetzt. Dieses Aus-setzen bestimmt den Menschen als Ek-sistenz. Durch dieses Aus-setzen ist alles, was er tut und verrichtet, gleich im Bereich des Offenen, wohin er aus-gesetzt ist. „Das auf das Wesen der Wahrheit hin erblickte Wesen der Freiheit zeigt sich als die Aus-setzung in die Entborgenheit des Seienden."[671] Durch die Freiheit wird der Mensch ins Offene versetzt und so zugleich dem begegnenden Seienden ausgesetzt; denn das Offene wird erfahren als die Entborgenheit, innerhalb deren das Seiende zum Vorschein kommt.

Nach einer Abweisung der wieder aufdrängenden gängigen Freiheitsauffassungen wird der eigentliche Freiheitsbegriff bestimmt als „die Eingelassenheit in die Entbergung des Seienden als eines solchen. Die Entborgenheit selbst verwahrt in dem ek-sistenten Sich-einlassen, durch das die Offenheit des Offenen, d.h. das ‚Da' ist, was es ist."[672]

---

[669] Platons Lehre von der Wahrheit, in: *Wegmarken*, 139.
[670] WW 16.
[671] a.a.O.
[672] a.a.O.

Die Wesensbestimmung des Menschen als Da-sein soll darauf verweisen, dass der Mensch durch das Stehen im Offenen allein Mensch ist, dass in diesem Stand das Offene selbst erfahren und übernommen wird, ohne deswegen eigens gedacht zu werden, was äußerst selten geschieht. Je nach dem Stand im Offenen ek-sistiert der Mensch, verhält er sich zum Seienden und lässt es sein. Darum schreibt Heidegger: „Im Da-sein wird dem Menschen der langehin ungegründete Wesensgrund aufbehalten, aus dem er zu ek-sistieren vermag."[673]

Die Frage nach dem Wesen der Wahrheit stellt die innerste Geschichtlichkeit des Daseins ans Licht – welche Geschichtlichkeit in der Weise des Sich-ereignens und Übernehmens der Wahrheit entschieden wird. „Erst wo das Seiende selbst eigens in seine Unverborgenheit gehoben und verwahrt wird, erst wo diese Verwahrung aus dem Fragen nach dem Seienden als solchem begriffen ist, beginnt Geschichte."[674] Die innerste Geschichtlichkeit des Menschen, die sich im Entbergen des Seienden im Ganzen ereignet, welches Entbergen als Sein-Lassen auf die Freiheit verweist, wird weiter geklärt. Hierbei wird zugleich die gewöhnliche Meinung, die die Freiheit als Eigenschaft des Menschen auffasst, auf den Kopf gestellt:

„Der Mensch ‚besitzt' die Freiheit nicht als Eigenschaft, sondern höchstens gilt das Umgekehrte: die Freiheit, das ek-sistente, entbergende Da-sein besitzt den Menschen und das so ursprünglich, daß einzig sie einem Menschentum den alle Geschichte erst begründenden und auszeichnenden Bezug zu einem Seienden im Ganzen als einem solchen gewährt. Nur der ek-sistente Mensch ist geschichtlich. Die ‚Natur' hat keine Geschichte."[675]

Die Freiheit ist also der Grund der Geschichtichkeit des Menschen, denn: „Die Geschichte der Wesensmöglichkeiten eines geschichtlichen Menschentums ist ihm verwahrt in der Entbergung des Seienden im Ganzen. Aus der Weise, wie das ursprüngliche Wesen der Wahrheit west, entspringen die seltenen und einfachen Entscheidungen der

---

673 a.a.O.

674 a.a.O., 17.

675 a.a.O.; in Schelling-Abhandlung lautet ein Merksatz: „Freiheit nicht Eigenschaft des Menschen, sondern: Mensch Eigentum der Freiheit." GA 42,15.

Geschichte."[676] Gleichzeitig wird das Ursprüngliche, das sich in ihnen ereignet, übersehen.
„Weil jedoch die Wahrheit im Wesen Freiheit ist, deshalb kann der geschichtliche Mensch im Seinlassen des Seienden das Seiende auch *nicht* das Seiende sein lassen, das es ist und wie es ist. Das Seiende wird dann verdeckt und verstellt. Der Schein kommt zur Macht. In ihr gelangt das Unwesen der Wahrheit zum Vorschein."[677]
Ist die Freiheit als Wesen der Wahrheit keine menschliche Eigenschaft, dann darf gerade auch die Unwahrheit nicht von der menschlichen Schwäche und Unzulänglichkeit her begriffen werden. Die Zusammengehörigkeit von Wahrheit und Unwahrheit muss untersucht werden. Denn sobald wir uns nicht mehr mit dem geläufigen Wahrheitsbegriff begnügen, kann die Unwahrheit nicht einfach als aus der Wahrheit herausfallend betrachtet werden. Wahrheit und Unwahrheit müssen irgendwie im Wesen verbunden sein. Dieser Verbundenheit soll nun nachgegangen werden.

5.2.3 Wahrheit und Un-Wahrheit

Der letzte Satz[678] des fünften Abschnitts leitet zum Thema des sechsten über. Es lautet: *Die Unwahrheit als die Verbergung*. Es gilt nun zu sehen, wie die Verborgenheit als Geschehnis zu fassen ist, d.h. in welcher Weise sie sich dem Menschen übereignet. „Die Verborgenheit versagt der ἀλήθεια das Entbergen und läßt sie noch nicht als στέρησις (Beraubung) zu, sondern bewahrt ihr das Eigenste als Eigentum."[679]
In diesem Satz wird ausgesprochen, wie die Verborgenheit west. Ihr Wesen ist zwiespältig. Die Zwiespältigkeit der Verborgenheit ist in den zwei Tätigkeitsworten ‚versagen' und ‚bewahren' gegenwärtig. Die Verborgenheit versagt das Entbergen der ἀλήθεια, die ursprünglich Entbergung ist. Sie versagt jedoch nicht jegliches Entbergen, denn sonst

---

[676] a.a.O., 18.
[677] a.a.O.
[678] „Das Seinlassen ist in sich zugleich ein Verbergen. In der ek-sistenten Freiheit des Daseins ereignet sich die Verbergung des Seienden im Ganzen, ist die Verborgenheit" WW 20.
[679] a.a.O., 21.

gäbe es ja gar keine Entborgenheit und auch kein Da-sein, sondern sie versagt sich selbst die Entbergung. Sie entzieht sich dem Entbergen. Der Entzug wäre nicht möglich, wenn es nichts anderes gäbe als eine Grundverborgenheit. Der Entzug kann sich nur ereignen, weil die ἀλήθεια entbirgt. Aber in ihrem Entbergen entzieht sich die Verborgenheit selbst. Der Verborgenheit als Verborgenheit gegenüber bleibt die ἀλήθεια machtlos, kann sich nicht als Beraubung der Verborgenheit entfalten. Aber die Verborgenheit versagt sich nicht nur, sie bewahrt auch. Für wen bewahrt sie, was und auf welche Weise? Sie bewahrt der Entbergung „das Eigenste als Eigentum". Auf die letzte Frage ist zunächst keine Antwort zu geben, der Satz scheint nichts darüber zu sagen. Aber die anderen Antworten sind eigentlich keine, denn was ist „das Eigenste als Eigentum"?

Was zuerst deutlich wird, ist das streithafte Zusammenspiel von Verborgenheit und Entborgenheit, wie es ausgesprochen ist im Versagen und Bewahren. Im Versagen bekundet sich der Entzug der Verborgenheit gegenüber dem Entbergen, im Bewahren ihr Bezug zueinander. Wenn die Verborgenheit der ἀλήθεια das Eigenste bewahren kann, muss sie zuinnerst mit ihr verbunden sein. Diese Verbundenheit wird im zweiten Satz ausdrücklich ausgesprochen. Ist die ἀλήθεια als Entborgenheit die Wahrheit, dann ist die Verborgenheit im Sinn der sich der Entbergung entziehenden Un-entborgenheit die Un-wahrheit. Die Vorsilbe ‚Un-', die die Grundworte wie Un-verborgenheit, Un-wahrheit, Un-wesen auszeichnet, hat bei Heidegger keineswegs eine negative Bedeutung im gewöhnlichen Sinne, d.h. die Verneinung im Sinne des Nicht. Es bedeutet bei ihm vielmehr so etwas wie das ‚Ur-' wie im Ursprung, Ur-quell, ur-eigen etc. Die Verborgenheit ist als Un-wahrheit nicht die Verneinung der Wahrheit, etwa die Lüge im gewöhnlichen Sinne, sondern das ursprünglich zur Wahrheit Gehörige. Das Un-wesen ist nicht das vom Wesen Abgefallene, sondern das „vorwesende Wesen".

Über die Verborgenheit sagt Heidegger: „Die Verborgenheit des Seienden im Ganzen, die eigentliche Un-wahrheit, ist älter als jede

Offenbarkeit von diesem und jenem Seienden."[680] Das „älter sein" darf nicht als zeitliches Vorhergehen verstanden werden, sondern als eigentliche Voraus-setzung. Wenn ein Sein-Lassen möglich sein soll, muss die Verborgenheit schon walten, dieses Walten wird aber andererseits als solches erst erfahren, wenn das Dasein sein lässt. Die Verborgenheit ist älter in dem Sinne, dass sie die Grund-Voraussetzung für jede Entbergung ist. Das heißt, sie liegt jeder Unverborgenheit voraus- und zugrunde. Die Un-wahrheit ist so nicht etwa das Gegenteil der Wahrheit, sondern ihre ursprüngliche Voraussetzung eben als Verborgenheit. Heidegger nennt nun dieses eigentliche Un-wesen der Wahrheit Geheimnis: „Das eigentliche Un-wesen der Wahrheit ist das Geheimnis."[681] Das Geheimnis ist dabei nicht etwa ein Rätsel, das gelöst werden kann, sondern das Grundereignis, welches das Sein des Menschen durchwaltet. Der Mensch vergisst je schon den Grundbezug zum Geheimnis. Dieses Vergessen ist kein völliger Verlust des Bezuges, denn der Bezug ist nicht vom Menschen geschaffen und kann auch nicht von ihm vernichtet werden. Allerdings vollzieht sich im Vergessen des Bezuges ein Versehen des eigenen Wesens. Dieses Vergessen stört scheinbar den Bezug zum Seienden nicht. Der Mensch wird des Seienden nicht etwa verlustig, aber in der Weise, wie der Bezug zum Seienden erfolgt, wird das Vergessen des Geheimnisses offenkundig.

„Der Mensch hält sich im Gangbaren und Beherrschbaren auch da, wo es das Erste und Letzte gilt. Und wenn er sich aufmacht, die Offenbarkeit des Seienden in den verschiedensten Bezirken seines Tuns und Lassens zu erweitern, zu ändern, neu anzueignen und zu sichern, dann nimmt er doch die Anweisungen dazu aus dem Umkreis der gangbaren Absichten und Bedürfnisse."[682]

Folglich muss der Mensch am Unmittelbaren haften bleiben, sich durch die Beherrschung des Seienden vermittels die Technik über seine innere Unsicherheit hinwegtäuschen, in der seine Heimatlosigkeit inmitten des Seienden zum Ausdruck kommt. Heidegger hat einmal gesagt: „Die Technik ist der höchste und umfangreichste Triumph der abend-

---

680 a.a.O.
681 a.a.O.
682 a.a.O., 22.

ländischen Metaphysik. Sie ist diese selbst in ihrer Ausbreitung durch das Seiende im Ganzen."[683] Dass dieser Triumph zugleich Ohnmacht ist, wurde angedeutet. Der Mensch versteift sich auf das Seiende, das allein zählt, mit dem er rechnet, worauf er baut.

„Die vermessene Vergessenheit des Menschentums beharrt auf der Sicherung seiner selbst durch das ihm jeweils zugängige Gangbare. Dieses Beharren hat seine ihm selbst unkennbare Stütze im Verhältnis, als welches das Dasein nicht nur ek-sistiert, sondern zugleich insistiert, [...]."[684]

In diesem sechsten Abschnitt wird so der entscheidende Schritt vollzogen von der Wahrheit als Entbergung zur Un-wahrheit als Verbergung, wobei diese Un-wahrheit als der Grund verstanden wird, auf dem überhaupt jegliches Entbergen sich erst entfalten kann, der aber als solcher selbst verborgen bleibt und als Geheimnis das Sein bestimmt. Wahrheit und Un-wahrheit gehören zusammen, bilden das zwie-spältig-einige Wesen der ursprünglichen Wahrheit. Das Vergessen des Geheimnisses hat zur Folge, dass der Mensch, indem er ek-sistiert, zugleich insistiert, d.h. sich an das Entborgene klammert und dessen vergisst, was sich in dem Entbergen nicht entbergen lässt – die Wahrheit des Seins.

Im siebten Abschnitt wird nun die Weise der Un-wahrheit, die durch den verlorenen Bezug zum Geheimnis gekennzeichnet ist, ausdrücklich behandelt. Zugleich wird das Sein des Menschen erörtert, das ihm entspricht: das in-sistente Dasein. Der Mensch vermag nur zu in-sistieren, gerade weil er ek-sistiert, sich immer bei Seiendem aufhält, im Bereich des Offenen steht, in den jegliches Seiende hereinsteht. Insistenz und Ek-sistenz gehören zusammen. Indem der Mensch ek-sistiert, steht er in einem bestimmten Bezug zum Geheimnis, da jedes Entbergen von Seiendem nur möglich ist auf Grund der Verborgenheit, auf der er sich entfaltet. Indem er aber in-sistiert, sich an das jeweils

---

[683] vgl. Biemel, W.: „Metaphysik und Technik bei Heidegger", in: *Gesammelte Schriften* Bd. 1, 397-416. Zur Technik als Metaphysik unserer Zeit vgl. Haeffner, G.: *Heideggers Begriff der Metaphysik*, 93; ders.: „Denken am Ende der Metaphysik", in: Ein Rückblick auf das Werk Martin Heideggers", in: *Stimmen der Zeit* 194 (1976) 528; ders.: „Martin Heidegger", in: O. Höffe (Hg.): *Klassiker der Philosophie* II, 376.

[684] WW 23.

offenbare Seiende klammert, wird dieser Bezug vergessen. Er nimmt das Seiende zum Richtmaß, hat aber den Grund seiner Maßnahme verloren: das Geheimnis. Indem der Mensch sich ausschließlich dem Seienden zuwendet, wendet er sich vom Geheimnis ab. Durch diese Abkehr wird aber das Geheimnis nicht vernichtet. Das Fehlen des Geheimnisses beunruhigt den Menschen, lässt ihn nicht zur Ruhe kommen. Er wird im Seienden umhergetrieben:

„Die Umhergetriebenheit des Menschen weg vom Geheimnis hin zum Gangbaren, fort von einem Gängigen, fort zum nächsten und vorbei am Geheimnis, ist das Irren."[685]

Heidegger betont ausdrücklich, dass dieses Irren nicht etwas Nachträgliches oder bloß gelegentlich Vorkommendes ist, sondern das Menschsein als solches bestimmt. Was jedoch nicht ausschließt, dass er dazu Stellung nehmen kann. „Die Irre, durch die der Mensch geht, ist nichts, was nur gleichsam neben dem Menschen herzieht wie eine Grube, in die er zuweilen fällt, sondern die Irre gehört zur inneren Verfassung des Da-seins, in das der geschichtliche Mensch eingelassen ist."[686] In-sistent eksistierend steht der Mensch immer schon in der Irre - weil er eben im Entbergen des Bezugs zur Verborgenheit vergisst.

Wie verhält sich die Irre zum anfänglichen Wesen der Wahrheit? Darauf antwortet Heidegger: „Die Irre ist das wesentliche Gegenwesen zum anfänglichen Wesen der Wahrheit."[687] Der Terminus ‚Gegen-wesen' heißt dabei nicht das vom Wesen Gelöste, Isolierte, sondern im Verhältniswort ‚gegen-' wird gerade die Spannung zum Wesen ausgedrückt, welche Spannung die Gleichgültigkeit ausschließt. In der Spannung des ‚gegen' ist die Entfernung vom Wesen ausgesprochen, aber diese Entfernung bleibt als solche immer auf das Wesen hin bezogen, vom Wesen getragen, was eben im Beiwort ‚wesentliches' Gegenwesen ausgesprochen ist. Das Gegen-wesen als Gegen-teil ist der Teil, der notwendig zum Wesen gehört, sein Gegen-stück. Ist das Gegenwesen ein bloßer Abfall vom Wesen, dann ist das so Abgefallene zwar auch noch davon bestimmt, wovon es abgefallen ist, aber der

---

[685] a.a.O., 24.
[686] a.a.O.
[687] a.a.O.

Bezug zum Wesen ist keine Spannung mehr, sondern eine bloße Entäußerung. In diesem Gegen-wesen als Entäußerung erlischt die Kraft des ‚gegen'. Es kann ein ‚unwesentliches' Gegenwesen genannt werden. Es gehört zur Eigenart des Heideggerschen Denkens, jeweils das Wesen in seiner Fülle zu denken, um so das Ganze zu erfassen. Sein Denken entfernt sich so notwendig von jedem bloß trennenden, isolierenden Analysieren. Es wäre andererseits aber verfehlt, zu meinen, Heidegger wende Hegels dialektische Methode an, indem er darauf ausgeht, ständig Gegensätze herauszuarbeiten. Was ihn von Hegel diesbezüglich unterscheidet, ist gerade, dass Hegel die Widersprüche ins Reine bringt und somit auflöst, während Heidegger sie in ihrer notwendigen Gegensetzung denkt, die als solche nie aufgehoben werden kann. Das heißt nun keineswegs, daß die Einheit in ihrer inneren Gegensätzlichkeit aufgedeckt wird. Das Zusammendenken der anfänglichen Wahrheit und ihres Gegenwesens löst beide nicht auf, sondern zeigt, wie sie notwendig zusammengehören.

Im letzten Absatz des Abschnitts wird der Gedankengang noch einmal zusammengefasst und zu seinem Gipfel geführt. Solche wiederholende Zusammenfassung ist nötig, um den Gang als Ganzes im Blick zu behalten. Thema war die Erläuterung des Wesens der Freiheit, und zwar so, dass sie aus der ursprünglichen Wahrheit begriffen werden sollte. Es zeigte sich, wie die Wahrheit als Entbergung immer schon zugleich Verbergung des Seienden im Ganzen ist. Die Verbergung des Verborgenen ist die eigentliche Un-wahrheit. Aber die Un-wahrheit ist nicht bloß Verbergung des Verborgenen, sondern zugleich auch Irre, die das zum anfänglichen Wesen der Wahrheit gehörige Gegenwesen ist. Nun schreibt Heidegger:

„Die Freiheit ist das Wesen der Wahrheit (im Sinne der Richtigkeit des Vor-stellens) nur deshalb, weil die Freiheit selbst dem anfänglichen Wesen der Wahrheit, dem Walten des Geheimnisses in der Irre, entstammt."[688]

Weil die Freiheit dem ursprünglichen Wesen der Wahrheit entspringt, ist das Sein-Lassen, das von der Freiheit bestimmt wird, wesensgerecht,

[688] a.a.O., 25.

wenn es in ursprünglicher Weise vollzogen ist. Im ursprünglichen Sein-Lassen des Seienden ist der Mensch für die Zwiespältigkeit, die im Wesen der Wahrheit waltet, aufgeschlossen. Nicht bloß, dass er um sie weiß, sondern er eignet sie sich an als seinen eigentlichen Grund. So gründend kann er die Frage nach dem Wesen der Wahrheit ursprünglicher entfalten, d.h. vom Sein her, denn im Sein ist das Wesen der Wahrheit zugleich die Wahrheit des Wesens. Das Wesen ist das Sein selbst, so dass die Frage nach dem Wesen der Wahrheit notwendig zur Frage nach der Wahrheit des Seins überschlagen muss. Das Sein als ursprüngliche Lichtung, in die alles Seiende hereinsteht, in der es Bestand hat, ist die eigentliche Wahrheit als Unverborgenheit. Es ist auch zugleich die ursprünglichste Un-wahrheit, da es sich ständig allem Entbergen entzieht, es zugleich ermöglichend.
Wir sehen so, wie sich alles um das Sein sammelt, das Heidegger einmal die ursprüngliche Ver-sammlung nannte. Aber diese Andeutungen sollen nicht den Eindruck erwecken, als ob nun die Seinsfrage vorschnell gelöst wäre. Im Gegenteil, sie sollen auf die innerste Frag-würdigkeit verweisen, die alles trägt. Auf den Punkt gebracht: „Dieses Fragen denkt die wesentlich beirrende und daher in ihrer Mehrdeutigkeit noch nicht gemeisterte Frage nach dem Sein des Seienden. Das Denken des Seins, dem solches Fragen anfänglich entstammt, begreift sich seit Platon als ‚Philosophie' und erhält später den Titel ‚Metaphysik'."[689]

Zwischenbilanz: Die Wahrheit als Ἀ-λήθεια, Un-Verborgenheit, Offenheit, bildet nach Heidegger die Bedingung der Möglichkeit der neuzeitlichen Auffassung der Wahrheit als *adaequatio* und *certitudo*. Anders ausgedrückt: Die prädikative Wahrheit ist in der vor-prädikativen fundiert.

---

[689] a.a.O., 26.

6 Die Zusammengehörigkeit von Sein und Sprache

Die Seinsfrage und die Frage nach (dem Wesen) der Sprache gehören im Denken Heideggers von Anfang an untrennbar zusammen. Rückblickend schreibt Heidegger im Vorwort zur ersten Ausgabe der *Frühen Schriften* (1972):

„Zur Zeit der Niederschrift der vorliegenden, im wörtlichen Sinne hilflosen frühen Versuche, wußte ich noch nichts von dem, was später mein Denken bedrängte. Gleichwohl zeigen sie einen mir damals noch verschlossenen Wegbeginn: in der Gestalt des Kategorienproblems die *Seinsfrage*, die Frage nach der *Sprache* in der Form der Bedeutungslehre. Die Zusammengehörigkeit beider Fragen blieb im Dunkel. Die unvermeidliche Abhängigkeit ihre Behandlungsart von der herrschende Maßgabe der Lehre vom *Urteil* für alle Onto-Logik ließ das Dunkel nicht einmal ahnen.“[690]

Das Problem der Sprache und ihr Bezug zum Sein beschäftigt bereits den Habilitanden Heidegger, der *Die Kategorien- und Bedeutungslehre des Duns Scotus*[691] 1916 untersucht, sich dabei allerdings noch ganz im Fahrwasser traditioneller Vorstellungen sowie der Husserlschen Bedeutungslehre bewegt. Dies gilt mit kleinen Einschränkungen auch noch für eine Vorlesung aus dem Jahre 1920 über *Phänomenologie der Anschauung und des Ausdrucks. Theorie der philosophischen Begriffsbildung.*

Nun stellt sich die Frage: Worum geht es Heidegger bei der Seinsfrage eigentlich? Lassen sich Ontologie und Fundamentalontologie in eine formale Semantik auflösen, wie dies Ernst Tugendhat aus sprachanalytischer Sicht fordert? Grundsätzlich gefragt: Lässt sich die Seins-

---

[690] GA 1, IX.

[691] Wie die spätere Forschung zeigte, wurde der zentrale Text *Grammatica speculativa*, auf den sich Heidegger bezieht, nicht von Duns Scotus, sondern vom Scotisten Thomas von Erfurt verfasst vgl. Grabmann, M.: „Thomas von Erfurt und die Sprachlogik des mittelalterlichen Aristotelismus (1943)“, in: ders.: *Gesammelte Akademieabhandlungen* II, 1801-1896; Schaeffler, R.: *Die Frömmigkeit des Denkens?*, 10, 16; ders.: „Heidegger und die Theologie“, in: A. Gethmann-Siefert & O. Pöggeler (Hg.): *Heidegger und die praktische Philosophie*, 295; Wohlfart, G.: „Martin Heidegger (1889-1976)“, in: T. Borsche (Hg.): *Klassiker der Sprachphilosophie*, 385.

frage auf eine logische bzw. formalsemantische Sprachanalyse reduzieren und mit diesen Mitteln entscheiden?
Sich berufend auf den Vorspann[692] von *Sein und Zeit* meint Tugendhat, die von Heidegger aufgeworfene Seinsfrage sei nichts anderes als die Frage nach deren semantischer Bedeutung. Es gehe darum, die Verwendungsweise des Terminus ‚Sein' aufzuklären. Die Frage nach dem Sinn von Sein scheint folglich nach Tugendhat die Frage nach dem Sinn des Wortes ‚ist' in seinen verschiedenen Bedeutungen zu sein.[693]
Die aristotelische Seinsfrage nach dem Seienden als Seiendem wird von Tugendhat umformuliert zur Frage: „Was ist mit der Rede vom ‚Seienden' gemeint?"[694] Diese wiederum kann zur Frage nach der Bedeutung eines „singulären Terminus" formalisiert werden, da ‚Seiendes' formal-semantisch gesehen ein „singulärer Terminus" ist.[695] Auf diesem Weg löst sich die Frage: „Was ist das Seiende als Seiendes?" schließlich in die Frage auf: „Was heißt es, einen singulären Terminus zu verstehen?"[696] Dasselbe Verfahren kann nach Tugendhat auf die fundamentalontologische Seinsfrage Heideggers nach dem Sein als Sein angewendet werden.

---

692 Die Stelle lautet: „‚Denn offenbar seid ihr doch schon lange mit dem vertraut, was ihr eigentlich meint, wenn ihr den Ausdruck ‚seiend' gebraucht, wir jedoch glaubten es einst zwar zu verstehen, jetzt aber sind wir in Verlegenheit gekommen.' Haben wir heute eine Antwort auf die Frage nach dem, was wir mit dem Wort ‚seiende' eigentlich meinen? Keineswegs. Und so gilt es denn, *die Frage nach dem Sinn von Sein* erneut zu stellen. Sind wir denn heute auch nur in der Verlegenheit, den Ausdruck ‚Sein' nicht zu verstehen? Keineswegs. Und so gilt es denn vordem, allererst wieder ein Verständnis für den Sinn dieser Frage zu wecken." Vgl. E. Tugendhat: „Die Seinsfrage und ihre sprachliche Grundlage", in: PhRd 24 (1977) 161-162.

693 Tugendhat, E.: *Selbstbewußtsein und Selbstbestimmung. Sprachanalytische Interpretationen*, 167.

694 Tugendhat. E.: Vorlesung zur Einführung in die sprachanalytische Philosophie, 70 Anm. 2.

695 Die Definition von „singulärer Terminus" lautet: „Ein Ausdruck x ist ein singulärer Terminus, wenn, sofern er durch einen anderen Ausdruck zu einem ganzen Aussagesatz ergänzt wird, sich aus diesem Satz ein anderer folgern läßt, in dem x durch ‚etwas' (bzw. ‚‚jemand') ersetzt ist. Oder: „Ein Ausdruck ist ein singulärer Terminus, wenn er auf den einen und der anderen Seite von ‚ist dasselbe wie' (oder ‚=') stehen kann." Tugendhat, E.: a.a.O., 37 & 38.

696 a.a.O., 53.

Tugendhat unterstellt Heidegger, das ‚Sein' und das ‚Nichts' nominalisiert zu haben. Das ‚Nichts' ist nach Tugendhat die vergegenständlichte Bezeichnung für den universalen negativen Existenzsatz „es gibt nichts" und das ‚Sein' für den universalen positiven Existenzsatz „daß überhaupt etwas ist." Das ‚Sein' und das ‚Nichts' wären demnach nur „Chiffren für die beiden universalen Existenzsätze, den positiven und den negativen."[697]

Tugendhats Haupteinwand gegen Heideggers Seinsdenken lautet: Heidegger geht naiv von einem einheitlichen Sinn von Sein aus, statt erst einmal diese angeblich Einheitlichkeit zu hinterfragen. Der Terminus ‚Sein' zerfalle jedoch in mindestens drei Grundbedeutungen als Prädikation, Existenz und Wahrheit, wie Charles Kahn in seiner ausgezeichneten linguistischen Studie über den vorphilosophischen Gebrauch des Wortes εἰμί im Altgriechischen, insbesondere bei Homer, nachgewiesen habe.[698] Tugendhat selbst unterscheidet mit der philosophischen Tradition noch eine vierte Grundbedeutung von ‚Sein' als Identität, die Kahn nach Tugendhat unzulässigerweise unter die Prädikation subsumiere. Während Kahn trotz aller Differenzierung zwar keinen einheitlichen Seinsbegriff behauptet, aber doch einen Zusammenhang der von ihm herausgestellten Bedeutungen im Sinne eines linguistischen Systems betont, das im kopulativen Gebrauch von εἰμί zentriere und dessen Einheit durch den statischen Aspekt von εἰμί definiert werde, beharrt Tugendhat auf der Disparatheit der verschiedenen Bedeutungen von ‚Sein'.[699]

Heideggers undifferenzierte Rede von dem Sein habe letztlich dazu geführt, dass er die veritative und die kopulative Bedeutung zugunsten der Existenzbedeutung fast völlig vernachlässigt habe.[700] Ferner ist

---

697 Tugendhat, E.: „Das Sein und das Nichts", in: V. Klostermann (Hg.): *Durchblicke. Martin Heidegger zum 80. Geburtstag*, 160. Vgl. hierzu auch Obermeier, O.P.: „Ernst Tugendhats Kritik an Heidegger", in: R. Wisser (Hg.): *Martin Heidegger - Unterwegs im Denken*, 319.

698 vgl. Kahn, C.H.: *The Verb „Be" in Ancient Greek*, 389-390.

699 vgl.Tugendhat, E.: „Die Seinsfrage und ihre sprachliche Grundlage", in: PhRd 24 (1977) 171-176.

700 vgl. Tugendhat, E.: *Vorlesung zur Einführung in die sprachanalytische Philosophie*, 89, 90 f, 104 f.

Tugendhat der Meinung, worüber auch in der analytischen Philosophie Übereinstimmung herrscht, dass die Existenz nicht nur mit Kant nicht als reales Prädikat[701], sondern überhaupt nicht als Prädikat verstanden werden dürfe.[702] Heideggers These vom Sein, das selbst denkt, gehört laut Tugendhat „zum Finstersten", was je in der Philosophie gesagt worden ist, weil es deren ‚Bankrotterklärung' darstelle und „tiefster Ausdruck der Gegenaufklärung" sei.[703]

Die Bedeutung sprachlicher Ausdrücke führt Tugendhat auf die Erklärung zurück gemäß dem Satz von Wittgenstein: „Die Bedeutung des Wortes ist das, was die Erklärung der Bedeutung erklärt."[704] Mit anderen Worten: Willst du den Gebrauch des Wortes ‚Bedeutung' verstehen, so sieh nach, was man „Erklärung der Bedeutung" nennt. Nun stellt sich die Frage: Wie hängt das Verstehen der Bedeutung im Sinne Tugendhats mit dem Erklären der Bedeutung, von dem im Zitat aus Wittgensteins *Philosophischen Untersuchungen* die Rede ist, zusammen? Das Wort ‚Erklären' wird nach Tugendhat in zwei verschiedenen Bedeutungen verwendet. Man kann sagen: Erkläre mir, warum das so und so ist! Erklären wird hier als Angeben von Gründen verstanden; und nur dieses Erklären kann man dem Verstehen entgegensetzen. Von diesem Erklären, das nach den Gründen fragt, unterscheidet sich das Erklären, das nach dem Was oder Wie fragt. Man kann z.B. sagen: Erkläre mir, wie das funktioniert! Erkläre mir, was das heißt! Erkläre mir die Bedeutung des Ausdrucks X! Es ist das Erklären in diesem zweiten Sinne, von dem Wittgenstein spricht. Das Verhältnis dieses Erklären zum Verstehen ist, dass der, der etwas erklärt, zeigt, was er versteht bzw. wie er etwas versteht. Wenn ich jemanden bitte, mir zu erklären, wie ein Gerät funktioniert, setze ich voraus, dass er versteht, wie es funktioniert und wie man mit ihm umgeht, und die Erklärug ist geglückt, wenn sie zum Ergebnis hat, dass auch ich verstehe, wie man es verwendet. Entsprechend setze ich, wenn ich jemanden bitte, mir die

[701] vgl. KrV A 598, B 626.

[702] vgl. Tugendhat, E.: „Die sprachanalytische Kritik der Ontologie", in: H.-G. Gadamer (Hg.): *Das Problem der Sprache*, 486.

[703] vgl. ders.: „Die Seinsfrage und ihre sprachliche Grundlegung", in: PhRd 24 (1977) 176.

[704] Wittgenstein: *Philosophische Untersuchungen*, § 560.

Bedeutung eines sprachlichen Ausdrucks zu erklären, voraus, dass er den Ausdruck versteht, und die Erklärung ist geglückt, wenn sie bewirkt, dass auch ich den Ausdruck verstehe. Daher kann man sagen: Erklären in diesem Sinne bedeutet, zeigen, was man versteht; ein Verstehen vermitteln; verständlich machen.

Tugendhat gehört dem Kreis derer, die die Sprachanalyse für die einzige genuine philosophische Methode halten, ein Exklusivitätsanspruch, den Haeffner zu Recht in Frage stellt.[705] Die sprachanalytische Philosophie des 20. Jahrhunderts hat den sogenannten "linguistic turn" in der Philosophie eingeleitet. Durch diese sprachphilosophische Wende sollen sich die klassischen philosophischen Fragen als rein sprachanalytische Fragen erweisen, die man mit der Methode der Erklärung lösen kann. So hat sich der Wissenschaftstheoretiker nicht mit der Wissenschaft, sondern mit der Sprache der Wissenschaft, der philosophische Ethiker nicht mit ethischen Problemen, sondern mit der Sprache der Ethik, der Religionsphilosoph nicht mit der Religion, sondern mit der Sprache der Religion usw. zu befassen. Die Sprachanalyse wäre nach dieser Auffasung nicht bloß ein Zweig der Philosophie, sondern die Philosophie überhaupt.

In *Sein und Zeit* geht es Heidegger aber, wie bereits oben gesagt, nicht um ein bloß semantisches Problem, sondern vielmehr um ein ontologisches Grundlagenproblem.[706] Die Sprachthematik wurde jedoch im Rahmen der Analyse der Dreieinheit der Existenzialien der Erschlossenheit, nämlich Befindlichkeit, Verstehen und Rede behandelt, wie wir bereits im dritten Kapitel dieser Untersuchung ausgeführt haben. Damals wurden die Existenzialien der Behandlungsordnung entsprechend vorwärts analysiert, nun werden sie rückwarts gelesen, um einerseits Pöggelers These der Zurückdrängung der Rede zugunsten des Verfallens zu entkräften und andererseits die Sprachlichkeit des Verstehens und der Befindlichkeit ans Licht treten zu lassen. Zunächst rufen wir die Sprachanalyse in § 34 in Erinnerung zurück.

---

[705] vgl. Haeffner, G.: „Grammatik des Geistes. Zu Tugendhats Analyse des Selbstbewußtseins und der Selbstbestimmung", in: ThPh 55 (1980) 250-259.

[706] vgl. ders.: „Martin Heidegger", in: O. Höffe (Hg.): *Klassiker der Philosophie* Bd. II, 364.

6.1 Die Sprache in *Sein und Zeit*

Indem Heidegger in *Sein und Zeit* das griechische Wort λὸγος mit „Rede“ übersetzt, beabsichtigt er die Sprache in einem ursprünglicheren Phänomen zu fundieren. Darüber hinaus greift Heidegger auf die aristotelische Bestimmung von λὸγος als apophainesthai zurück. „Die Rede ‚läßt sehen‘ ἀπὸ ... von dem selbst her, wovon die Rede ist.“[707] Durch diese Bestimmung führt Heidegger die Sprache auf den Grundcharakter des Daseins als *homo loquens* zurück, um sie in ihrem Ursprung zu erfassen.
In *Sein und Zeit* unterscheidet Heidegger terminologisch und sachlich zwischen Rede und Sprache. Sprache ist die terminologische Bezeichnung für die Verlautbarung. Rede ist das existenziale Wesen der verlautenden Sprache, von dem her die verlautende Sprache begriffen werden muss, das sich jedoch als das existenziale Wesen nicht so zeigt, wie sich die Sprache in ihrer Verlautbarung zeigt. Die Unterscheidung von Rede und Sprache wird hinfällig nach der Entdeckung der Sprache als Sprache in der Spätphilosophie Heideggers.

6.1.1 Die Rede als ein Modus der Erschlossenheit

Die Rede wird als ein konstitutiver Modus der Erschlossenheit des Daseins zusammen mit dem Verstehen und der Befindlichkeit analysiert. Man kann wohl sagen, dass die veröffentlichten Teile von *Sein und Zeit* nur die Analytik der Erschlossenheit des Daseins als einer ontologischen Bestimmung der menschlichen Seinsart beabsichtigen. Diese Erschlossenheit des Daseins lässt sich nicht als ein vor uns anwesendes Seiendes, d.h. Vorhandenes verstehen. Das Dasein bedeutet nichts anderes als einen gelichteten Ort selbst, oder ein bewegliches Geschehen des Gelichtetseins und des Erschlossenseins. Somit muss es als zeitlich aufgefasst werden. Daher wird der Sinn von Dasein im zweiten Abschnitt von *Sein und Zeit* als Zeitlichkeit ausgelegt.

---

[707] SZ § 7, 32.

Das Dasein als das Erschlossen-Sein, d.h. sein verstehendes, gestimmtes Sein gliedert sich selbst in der Rede. Die Rede ist also die Artikulation der gestimmten Verständlichkeit. Dabei wird das schon in der Rede vorliegende Artikulierbare der Sinn genannt. „Das in der redenden Artikulation Gegliederte als solches" nennt Heidegger auch das „Bedeutungsganze."[708]

Den Bezugcharakter der verschiedenen für die Welt konstitutiven Bezüge bezeichnet Heidegger als ‚Bedeuten'. In diesem ‚Bedeuten' gibt das Dasein sich selbst vorgängig sein In-der-Welt-Sein zu verstehen. Daher interpretiert Heidegger die ontologische Struktur der Welt als die Bedeutsamkeit, wie wir im dritten Kapitel festgestellt haben. Dies darf aber nicht so verstanden werden, dass die Welt aus der Summe aller Bedeutungen geformt wäre; vielmehr birgt die Bedeutsamkeit als Grundcharakter der Welt die ontologische Bedingung der Möglichkeit dafür in sich, dass so etwas wie ‚Bedeutung' und ‚Sinn' in der Artikulation erschlossen werden kann, die ihrerseits wieder das mögliche Sein von Wort und Sprache ermöglicht. Dies drückt Heidegger durch die Formulierung aus:

„Den Bedeutungen wachsen Worte zu. Nicht aber werden Wörterdinge mit Bedeutungen versehen."[709]

Mit anderen Worten: Die Bedeutungen sind früher als die Worte, als der Wortlaut, als das wortmäßige Lautzeichen. Die Bedeutungen sind aber insofern früher, als sie primär zu einer Bedeutungsganzheit gehören, die als solche geworfen-entworfen-gegliedert und als solche erschlossen ist. Als so erschlossene ist die Bedeutungsganzheit und sind die Bedeutungen nicht schon worthafte Bedeutungen, nicht schon Bedeutungen des seienden Wortes. Denn der Worlaut ist das Seiende an der Sprache, ist die Weise, wie die Sprache seiend ist. Die Wortgewordenheit der gegliedert-erschlossenen Bedeutungsganzheit ist die eigentümliche weltliche Seinsart der Rede.

Das rechte Verständnis der existenzialen Gleichursprünglichkeit des Existenzials der Rede mit den Existenzialien der Befindlichkeit und des Verstehens bereitet der Heidegger-Deutung erhebliche Schwierigkeiten.

---

[708] a.a.O., § 34, 161.

[709] a.a.O.

In seinem berühmten Buch *Der Denkweg Martin Heideggers* hat Otto Pöggeler als erster die Ansicht vertreten, dass das existenziale Phänomen der Rede in *Sein und Zeit* inkonsequent behandelt und dass damit die existenziale Analytik in Widersprüche verwickelt werde. Pöggeler sagt: „In der Fundamentalanalyse werden Befindlichkeit, Verstehen und Rede als die Grundstrukturen des Daseins aufgewiesen.“[710] Er bezieht sich damit auf die Paragrafen 28-34 des fünften Kapitels des ersten Abschnitts, das die Überschrift trägt: „Das In-Sein als solches.“ Er fährt fort: „Im Fortgang der Analytik (SuZ 231) werden plötzlich Befindlichkeit (Faktzität), Verstehen (Existenz) und Verfallen als die konstitutiven Momente des Daseins angegeben.“[711] Die Seitenzahlangabe 231 verweist auf den Beginn des zweiten Abschnitts „Dasein und Zeitlichkeit“. Im ersten Absatz des § 45 heißt es: „Die Herausarbeitung des Phänomens der Sorge verschaffte einen Einblick in die konkrete Verfassung der Existenz, das heißt in ihren gleichursprünglichen Zusammenhang mit der Faktizität und dem Verfallen des Daseins.“ Doch wird nicht erst hier das Verfallen neben Befindlichkeit und Verstehen als konstitutives Moment des Daseins eingeführt. Denn das hier Gesagte ist die Vergegenwärtigung dessen, was der § 41 zum Aufweis bringt: das Verfallen als „das verfallende Sein beim besorgten innerweltlichen Zuhandenen.“ Bei Pöggeler lesen wir weiter: „Das Verfallen, das doch als mögliche Modifikation von Befindlichkeit, Verstehen und Rede gar nicht auf einer Ebene mit diesen Strukturmomenten steht, drängt sich vor und verdrängt die Rede oder drängt sie doch zum mindesten ab.“[712] Das Existenzial der Rede werde verdrängt oder abgedrängt, „weil in *Sein und Zeit* der leer bleibende Augenblick keine eigentliche Rede, d.h. keine eigentliche Artikulation zuläßt.“ „So wird schließlich in jenem Kapitel, das die Grundstrukturen des Daseins auf die Zeitlichkeit hin analysiert, nicht die Rede der Gegenwart zugeordnet - wie es dem ursprünglichen Ansatz entsprochen hätte -, sondern das *Verfallen*: die Gegenwart kommt nur ihrer Uneigentlichkeit nach ins Spiel.“[713] Der wiedergegebenen Kritik

[710] Pöggeler, O.: *Der Denkweg Martin Heideggers*, 210.
[711] a.a.O.
[712] a.a.O.
[713] a.a.O.

Pöggelers geht unmittelbar folgender kritischer Einwand voraus: „In *Sein und Zeit* ist der Augenblick, wie Platon unter dem Beifall Kierkegaards gesagt hat, ein ἄτοπον. Er ist ein Nichts. Freilich weist *Sein und Zeit* hin auf die ‚Situation', aber die Einheit von Augenblick und Situation kann nur gedacht werden als Sturz aus der Eigentlichkeit des Augenblicks in das uneigentliche Bedrängtsein durch das situativ Begegnende. Der Augenblick ‚ist' nur, wenn sich das Dasein *zurückholt* aus der Situation, um in einer ‚gehaltenen Entrückung' für das dazusein, was in der Situation begegnet (SuZ 328, 338). Das Dasein ist noch nicht gedacht als die Augenblicks-Stätte für die Wahrheit."[714]

Nun stellt sich die Frage: Auf welchen textlichen und sachlichen Missverständnissen beruht die hier nachgezeichnete These von der Zurückdrängung des Existenzials der Rede im Fortgang der existenzialen Daseinsanalytik? Wenn in der Fundamentalanalyse, die den ganzen ersten Abschnitt von *Sein und Zeit* umfasst, „Befindlichkeit, Verstehen und Rede als Grundstrukturen des Daseins aufgewiesen werden", dann ist erst einmal vonnöten, schärfer zu bestimmen, welche spezielle Aufgabe das fünfte Kapitel im Aufbau der vorbereitenden Fundamentalanalyse hat, und ferner, in welcher Weise Befindlichkeit, Verstehen und Rede Grundstrukturen des Daseins sind. Das fünfte Kapitel thematisiert das In-Sein als solches, das In-Sein aus dem In-der-Welt-Sein. Der an die thematischen Einzelanalysen heranführende § 28 sagt deutlich, dass es nunmehr um die existenzial-ontologische „Charakteristik der primären Konstitution des Seins der Erschlossenheit"[715] gehe. Im fünften Kapitel wird somit erstmals das Da des Daseins eigens Thema, nachdem sich das Phänomen der Erschlossenheit bereits in § 18 der Weltanalyse als Erschlossenheit von Welt sowie als das verstehende Erschließen von Welt in der Differenz zur Entdecktheit und zum Entdecken des innerweltlichen Seienden gezeigt hat.[716] Deshalb ist auch der Unterabschnitt A überschrieben „Die existenziale Konstitution des Da". Gefragt ist daher nach jenen existenzialen Seinsweisen, in denen das Da, die Erschlossenheit, primär erschlossen ist. Bereits im heranführenden § 28

[714] a.a.O., 209-210.
[715] SZ § 28, 133.
[716] a.a.O., § 18, 85 f.

heißt es unzweideutig: „Die beiden gleichursprünglichen konstitutiven Weisen, das Da zu sein, sehen wir in der Befindlichkeit und im Verstehen.“[717] Es heißt aber nicht: Die drei gleichursprünglichen konstitutiven Weisen ... Vielmehr heißt es: „Befindlichkeit und Verstehen sind gleichursprünglich bestimmt durch die Rede.“[718] In dieser Formulierung liegt bereits der deutliche Hinweis darauf, dass das Existenzial der Rede in anderer Weise gleichursprünglich mit Befindlichkeit und Verstehen ist, in anderer Weise als Befindlichkeit und Verstehen untereinander gleichursprünglich sind. Die Rede bestimmt gleichursprünglich Befindlichkeit und Verstehen. Zu Beginn des § 31 sagt Heidegger rückblickend auf die gerade vollzogene existenziale Analyse der Befindlichkeit: „Die Befindlichkeit ist eine der existenzialen Strukturen, in denen sich das Sein des ‚Da‘ hält. Gleichursprünglich mit ihr konstituiert dieses Sein das *Verstehen*.“[719] Und der § 34 beginnt so: „Die fundamentalen Existenzialien, die das Sein des Da, die Erschlossenheit des In-der-Welt-Seins konstituieren, sind Befindlichkeit und Verstehen.“[720] Bald darauf wird das Verhältnis der Rede zu den Existenzialien der Befindlichkeit und des Verstehens so gekennzeichnet: *„Die Rede ist mit Befindlichkeit und Verstehen existenzial gleichursprünglich.“*[721] Die Rede ist zwar nicht mit Befindlichkeit und Verstehen eine gleichursprüngliche konstitutive Weise, das Da zu sein, aber sie ist dennoch mit diesen beiden existenzial gleichursprünglich. Das heißt: In Befindlichkeit und Verstehen ist das Da primär konstituiert; in der Befindlichkeit in der Weise des faktischen Erschließens und erschließenden Entwerfens. So, wie dem Existenzial der Befindlichkeit das faktische Erschließen und wie dem Existenzial des Verstehens das entwerfende Erschließen eigentümlich ist, so eignet dem Existenzial der Rede nicht eine analoge dritte Erschließungsweise. Vielmehr sind das befindliche und das verstehende Erschließen gleichursprünglich bestimmt durch die Rede, und zwar so, dass zum befindlichen Erschließen ein faktisches Reden und zum verstehenden Erschließen ein entwerfendes Reden gehört. Mit anderen Worten:

[717] a.a.O., § 28, 133.
[718] a.a.O.
[719] a.a.O., § 31, 142.
[720] a.a.O., § 34, 160.
[721] a.a.O., 161.

Sowohl das faktische wie das entwerfende Erschließen ist an ihm selbst redend, gliedernd, artikulierend. Die Rede ist mit Befindlichkeit und Verstehen gleichursprünglich, weil sie diese gleichursprünglich bestimmt, und sie bestimmt diese gleichursprünglich insofern, als das redende Artikulieren im faktischen und im entwerfenden Erschließen geschieht.
Das Existenzial der Rede ist somit von Vornherein gar nicht als jenes dritte Existenzial angesetzt, das in der dreigliedrigen Sorge-Struktur das dritte Strukturmoment bildet. Deshalb ist es weder text- noch sachgemäß, zu sagen, im Fortgang der Analytik werde plötzlich als drittes konstitutives Moment des Daseins das Verfallen statt der Rede angegeben.
Nachdem die These von der Zurückdrängung der Rede zu Gunsten des Verfallens zurückgewiesen ist, möchten wir im Folgenden die Sprachverfasstheit der beiden Grundmodi der Erschlossenheit aufzeigen.

6.1.2 Die Sprachlichkeit des Verstehens

Wenn das Verstehen als Existenzial mit der Rede gleichursprünglich ist, dann ist es in sich und von Haus aus sprachlich verfasst. Ein interpretierender Durchgang durch die existenziale Auslegungsanalyse zeigt, dass von Verstehen im zweifachen Sinne gesprochen wird: einmal vom entwerfenden Verstehen und zum anderen vom auslegenden Verstehen. Das auslegenden Verstehen gründet im entwerfenden Verstehen. Im Vollzug beider in der Weise der Fundierung zusammengehörenden Verstehensweisen bildet sich Verständlichkeit aus. Wie im Verstehen zwei Weisen zu unterscheiden sind, so auch in der Verständlichkeit: die entworfene Verständlichkeit des entwerfenden Verstehens und die ausgelegte Verständlichkeit des auslegenden Verstehens. Wird im zweiten Absatz des § 34 gesagt: „Verständlichkeit ist auch schon vor der zueignenden Auslegung immer schon gegliedert.“[722], dann wird jetzt mit dem Wort „Verständlichkeit“ nicht die Verständlichkeit in den Blick genommen, die vom auslegenden Verstehen ausgebildet wird, sondern die Verständlichkeit, die sich im entwerfenden Verstehen bildet. Von dieser entworfenen Verständlichkeit heißt es, dass sie nicht erst durch

---

[722] a.a.O.

das Auslegen gegliedert wird, sondern dass sie als entworfene Verständlichkeit vor der auslegenden Gliederung immer schon gegliedert ist. Der Terminus ‚Gliederung' taucht erstmals in der Auslegungsanalyse auf, dort auch als ‚Artikulieren', Artikulieren aber nicht im Sinne des Aussprechens eines Lautes, sondern im Sinne von Gliedern, Fügen.

Dass die entworfene Verständlichkeit als entworfene schon vor der auslegenden Zueignung des Entworfenen gegliedert ist, soll freilich nicht heißen, dass der auslegenden Zueignung der Charakter des Gliederns im Nachhinein abgesprochen wird. Was sich jetzt andeutet, ist ein anderer Sachverhalt: dass das auslegende Gliedern nicht das alleinige und vor allem nicht ursprüngliche Gliedern ist, sondern dass es in seinem spezifischen Gliedern fundiert ist in einem ursprünglicheren Gliedern. Dieses ursprünglichere Gliedern ist die Funktion dessen, was ontologisch-existenzial als Rede bezeichnet wird. „Rede ist die Artikulation der Verständlichkeit. Sie liegt daher der Auslegung und Aussage schon zugrunde."[723]

Rede ist das ursprüngliche Gliedern der Verständlichkeit, und zwar der entworfenen Verständlichkeit. Der Mensch redet im Grunde seines Daseins in der Weise des Gliederns, des Gliederns der entworfenen Verständlichkeit.

Nun ist zu fragen: Wie ist die redende Gliederung gleichursprünglich mit der Befindlichkeit und der in ihr sich erschließenden Geworfenheit?

6.1.3 Die Sprachlichkeit der Befindlichkeit

Das vierte und letzte Strukturmoment der Rede ist die Bekundung bzw. das Sichaussprechen. Was sich aber in der worthaften Verlautbarung ausspricht, ist nicht nur die bedeutungsmäßig gegliederte Offenbarkeit des Seienden, sondern auch und eigens die Befindlichkeit, das Gestimmtsein des Daseins. Die eigene sprachliche Bekundung, die eigene und spezifische Verlautbarung der Befindlichkeit des in der erschlossenen Welt bei den innerweltlich offenbaren Dingen sich aufhaltenden Daseins, liegt „im Tonfall, der Modulation, im Tempo der Re-

---

[723] a.a.O.

de, ‚in der Art des Sprechens'."[724] Der Tonfall ist der besondere Klang, den ich meinem Sprechen gebe. Ich moduliere im Sprechen meine Stimme durch die Art, wie ich sie hebe und senke. Ich kann, was das Tempo meines Sprechens anbetrifft, langsam und bedächtig oder schnell und gehetzt sprechen. Auch in der Art meines Sprechens spricht sich nicht mein in sich verschlossenes Inneres, sondern in Tonfall, Modulation und Tempo meines Sprechens spricht sich die selbsthafte-ekstatisch-horizontal verfasste Befindlichkeit aus. Im Tonfall oder im Tempo meines Sprechens bekundet sich, in welcher Gestimmtheit, in welcher Befindlichkeit ich in der erschlossenen Welt bei den offenbaren innerweltlichen Dingen bin. Tonfall, Modulation, Tempo des Sprechens und der Sprachrhythmus haben ihre besondere Bedeutung in der dichtenden Rede, die Heidegger in *Sein und Zeit* nur so gestreift hat: „Die Mitteilung der existenzialen Möglichkeiten der Befindlichkeit, das heißt das Erschließen von Existenz, kann eigenes Ziel der ‚dichtenden' Rede werden."[725] Die dichtende Rede, das ist nicht nur das dichterische Sprechen in der worthaften Verlautbarung, das ist primär das dichtende, das dichterische Gliedern der Erschlossenheit des In-der-Welt-Seins. Die dichtende Rede nennt die Weise, wie der Dichter im Wesen der Sprache existiert. Redend-gliedernd existiert das dichterische In-der-Welt-Sein als das Wohnen in der erschlossenen Welt bei den innerweltlich offenbaren Dingen. In der ausgezeichneten Weise, wie der Dichter im redenden Gliedern seines In-der-Welt-Seins existiert, erschließt er Existenz. Solches Erschließen von Existenz ist die eigene Aufgabe der dichterischen Existenz und des dichterischen Sprechens.

6.2 Die Sprache nach *Sein und Zeit*

Meines Erachtens behandelt Heidegger die Sprache in *Sein und Zeit* etwas stiefmütterlich, wenn auch dem Existenzial der Rede eine ausgezeichnete Stellung innerhalb der existenzialen Analytik des Da-

[724] a.a.O., 162.
[725] a.a.O. Die einzige Stelle, wo das Wort ‚dichten' in *Sein und Zeit* vorkommt. Die Auffassung von der Dichtung als das Sichaussprechen der Stimmung entfaltet er später ausführlich in seiner Freiburger Vorlesung *Hölderlins Hymnen ‚Germanien' und ‚Der Rhein'* (1934/35).

seins zukommt, wie von Herrmann in einem vorzüglichen Kommentar des § 43 nachgewiesen hat.[726] Die Vorlesung *Einführung in die Metaphysik* aus dem Jahre 1935 ergänzt *Sein und Zeit* durch eine sprachliche und geschichtliche Betrachtung des Terminus ‚Sein'.[727] Die denkerische Zwiesprache mit Hölderlins Dichtung sowie die Besinnung auf den Heraklitischen λόγος bringen meiner Meinung nach einen Durchbruch in Heideggers Bemühungen um die Sprache. Dieser findet in Heideggers Brief an Jean Beaufret - *Über den Humanismus* - seinen deutlichsten Ausdruck. Die Sprachbetrachtung wird jetzt aus der einseitigen Orientierung am menschlichen Sprechen und am Existenzial der Rede befreit und hinsichtlich des Zuspruchs des Seins selbst sowie als das „Haus (der Wahrheit) des Seins" und die „Behausung des Menschenwesens" thematisiert. In *Unterwegs zur Sprache* geht Heidegger der Frage nach dem Wesen der Sprache nach. Der Titel dieses Spätwerkes kann als Wesenskennzeichnung des gesamten Heideggerschen Denkweges gedeutet werden, und zwar in zweifacher Hinsicht: Zum einen ist Heidegger von Anfang an unterwegs zum Wesen der Sprache, zum anderen ist er von Anfang an darum bemüht, sein Seinsdenken angemessen zur Sprache zu bringen.
Zunächst geht die Untersuchung der Frage nach dem Verhältnis von Sein und Sprache nach.

6.2.1 Die Sprache als das „Haus des Seins ..."

Heideggers neue Sprachauffassung kommt in der Abhandlung *Wozu Dichter?* (1946) zum Vorschein, indem er schreibt:
„Die Sprache ist der Bezirk (templum), d.h. das Haus des Seins. Das Wesen der Sprache erschöpft sich weder im Bedeuten, noch ist sie nur etwas Zeichenhaftes und Ziffernmäßiges. Weil die Sprache das Haus des Seins ist, deshalb gelangen wir so zu Seiendem, daß wir ständig durch dieses Haus gehen."[728] Überzeugend und eindrucksvoll fährt er fort:

---

[726] vgl. Friedrich-Wilhelm von Herrmann: *Subjekt und Dasein*, 92-224.
[727] vgl. 3. Kapitel: „Zur Grammatik und Etymologie des Wortes ‚Sein'", in: EiM 40-56.
[728] GA 5, 286.

„Wenn wir zum Brunnen, wenn wir durch den Wald gehen, gehen wir schon immer durch das Wort ‚Brunnen', durch das Wort ‚Wald' hindurch, auch wenn wir diese Worte nicht aussprechen und nicht an Sprachliches denken."[729]

Das heißt: Was ist, ist als hermeneutisch Anverwandeltes sprachlich erschlossen und in allem intentionalen Verhalten zu den Dingen vorintentional mit da. Der Gang zu den Dingen ist Hindurchgehen durch die Sprache. Sprache ist die verständnismäßig anverwandelte Erschlossenheit und Offenheit von Sein überhaupt. In *Über den Humanismus* (1946) heißt es:

„Die Sprache ist das Haus des Seins. In ihrer Behausung wohnt der Mensch. Die Denkenden und Dichtenden sind die Wächter dieser Behausung."[730]

Insofern Dichten und Denken ausgezeichnete Weisen der Sprache sind und die Menschen dichterisch-denkerisch auf dieser Erde wohnen können, indem sie bauen, zeigt sich das enge Verhältnis von Bauen und Wohnen und Denken und Dichten mit der Sprache. Alle wesentlichen Bezüge von Sein und Menschenwesen kommen in der Sprache zusammen. Sprache gibt sowohl den Wohnraum des Menschen als auch die lichtend-bergende Ortschaft des Seins ab und erhält damit eine viel umfassendere und wichtigere Stellung als dies üblicherweise in der Philosophie der Fall ist. Das Sprachhaus darf dabei nicht als feststehendes Gehäuse vorgestellt werden, sondern ist als wesendes und daher sich geschichtlich veränderndes Haus zu denken.

Nun stellt sich die Frage: Wie ist das Verhältnis von Wort und Ding beim späten Heidegger bestellt?

Das Verhältnis von Wort und Ding vertieft Heidegger anhand einer Erläuterung von Stefan Georges Gedicht *Das Wort* innerhalb der Vorträge *Das Wesen der Sprache* und *Das Wort*. Die Schlussverse des besagten Gedichts lauten:

„So lernt ich traurig den Verzicht: Kein ding sei wo das wort gebricht."

Hier wird die geläufige Auffassung des Verhältnisses von Wort und Ding gerade umgekehrt. Während üblicherweise angenommen wird, zuerst

---

[729] a.a.O.

[730] Hum 5, 9, 21, 45; vgl. hierzu auch SG 161; US 111.

gäbe es die Dinge und diese würden dann mit Namen etikettiert - also kein Wort ohne Ding -, behauptet Heidegger mit George, kein Ding sei, wo das Wort nicht zustandekommt. Das heißt kein Ding ist, wo der Name fehlt.[731] Damit wird das Wort bzw. der Name vorrangig. Bereits in der *Einführung in die Metaphysik* schreibt Heidegger:

"[...] die Worte und die Sprache sind keine Hülsen, worin die Dinge nur für den redenden und schreibenden Verkehr verpackt werden. Im Wort, in der Sprache werden und sind erst die Dinge."[732]

Das Wort ist dasjenige, was erst das Ding als Ding erscheinen lässt; es ist selber das Verhältnis, das jeweils das Ding einbehält und ihm Unterkunft gewährt. Das Wort be-dingt das Ding, allerdings nicht in der Weise einer Begründung, sondern im Sinne eines „versammelnden Sein-Lassens". Wenn dies zutrifft, dann kann das Wort kein Seiendes mehr sein wie das Ding, sondern west als das, was dem Ding sein Sein gibt. Das Wort hat die Seinsart des „Es gibt", das Ding die des ‚ist'.

Die Selbigkeit von Sprache und Sein verfolgt Heidegger auf ihre gemeinsame etymologische Herkunft zurück:

„Das selbe Wort Λόγος ist aber als Wort für das Sagen zugleich das Wort für das Sein, d.h. für das Anwesen des Anwesenden. Sage und Sein, Wort und Ding gehören in einer verhüllten, kaum bedachten und unausdenkbaren Weise zueinander."[733]

Im Vortrag *Der Satz vom Grund* weist Heidegger darauf hin, dass das griechische Hauptwort λόγος zum Zeitwort λέγειν gehört. Für die Griechen besagt λέγειν: sammeln, zueinander-legen.

„Solches Legen aber ist, als sammelndes, aufhebendes, bewahrendes und verwahrendes, ein Vorliegenlassen, das zum Vorschein bringt: das Vorliegende. Das Vor-liegende aber ist das von-sich-her-Anwesende; das λέγειν und der λόγος sind das Vorliegenlassen des Anwesenden in seinem Anwesen. Λόγος als λεγόμενον meint zugleich das Gesagte, d.h. Gezeigte, d.h. Vorliegende als solches, das Anwesende in seinem Anwesen. Wir sagen: das Seiende in seinem Sein. Λόγος nennt das

[731] US 164.
[732] EiM 11.
[733] US 237.

Sein. Aber λόγος ist als das Vorliegende, als die Vorlage zugleich das, worauf anderes liegt und beruht. Wir sagen: der Boden, der Grund. Λόγος nennt den Grund. Λόγος ist Anwesen und Grund zumal. Sein und Grund gehören im λόγος zusammen. Der λόγος nennt die Zusammengehörigkeit von Sein und Grund."[734]

Im λόγος ist die Zusammengehörigkeit von Sein und Grund sowie auch von Sein und Sprache gestiftet und gewährleistet.

Wie Heidegger geht auch Gadamer von der provokanten These aus, dass die gesamte Philosophiegeschichte das Phänomen der Sprache verfehlte. Gadamers umfangreichste Auseinandersetzung mit der überlieferten Sprachauffassung und die Formulierung einer anderen Annäherung an dieses Phänomen findet sich im dritten Teil von *Wahrheit und Methode*. In diesem letzten Part seines Hauptwerkes, der mit dem Titel *Ontologische Wendung der Hermeneutik am Leitfaden der Sprache* überschrieben ist, versucht er auf die Universalität der Hermeneutik aufgrund der durchgehend sprachlichen Verfasstheit des Verstehens hinzuweisen. Die als selbstverständlich angenommene Trennung zwischen Denken und Sprache, in der das Wort lediglich nachträglich das Seiende repräsentiert, wird somit von Gadamer zu unterlaufen angestrebt. Dabei bezieht sich Gadamer anders als Heidegger nicht auf die Heraklitische Logoslehre, sondern auf den christlichen Inkarnationsgedanken bei Augustinus[735], der gegenüber der Tradition nicht von einer durchgehenden Trennung zwischen Geist und Materie ausgeht, sondern in der Fleischwerdung des Logos die leibhaftige und heilsstiftende Manifestation Gottes sieht, in der sich die Wesensgleicheit von Gottvater und Gottsohn ereignet. Ohne auf den theologischen Kontext einzugehen, sollen nun die sprachphilosophischen Implikationen angedeutet werden. Gadamer betont zwar den Zusammenfall des inneren mit dem äußeren Wort, beharrt aber gleichzeitig darauf, dass sich das Wort nicht in der Veräußerlichung erschöpft. Die Spannung zwischen dem inneren (λόγος ἐνδιάθετος) und dem äußeren Wort (λόγος προφορικός) bleibt auf eine gewissen Weise bestehen, da das äußere Wort das innere lediglich

[734] SG 179 f.

[735] Gadamer, H.-G.: WuM 395 f.

indiziert, kommt aber nicht vollkommen zur Sprache. Damit fällt Gadamer wieder in die metaphysische Teilung von Innen und Außen zurück.

Aber das Entscheidende bei Gadamers Sprachbetrachtung ist der Hinweis darauf, dass das Phänomen der Sprache die universell-ontologische Voraussetzung allen Verstehens ist. Seine These lautet:

„Das Sein, das verstanden werden kann, ist Sprache.“[736]

Anders ausgedrückt: Alles, was verstanden werden kann, ist Sprache. Das Seiende ist also Sprache, das heißt sich darstellen, sich dem Menschen offenbaren. Das gesprochene Wort ist wie ein Spiegel (speculum), in dem die Sache gesehen wird.[737] Im Wort der Sprache spiegelt sich die Sache wider, sie kommt im Wort zum Vorschein, sie liegt im Wort vor. Das Spiegelbild und ihr Gegenstand sind zwar verschieden, sie bleiben jedoch ein und dasselbe Seiende. Um es mit Gadamer zu sagen:

„Was zur Sprache kommt, ist zwar ein anderes, als das gesprochene Wort selbst. Aber das Wort ist nur Wort durch das, was in ihm zur Sprache kommt. Es ist in seinem eigenen sinnlichen Sein nur da, um sich in das Gesagte aufzuheben. Umgekehrt ist auch das, was zur Sprache kommt, kein sprachlos Vorgegebenes, sondern empfängt im Wort die Bestimmtheit seiner selbst.“[738]

Das Seiende ist uns Menschen somit nur sprachlich erschlossen, aber nicht nur dieses oder jenes, sondern Seiendes überhaupt. In der ontologischen Dimension der Sprache ereignet sich gleichsam ein Darreichen von Welt. So schreibt Gadamer:

„Die Sprache ist nicht nur eine der Ausstattungen, die dem Menschen, der in der Welt ist, zukommt, sondern auf ihr beruht, und in ihr stellt sich dar, daß die Menschen überhaupt *Welt* haben. Für den Menschen ist die Welt als Welt da, wie sie für kein Lebendiges sonst Dasein hat, das auf der Welt ist. Dies Dasein der Welt ist sprachlich verfaßt. Das ist der

---

[736] ders.: a.a.O., 450. Vgl. hierzu auch ders.: „Sein, das verstanden werden kann, ist Sprache.“

[737] Zur Spiegelmetapher vgl. das interessante Büchlein von Luciana Floris: *Lo specchio magico. Il tema della parola nel pensiero di Martin Heidegger*, v.a. 90-93, 148.

[738] Gadamer: a.a.O., 450.

eigentliche Kern des Satzes, den Humboldt in ganz anderer Absicht äußert, daß die Sprachen Weltansichten sind."[739]
Bei Heidegger heißt es: „Kraft der Sprache und nur kraft ihrer waltet die Welt - ist Seiendes."[740] Die Sprache ist als dieses Geschehen weltbildend, in ihr ist der Horizont der Welt erschlossen: „Nicht nur ist die Welt nur Welt, sofern sie zur Sprache kommt - die Sprache hat ihr eigentliches Dasein nur darin, daß sich in ihr die Welt darstellt. Die ursprüngliche Menschlichkeit der Sprache bedeutet also zugleich die ursprüngliche Sprachlichkeit des menschlichen In-der-Welt-seins."[741]

6.2.2 Das Verhältnis von Mensch und Sprache

Nun stellt sich die Frage: Wie ist das Verhältnis von Mensch und Sprache beim späten Heidegger bestellt? Außerdem: Wie unterscheidet sich Heideggers Bestimmung des Verhältnisses von Mensch und Sprache von der sprachwissenschaftlichen und sprachphilosophischen Auffassung?
Sowohl in der Sprachwissenschaft als auch in der Sprachphilosophie, insbesondere der analytischen, wird die Sprache üblicherweise als Verständigungs- bzw. Kommunikationsmittel des Menschen gefasst, das der Vermittlung von Information dient. Sprache wird dabei wesentlich als eine Tätigkeit des Menschen betrachtet. Aristoteles folgend kennzeichnet man den Menschen als ξῷον λόγον ἔχον, d.h. als das sprechende bzw. sprachvermögende Lebewesen. Entsprechend fasst man Sprache als Ausdruck eines inneren Erlebnisses oder Gemütszustandes, als lautliche Artikulation der Seele. Ferner gehen alle geläufigen Interpretationen der Sprache von ihrem Zeichen- oder Bedeutungscharakter aus. Auch hierbei bewegt man sich auf dem Boden der grundlegenden Aristotelischen Deutung der Sprache in der Abhandlung *De Interpretatione* (περὶ ἑρμηνείας)[742], wonach die Sprache einen dreifachen Zeichencharakter hat: Die Buchstaben zeigen (σύμβολα) die Laute, die

[739] vgl. a.a.O., 419.
[740] GA 38, 168.
[741] Gadamer: a.a.O., 419.
[742] vgl. *De interpretatione*, 16a 3-8.

Laute zeigen (σημεία) die Erleidnisse der Seele und diese Erleidnisse zeigen (όμοίωματα) die sie betreffenden Sachverhalte. Auffälligerweise benennt Aristoteles jede der Weisen des Zeigens mit einem anderen Terminus, die nach Heideggers Deutung jedoch darin übereinkommen, dass sie alle vom Zeigen im Sinne des Erscheinen-Lassens her verstanden werden, das seinerseits in der Entbergung (ἀλήθεια) wurzelt. Seit der Stoa werde das Zeichen nicht mehr vom Zeigen als Erscheinen-Lassen her gefasst, sondern nur noch als Instrument des Bezeichnens, welcher Wandel im Wandel des Wesens der Wahrheit beruhe.[743]

Meines Erachtens lassen sich die beiden Haupteinwände Heideggers gegen die übliche Sprachbetrachtung in Analogie zu den zwei Kritikpunkten an der geläufigen Technikbetrachtung auf zwei Formeln bringen: 1. Sprache ist hier nur ein Mittel zum Zweck der Verständigung (instrumentale Deutung). 2. Sprache ist ausschließlich eine Tätigkeit des Menschen (anthropozentrische Deutung). Letzteres trifft laut Heidegger selbst noch die von ihm sonst so hochgeschätzte Sprachauffassung Wilhelm von Humboldts, dessen Verdienst es war, Sprache primär als Tätigkeit (ἐνέργεια) und erst sekundär als Werk (ἔργον) zu begreifen, der diese Tätigkeit jedoch ebenso wie die Tradition vor ihm als Arbeit eines menschlichen Geistes, d.h. eines Subjektes ausgelegt hat.[744]

Heidegger dagegen fasst Sprache als etwas unmittelbar auf das Sein selbst bzw. den ganzen Bezug von Sein und Menschenwesen Bezogenes und somit weit über den Bereich des Menschen Hinausgehendes. Für ihn spricht primär die Sprache, nicht der Mensch. Daher der Satz: *Die Sprache spricht.*[745] Auf Grund dessen spricht Heidegger nicht mehr von Verstehen wie in *Sein und Zeit*, sondern von Hören. Das Verstehen passt nicht mehr zu seinem späteren begrifflichen Instrumentarium, weil es für ihn meines Erachtens zu *subjektiv* klingt. An die Stelle des verstehenden Daseins tritt der hörende Mensch.

Heidegger kehrt das Verhältnis von Mensch und Sprache um: Nicht der Mensch hätte demnach Sprache, sondern es ist die Sprache, „die den

[743] US 244 f.
[744] a.a.O., 246 f.
[745] a.a.O., 12, 19, 32 f.; vgl. hierzu SG 161.

Menschen ‚hat'."[746] Mit der Umkehrung der Position des Menschen leitet Heidegger eine denkerische Revolution in der abendländischen Philosophiegeschichte ein. Die berühmte Aristotelische Formel ζῷον λόγον ἔχον, lateinisch *animal rationale*, wird auf den Kopf gestellt. Die Neuformel lautet nun: λόγος ἄνθρωπον ἔχων.[747] Mit anderen Worten: Der Mensch ist nicht länger der Beherrscher der Sprache, sondern die Sprache die Herrin des Menschen. Die Umkehrung des Verhältnisses von Mensch und Sprache ist keine bloße ‚Hypostatisierung' der Sprache wie Richard Rorty meint[748], sondern vielmehr ein kühner Versuch Heideggers, die Vorherrschaft des modernen Subjekts seit Descartes und die daraus hervorgehende Anthropozentrik zu brechen.

Damit erweist sich sowohl die instrumentale als auch die anthropozentrische Deutung der Sprache als hinfällig. Um es mit Heidegger auszudrücken:

„Die Sprache ist in ihrem Wesen weder Äußerung eines Organismus noch Ausdruck eines Lebewesens. Sie läßt sich daher auch nie vom Zeichencharakter her, vielleicht nicht einmal aus dem Bedeutungscharakter wesensgerecht denken. Sie ist lichtend-verbergende Ankunft des Seins selbst."[749]

Insofern das Sein in der Sprache zum Anwesen kommt und in ihr geborgen ist, stellt die Sprache das „Haus der Wahrheit des Seins"[750] dar.

Dass sich Heideggers Sprachbetrachtung auf einer völlig anderen Ebene bewegt als die Linguistik und die Sprachphilosophie, verdeutlicht auch ein Blick auf ihre verschiedenen Fragestellungen und Interessenpunkte: Die Linguistik kümmert sich vorwiegend darum, wie Sprache funktioniert, und versucht diese Funktionen grammatisch zu beschreiben, wobei

---

746 *Phänomenologie und Theologie*, 43; vgl. hierzu GA 39, 75.

747 EiM 134; vgl. auch Cristin, R.: „Die Abenteuer des Bewusstseins. Zum Subjektbegriff bei Husserl und Heidegger", in: A. Lohmar/ H. Peucker (Hg.): *Subjekt als Prinzip*, 169; Mittelstrass, J.: *Über Philosophische Sprache*, 24; Taylor, C.: „Heidegger, Language, and Ecology", in: H.L. Dreyfus & H. Hall (ed.): *Heidegger: A Critical Reader*, 247-267; Floris, L.: a.a.O., 60-61; 112-113.

748 vgl. R. Rorty: „Wittgenstein, Heidegger, and the reification of language", in: C. Guignon (ed.): *The Cambridge Companion to Heidegger*, 352.

749 Hum 16.

750 a.a.O., 9.

Syntax und Phonologie ein Vorrang zukommt, Semantik und Pragmatik haben erst in den letzten Jahren an Bedeutung gewonnen. Mit Semantik ist zumeist der Untersuchungsbereich gemeint, in dem die Frage nach der Bedeutung sprachlicher Ausdrücke behandelt wird, und mit Pragmatik jener, in dem die Sprecher und Hörer in ihrem Gebrauch von Sprache mitberücksichtigt werden. Die analytische Sprachphilosophie interessiert sich vornehmlich für die logische Wahrheit und Falschheit von Sätzen, orientiert sich dementsprechend fast ausschließlich am Aussagesatz, der nach Aristoteles allein wahr oder falsch sein kann, und analysiert vorwiegend semantische Strukturen. Heidegger dagegen geht es weder um die Grammatik noch um die Logik von Sätzen, sondern um das Wesen der Sprache. Das Wort ‚Wesen' meint dabei nicht einen unveränderlichen Was-Gehalt (essentia), sondern die Weise, wie Sprache west. Dementsprechend geht er weder vom Aussagesatz noch von der Alltagssprache aus, sondern vom dichterischen Wort, in dem sich die Sprache selbst zur Sprache bringt.

6.2.3 Das Wesen der Sprache

In der Einleitung zu den drei Vorträge *Das Wesen der Sprache* ist formuliert, worum es geht: „mit der Sprache eine Erfahrung zu machen."[751] Das soll nicht bedeuten, dass wir mit der Sprache Experimente anstellen, sondern „daß wir erst einmal auf *unser Verhältnis zur Sprache* aufmerksam werden, um fortan dieses Verhältnisses eingedenk zu bleiben."[752] Wir wollen über etwas, das unser Sein betrifft, mit uns selbst ins Klare kommen. Es handelt sich nicht darum, Wissen über die Sprache zu sammeln, im Sinne der Meta-Sprache, der Meta-Linguistik. Gleich zu Beginn macht Heidegger deutlich, dass seine Frage nach dem Wesen der Sprache nicht mehr in den Bahnen der neuzeitlichen Metaphysik geschehen soll und dass die Forschungen im Sinne der Meta-Sprache gerade dieser Bahn verhaftet bleiben.
„Denn die Metalinguistik ist die Metaphysik der durchgängigen Technifizierung aller Sprachen zum allein funktionierenden interplanetarischen

[751] US 159.
[752] a.a.O.

Informationsinstrument. Metasprache und Sputnik, Metalinguistik und Raketentechnik sind das Selbe."[753]

Bei der Erfahrung mit der Sprache will Heidegger „die Sprache als die Sprache zur Sprache bringen"[754], d.h. die Sprache sich selbst an ihr selbst und von ihr selbst her zeigen lassen. Heideggers Sprachbetrachtung ist also phänomenologisch und versucht so, zum Wesen der Sprache vorzudringen. Ihm geht es weder um grammatisch-funktionalistische Beschreibung wie den Linguisten, noch um eine logisch-semantische Analyse wie den Sprachanalytikern, sondern um eine phänomenologische Wesensentbergung der Sprache. Die Sprache soll nicht aus einem anderen begründet werden, sondern rein aus sich selbst im Sinne eines abgründigen Grundes.

Anhand von Stefan Georges Gedicht *Das Wort* begibt sich Heidegger auf dem Weg zur Erfahrung des Wesens der Sprache. Der Text lautet:

Wunder von ferne oder traum
Bracht ich an meines landes saum

Und harrte bis die graue norn
Den namen fand in ihrem born-

Drauf konnt ichs greifen dicht und stark
Nun blüht und glänzt es durch die mark...

Einst langt ich an nach guter fahrt
Mit einem Kleinod reich und zart

Sie suchte lang und gab mir kund:
‚So schläft hier nichts auf tiefem grund'

Worauf es meiner hand entrann
Und nie mein land den schatz gewann...

---

753 a.a.O., 160.
754 a.a.O., 242.

So lernt ich traurig den Verzicht:
Kein ding sei wo das wort gebricht.

Die erste Triade kündet von der Mächtigkeit des Dichters, Erstaunliches und im Traum Erschautes vermag er einzuholen. Die Schicksalgöttin (Norne) schenkt ihm Namen für das Eingebrachte. So kommt das schon Seiende durch das Wort zum Erscheinen, auch für die anderen. Durch die Namen behält der Dichter das Gesehene, in diesem Behalten vermag es sich zu entfalten. Ein Höhepunkt des dichterischen Tuns ist dargestellt. Der Gegenwart, in der diese Triade ausmündet: „Nun blüht und glänzt es durch die mark ...“ zeigt das Gegenwärtigen, das in diesem Dichten geschieht, in dem die Namen die Herrschaft über die Dinge erlangen.
In der zweiten Triade ist im Gegensatz dazu eine Erfahrung genannt, in der der Dichter nicht Entlegenes zur Namensgebung bringt, sondern etwas auf der Hand Liegendes, das er ‚Kleinod‘ nennt. Vielleicht dürfen wir hier vermuten, dass es das Kleinod ist, wodurch das Sein des Trägers in Erscheinung tritt. Gerade dafür findet die Norne keinen Namen. Hatte sie bis dahin für jegliches Seiende einen Namen gefunden, so könnte man annehmen, das jetzt Präsentierte sei etwas Nicht-Seiendes. Aber andererseits ist es doch als Kleinod, ein kostbarer Schatz. Mit dem Ausbleiben des Wortes dafür verschwindet das Kleinod, der Dichter kann es nicht festhalten. Hier kommt eine neue Seinsweise des Wortes zum Vorschein. Das Wort kann nicht nur für schon Seiendes den Namen liefern. „Es ist nicht mehr nur benennender Griff nach dem schon vorgestellten Anwesenden, nicht nur Mittel der Darstellung des Vorliegenden. Dem entgegen verleiht das Wort erst Anwesen, d.h. Sein, worin etwas als Seiendes erscheint“.[755]
Und so klingt das Gedicht aus in die Verse:

So lernt ich traurig den Verzicht:
Kein ding sei wo das wort gebricht.

[755] a.a.O., 227.

Wie ist dieser Schluss zu verstehen? Er nennt nach Heidegger nicht das, worauf verzichtet wird, sondern den Bereich, in den sich der Verzicht einlassen muss. „Worauf der Dichter verzichten lernte, ist die vormals von ihm gehegte Meinung über das Verhältnis von Ding und Wort. Der Verzicht betrifft das bis dahin gepflegte dichterische Verhältnis zum Wort. Der Verzicht ist die Bereitschaft zu einem anderen Verhältnis."[756]
Das Wörtchen ‚sei' ist nicht als Konjuntiv, sondern als Imperativ zu verstehen. Das heißt also: In der Absage an sein vormaliges Verständnis liegt zugleich ein Geheiß.
„Der Dichter hat erfahren, daß erst das Wort ein Ding als das Ding, das es ist, erscheinen und also anwesen läßt. Das Wort sagt sich dem Dichter als das zu, was ein Ding in dessen Sein hält und erhält."[757]
Der Dichter erfährt sich als Verweser des Wortes. Wenn hier eine Grenzerfahrung ausgesprochen ist, wofür das Wort nicht zulangt, die Norne keinen Namen findet, ist das nicht rein negativ zu nehmen, vielmehr wird mit dem Lernen des Verzichts zugleich gegenwärtig, was das Wort vermag.
Der Deutungsversuch des Schlussverses von Georges Gedicht sollte zeigen, dass es hier um das Verhältnis von Ding und Wort geht, ja dass das Wort dem Ding zu seinem Sein verhilft, es darin hält. Das Wort steht also nicht nur in einem Verhältnis zum Ding, sondern ist das, „was das Ding als Ding hält und verhält"[758], was Heidegger das „Verhältnis" nennt, wobei in diesem Wort nicht einfach ein bloßer Bezug gedacht ist, sondern das Haltende im Sinne des Gewährenden.
Was Dichter und Denker gemeinsam haben, ist das Element der Sprache, wobei wir aber noch nicht wissen, wie Element zu denken ist und wie es sich wandelt, je nachdem, ob das Wort dichterisch oder denkerisch gebraucht wird. Bei dem Deutungsansatz von Georges Gedicht schien so etwas wie die Nachbarschaft von Dichten und Denken erreicht, vom Denken her sollte das Gedichtete zugänglich werden. Aber wie Heidegger nun sagt, fehlt diesem Versuch etwas Entscheidendes, nämlich die Nachbarschaft als solche zu fassen, die Nachbarschaft, von

[756] a.a.O., 167 f.
[757] a.a.O., 168 f.
[758] a.a.O., 188.

der die Deutung ansetzte. Wir halten uns jeweils schon in der Sprache auf, aber diesen Aufenthalt eigens zu Gesicht zu bekommen, gehört zum Schwierigsten. Und ist dieser Aufenthalt das den Menschen in seinem Wesen Bestimmende, so kann hinzugefügt werden, dass die Rückkehr in die Ortschaft des Menschseins das ist, was uns in der Heideggerschen Dimension des Denkens aufgegeben ist und was all sein Bemühen und Trachten trägt. Dabei dürfen wir die Ortschaft nicht als eine „festen Platz" verstehen, auf den der Mensch gleichsam festgenagelt wäre, sondern als die Stätte, an der ihm seine Möglichkeit des Entfaltens gegeben wird.

Der Rückgang zu dieser Stätte ist von Heidegger nie und nimmer als eine willkürliche Archaisierung gedacht wie Tugendhat ihm unterstellt[759]; das ist schon deswegen unmöglich, weil das Dasein als geschichtliches verstanden wird, und das Sein selbst in der Dimension der Zeit gedacht ist. Wenn Heidegger allerdings in diesem Zusammenhang „den Schritt zurück in die Ortschaft des Menschenwesens" und „den Fortschritt in Maschinenwesen"[760] gegenüberstellt, so steht dahinter: So lange der Mensch nicht weiß, worin sein Wesen besteht, worin es gründet, so lange ist jeder Fortschritt im Sinne der technischen Beherrschbarkeit fragwürdig, denn der Fortschreitende kann nur an der zunehmenden Beherrschbarkeit der Natur sein Fortschreiten messen und braucht nichts davon zu wissen, wie es mit ihm selbst dabei bestellt ist und ob das, was in diesem Umgang mit der Natur von ihr sichtbar wird, die Natur schlechthin ist.

Bei der Deutung des Gedichts von Stefan George war offen geblieben, wie das Kleinod zu verstehen ist. Jetzt macht Heidegger einen Vorschlag: Das Kleinod, für das die Norne kein Wort findet, ist nichts anderes als das Wort selbst. Damit zeigt sich die Grenze für den Dichter. Im Dichterland ist das Wort für das Wort nicht zu finden. Kann es vielleicht vom Denken her geschehen? Das Wort genauso wie das ‚ist' ist nicht unter den Dingen zu finden.

---

[759] vgl. Tugendhat, E.: *Vorlesung zur Einführung in die sprachanalytische Philosophie*, 105.

[760] US 190.

„Vom Wort dürften wir, sachgerecht denkend, dann nie sagen: Es ist, sondern: Es gibt - nicht in dem Sinne, daß ‚es' Worte gibt, sondern daß das Wort selber gibt."[761]

Das Wort ist seinem Wesen nach gebend, was es gibt, ist das Sein.

„Dann hätten wir denkend in jenem ‚es, das gibt' das Wort zu suchen als das Gebende selbst, aber nie Gegebene."[762]

Da Dichten und Denken ausgezeichnete Weisen des Sagens sind, und zwar dadurch ausgezeichnet, dass in ihnen sich die Sprache selbst zur Sprache bringt, nennt Heidegger das Wesen der Sprache die ‚Sage'.

„Sagen, sagan heißt zeigen: erscheinen lassen, lichtend-verbergend freigeben als dar-reichen dessen, was wir Welt nennen. Das lichtend-verhüllende, schleiernde Reichen von Welt ist das Wesende im Sagen."[763]

Das wäre zunächst die konsequente Fortführung der Sprachbetrachtung aus *Vom Ursprung des Kunstwerkes*, wobei das Erscheinenlassen in seiner Gedoppeltheit des Frei-gebens und Zurückhaltens, der Entbergung und Verbergung gesehen wird.[764] Hier zeigt sich der entbergend-verbergende Charakter der Sprache, den einige Heidegger-Interpreten nicht zu Unrecht in den Vordergrund gestellt haben. Dieter Sinn sieht in der Verhältnishaftigkeit der Wahrheit den Grundgedanken der gesamten Heideggerschen Spätphilosophie, der sich in besonders auffälliger Weise in Sprache und Wort manifestiert.[765] Die Sprache vollzieht die Wahrheit als Verhältnis. „Die Verhältniswahrheit ist damit ausschließlich und umfassend die Sprachwahrheit."[766] Otto Pöggeler zufolge achtet Heidegger „auf seinem Denkweg immer entschiedener darauf, dass das Wahrheitsgeschehen im wesentlichen ein Sprachgeschehen ist."[767] Werner Marx bestimmt zwar ebenfalls das Wesen der Sprache von der ἀλήθεια her, weil die Sage die „gleiche Struktur" wie die ἀλήθεια besitze, versucht aber in seiner Heidegger weiter denkenden

[761] a.a.O., 193.
[762] a.a.O.
[763] a.a.O., 200.
[764] vgl. GA 5, 41 f.
[765] vgl. D. Sinn: „Heideggers Spätphilosophie", in: PhRd 14 (1966/67) 172, 174, 176.
[766] a.a.O., 179.
[767] Pöggeler, O.,: *Der Denkweg Martin Heideggers*, 292.

Interpretation, ‚Sage' vom Gedanken der ‚Gegend' im Sinne einer „schematisierten Offenheit" her zu erhellen.[768] Nach Irmgard Bocks Überzeugung wird Sprache primär aus der „ontologischen Differenz" bzw. dem „Unter-schied" gedacht.[769] Das heißt: Zwischen Sprache und Sprachen besteht diesselbe Differenz wie zwischen Sein und Seiendem, Welt und Innerweltlichem.

Alle kommen darin überein, dass sie Sprache bei Heidegger aus einem „Dritten" verstehen, in das Sein und Mensch gehören. ‚'Αλήθεια' ‚Gegend', ‚Unter-schied' sind allesamt verschiedene Beschreibungsmodelle oder auch Perspektiven dieses ‚Dritten'. Ferner kommen sie alle darin überein, dass sie in das ‚Ereignis' gehören bzw. Weisen des Ereignisses sind.

Das Leitwort für die Erfahrung der Sprache lautet: *Das Wesen der Sprache: Die Sprache des Wesens.*

In diesem Leitwort vollzieht sich ein Umschlag, der uns, wenn wir ihn eingesehen haben, wenn er sich mit uns ereignet, zum Äußersten führt. In der Wendung vor dem Doppelpunkt ist das Wesen als das Was-sein verstanden. Die Sprache ist das Subjekt, es geht darum, die *essentia* dieses Subjekts zu verstehen.

„Das so verstandene Wesen wird in jenes eingegrenzt, was man später den Begriff nennt, die Vorstellung, mit deren Hilfe wir uns das zustellen und greifen, was eine Sache ist."[770]

Das so verstandene Wesen hält uns im Bereich des metaphysischen Vorstellens fest. Mit der Wendung nach dem Doppelpunkt darf keineswegs bloß eine Umkehrung der Termini vollzogen werden, dass also nun das Wesen zum Subjekt und die Sprache von ihm ausgesagt wird, sondern diese Umkehrung soll die Wandlung vollziehen: vom metaphysischen Vorstellen zum nicht-mehr-metaphysischen Denken. Das fällt uns allerdings um so schwerer, als wir ganz im metaphysischen Vorstellen aufgewachsen sind und von ihm unsere Vorstellungsweise geerbt haben, so dass uns die neue Sprachweise befremden muss. Hieß ‚Wesen' in der ersten Wendung Was-sein, so soll es in der zweiten als

[768] vgl. Marx, W.: *Gibt es auf Erden ein Maß?*, 73 f, 146 f.
[769] vgl. Bock, I.: *Heideggers Sprachdenken*, 85, 89, 111.
[770] US 201.

‚Währen' und ‚Weilen' gedacht werden, aber nicht einfach als bloße Dauer, sondern als das, was uns angeht, berührt und bewegt. „Das Wesen so gedacht, nennt das Währende, uns in allem Angehende, weil alles Be-wëgende. Die zweite Wendung im Leitwort: ‚Die Sprache des Wesens' besagt demnach: Die Sprache gehört in dieses Wesende, eignet dem alles Be-wëgenden als dessen Eigenstes."[771] Wie ist dies alles Be-wëgende zu denken? Es ist in den Spätschriften als das Geviert gedacht, als die vier Weltgegenden von Erde, Himmel, Sterblichen und Göttlichen, die in ihrem Zusammenspiel die Welt sind.
Bei der Hölderlin-Deutung von Versen aus der V. Strophe von *Brod und Wein* sieht Heidegger das Wort „... als die Gegend, die Erde und Himmel, das Strömen der Tiefe und die Macht der Höhe, einander entgegnen läßt, Erde und Himmel zu Weltgegenden bestimmt."[772]
Hier wird also die Sprache als das verstanden, was das Zusammenspiel der vier Weltgegenden trägt. In diesem Zusammenspiel ereignet sich Nähe. Nähe und Sage als das Erscheinen-Lassen sind das Wesende der Sprache, sie sind dasselbe.
„Die Sprache ist als die Sage des Weltgevierts nicht mehr nur solches, wozu wir, die sprechenden Menschen, ein Verhältnis haben im Sinne einer Beziehung, die zwischen Mensch und Sprache besteht. Die Sprache ist als die Welt-bewegende Sage das Verhältnis aller Verhältnisse. Sie verhält, unterhält, reicht und bereichert das Gegen-einander-über der Weltgegenden, hält und hütet sie, indem sie selber - die Sage - an sich hält."[773]
Das Verlauten der Sprache ist nicht als ein Resultat physiologisch-physikalischer Vorgänge verstanden. „Das Lautende, Erdige der Sprache wird in das Stimmen einbehalten, das die Gegenden des Weltgefüges, sie einander zuspielend, auf einander einstimmt."[774] Heidegger hat hier, in Bezug auf die Sprache, eine Höhe des Sagens erreicht, die Befremden hervorruft. Die Sprache wird als das Ursprüngliche gedacht, das die Weltgegenden zusammen- und zugleich gegen-

[771] a.a.O.
[772] a.a.O., 207.
[773] a.a.O., 215.
[774] a.a.O., 208.

einanderhält. Wir stehen in der Gefahr, ins übliche Vorstellen zurückzufallen, die Sprache als so etwas wie ein äußeres Band zu betrachten, so dass nicht einsehbar ist, woher dieses Band kommt und woher es seine bindende Kraft erhält. Wenn wir Heidegger annähernd richtig verstehen wollen, ist die Sprache nichts Gesondertes, außerhalb des Welt-Gevierts Befindliches, wo sollte sie denn überhaupt sein, sondern sie ist im Geviert selbst, genauer: das Verhältnis des Gevierts. Sie ist keine transzendente Macht, sondern sie ist die im Geviert waltende Nähe, für die Heidegger das Wort „Nahnis" wählt. Sie ist, anders formuliert, die ursprüngliche Versammlung. Hier trifft sich Heidgger mit Heraklit und seinem Gedanken des λόγος, den Heidegger schon vor Jahrzehnten als die ursprüngliche Ver-sammlung ausgelegt hat. Die Sprache als ursprüngliche Versammlung ist lautlos. Durch sie ist dem Menschen das ‚ist-Sagen' geschenkt. Die versammelnde, lautlose Sprache der Stille ist die Sprache des Wesens. Im letzten Vers des eingangs zitierten Gedichts von Stefan George sieht Heidegger einen dichterischen Hinweis zum denkerischen Erfassen der Sprache als Stille. Das ist nur möglich, weil Dichten und Denken ihre Nachbarschaft in der Sprache als Nähe besitzen.

Der Vortrag *Der Weg zur Sprache* denkt die Sage auf das Ereignis hin weiter. Sein tautologisch klingendes Leitwort: „*Die Sprache als die Sprache zur Sprache bringen*"[775] nennt mit dem Wort ‚Sprache' jedesmal ein Anderes und gleichwohl das Selbe. Sprache meint erstens das gesuchte Sprachwesen, zweitens die Sage als die Weise, wie sich dieses Wesen zeigt, und drittens das lautliche Sprechen, von dem her wir gewöhnlicherweise Sprache verstehen. Das Sagen präzisiert Heidegger in diesem Vortrag als Zeigen im Sinne eines Erscheinen-Lassens, Hören- und Sehen-Lassens, d.h. als eine Weise der ἀλήθεια. Die Sage im Heideggerschen Sinn, bei der nicht an die „Götter- und Heldensage" gedacht ist, ist im Unterschied zur Aussage bzw. zum Ausdruck wesentlich „lautlose Sage".[776] Zur Verdeutlichung dessen, was er unter Sage versteht, greift Heidegger auf das ausgestorbene Wort ‚Zeige' zurück und bestimmt das Wesen der Sprache näher:„Das Wesende der

[775] a.a.O., 242.
[776] a.a.O., 260.

Sprache ist die Sage als die Zeige."[777] Mit der Zeige erhält Heideggers Phänomenologieverständnis eine neue sprachliche Dimension.[778] Das Zeigen gründet nicht im Zeichen, wie die moderne Sprachwissenschaft annimmt, sondern umgekehrt entstammen alle Zeichen diesem erscheinenden Zeigen. Auch ist dieses Zeigen nicht auf den Menschen beschränkt, sondern kennzeichnet das An- und Abwesen von Anwesendem jeder Art und Stufe. Selbst dort, wo unser Sagen das Zeigen vollbringt, folgt dieses einem vorgängigen Sich-Zeigen-Lassen. Daher bildet das Sprechen keinen Gegensatz zum Hören wie gewöhnlich unterstellt wird, sondern ist wesensmäßig auf dieses bezogen. Alles Sprechen ist zuvor ein Hören. Alles Sprechen bleibt in die „gewährende Sage" gebunden, wie umgekehrt die Sage das Sprechen zur Verlautbarung ‚braucht'. Der Sprechende kann nach Heidegger nur sprechen, weil er auf die Sprache hört, und hören kann er nur, weil er in sie gehört.

„Allein den ihr Gehörenden gewährt die Sage das Hören auf die Sprache und so das Sprechen."[779]

So gelangt Heidegger dazu, das Gewähren als einen Grundzug der Sprache herauszuheben. Das Verhältnis des Sprechenden zur Sprache erinnert an das früher gesehene Verhältnis des Daseins zum Sein. Heidegger sagt: Dasein kann nur sein von Gnaden des Seins, aber andererseits braucht das Sein das Dasein. Dieses Gebrauchtwerden des Menschen geht auf den ältesten griechischen Begriff für das Sein zurück, nämlich Χρεών[780], den Heidegger mit dem Wort ‚Brauch' wiedergibt.[781] Hier lesen wir: „Die Sprache braucht das menschliche Sprechen und ist gleichwohl nicht das bloße Gemächte unserer Sprechtätigkeit."[782] Der Mensch ist also der *Gebrauchte* sowohl des Seins als auch der Sprache.

---

777 a.a.O., 254.

778 vgl. Pöggeler, O.: „Heideggers Neubestimmung des Phänomenbegriffs", in: *Phänomenologische Forschung* 9 (1980) 153.

779 US 255.

780 vgl. Tanzer, M.B.: „Heidegger on Being's Oldest Name 'Tὸ Χρεών'", in: HS vol. 15 (1999) 81-96.

781 vgl. Caputo, J.: Heidegger und Aquinas. An Essay on Overcoming Metaphysics, 191.

782 a.a.O., 256. Vgl. hierzu auch Borghi, M.: „Heidegger-Sprache-Übersetzung. Ein internationales Kolloquium in Lissabon", in: HS vol. 19 (2003) 181.

Die Grundsprache, die Heidegger Sage nennt, ermöglicht alles Erscheinen.

„Die Sage durchwaltet und fügt das Freie der Lichtung, die alles Scheinen aufsuchen, alles Entscheinen verlassen, dahin jegliches An- und Abwesen sich hereinzeigen, sich einsagen muß. Die Sage ist die alles Scheinen fügende Versammlung des in sich vielfältigen Zeigens, das überall das Gezeigte bei ihm selbst bleiben läßt."[783]

Nun drängt sich die Frage auf: Woher stammt aber das Zeigen? Wer zeigt, wenn nicht der Mensch? Fragen wir so, dann fragen wir nach Heideggers Ermessen zu viel. Ihm genügt es darauf zu achten, was sich im Zeigen regt, das uns zwar vertraut ist, das wir aber doch nicht einmal kennen, geschweige denn auf die gemäße Weise zu erkennen versuchen. Dieses sich Regende im Zeigen der Sage, das wir nur noch nennen, jedoch nicht mehr selbst erörtern können, weil es „die Ortschaft aller Orte und Zeit-Spiel-Räume"[784] darstellt, ist das „Eignen des Ereignisses". Es erbringt und er-gibt sowohl das Anwesende und Abwesende in sein je Eigenes, aus dem dieses sich an ihm selbst zeigt und nach seiner Art verweilt, als auch das Freie der Lichtung, in der Anwesendes anwähren und Abwesendes sich entziehen und im Entzug wesen kann. Dabei verweist Heidegger auf seinen Vortrag *Der Satz der Identität*, in dem Ereignis ja auch als das das Sein und Menschenwesen in ihr Eigenes Bringende und als das das vorgängige Zusammengehören beider Ergebende gedacht wurde, was E. Kettering als NÄHE auslegte[785] und Heidegger in anderen Schriften als Lichtung, Wahrheit, Welt und Unter-schied bezeichnet. Die damals aufgewiesene Struktur des Heideggerschen Seinsdenkens erfährt jetzt durch die Erörterung des Wesens der Sprache als Sage, Zeige und NÄHE eine weitere Bestätigung: Auch die Sage als NÄHE gehört in das Ereignis. Das Ereignis ist der letzte Gedanke, zu dem Heideggers Seinsdenken vordringt. Es kann auf nichts anderes mehr zurückgeführt werden, ja es kann von ihm nichts anderes erfahren werden als sein Ereignen, denn das Ereignis

---

[783] US 257.

[784] a.a.O, 258.

[785] Die Erfahrung der NÄHE ist nach Kettering der Schlüssel (aller Schlüssel) zu Heideggers Seinsdenken, vgl. Kettering, E.: NÄHE, 82, 339, 365.

und sein Ereignen sind untrennbar eins. Hier versagt die Grammatik, die ein Subjekt ‚Ereignis' von einem Prädikat ‚ereignen' unterscheidet.
„Das Ereignis ist das Unscheinbarste des Unscheinbaren, das Einfachste des Einfachen , das Nächste des Nahen und das Fernste des Fernen, darin wir Sterblichen uns zeitlebens aufhalten."[786]
„Das Nächste des Nahen", weil es sowohl die Lichtung als auch alles Anwesen gewährt, in der und bei dem wir immer schon sind, „das Fernste der Fernen", weil wir es gewöhnlich nicht in den Blick bekommen, vielleicht gerade auf Grund seiner übergroßen Nähe. Dies gilt auch für das Wesen der Sprache:
„Daß wir das Sprachwesen nicht wissen können - nach dem überlieferten, aus dem Erkennen als Vorstellen bestimmten Begriff des Wissens - ist freilich kein Mangel, sondern der Vorzug, durch den wir in einen ausgezeichneten Bereich vorgezogen sind, in jenen, darin wir, die zum Sprechen der Sprache Gebrauchten, als die *Sterblichen* wohnen."[787]
Das Ereignis vereignet den Menschen als Hörenden in die Sage und entlässt ihn dergestalt in sein Eigenes, damit er als der Sprechende der Sprache entgegnet. „Jedes gesprochene Wort ist schon Antwort: Gegensage, entgegenkommendes, hörendes Sagen."[788] Menschliches Sprechen im eigentlichen Sinn ist Ent-sprechen. Dies gilt auch für das Schweigen, das Heidegger in *Sein und Zeit* als Ursprung des Sprechens bezeichnete.[789] In der brauchenden Vereignung lässt das Ereignis die Sage zum Sprechen gelangen, be-wëgt es die Sage zur Sprache. Damit erhält das Leitwort des Vortrages: „Die Sprache als die Sprache zur Sprache bringen" folgenden Sinn:
„Die Bewëgung bringt die Sprache (das Sprachwesen) als die Sprache (die Sage) zur Sprache (zum verlautenden Wort)."[790]
Der Weg zur Sprache hat sich unterwegs zum Weg der Sprache gewandelt, vom menschlichen Tun in das Ereignis des Sprachwesens selbst verlagert.

---

[786] US 259.
[787] a.a.O. 266.
[788] a.a.O., 260.
[789] SZ § 34, 164.
[790] US 261.

Das Ereignis ist wesenhaft sagend. „Die im Ereignis beruhende Sage ist als das Zeigen die eigenste Weise des Ereignens.“[791] Das Sprachwesen schreibt die ‚Ur-kunde‘ des Ereignisses. Weil das Ereignis selbst eignend-haltend-ansichhaltend das „Verhältnis aller Verhältnisse“[792] ist und sich wesentlich sprachlich ereignet, darf in abgeleiteter Weise auch die Welt-be-wëgende Sage als „Verhältnis aller Verhältnisse“[793] bezeichnet werden. Als solches ist sie „das Haus des Seins“ im Sinne der Hut allen Anwesens.

6.2.4 Die Sprache und die Dichtung

Worin besteht der Ursprung der Sprache als solcher? Heidegger sucht ihn im Phänomen der Dichtung. Wenn er in dem Aufsatz *Der Ursprung des Kunstwerkes* sagt: „Die Sprache ist Dichtung im wesentlichen Sinne“, so hat er damit gemeint, dass die Dichtung erst die Sprache ermöglicht. Daher ist es kein Zufall, dass Heidegger das Wort Hölderlins aufnimmt und sich darauf bezieht. Nach den 30er Jahren vertieft er das Denken über die Sprache im Gespräch mit Hölderlin.

In der Dichtung sieht Heidegger den Ursprung, der unsere alltägliche Sprache ermöglicht.[794] Aber was meint er mit dem Begriff ‚Dichtung‘? In der Freiburger Vorlesung vom Wintersemester 1934/35 bemerkt Heidegger, dass das Wort ‚dichten‘ von althochdeutsch *tithon* kommt und mit dem lateinischen *dictare* zusammenhängt. Darüber hinaus haben die Worte *tithon*, *dictare* den gleichen Stamm wie das griechische *deiknumi*, was „zeigen, etwas sichtbar, etwas offenbar machen, und zwar nicht überhaupt, sondern auf dem Wege eines eigenen Weisens“[795] heißt.

Durch diese etymologische Erklärung will Heidegger die in der Dichtung bewahrte, primäre und anfängliche Bedeutung aufzeigen. Dabei versucht er, die Dichtung nicht nur im engeren, modernen Verständnis als ein

[791] a.a.O, 262.
[792] a.a.O., 267.
[793] a.a.O., 215.
[794] vgl. Biemel, W.: „Poetry and Language in Heidegger“, in: J. Kockelmans (Hg.): *On Heidegger and Language*, 81.
[795] GA 39, 29.

literarisches Genre z.B. Lyrik, Epik usw. zu bestimmen, sondern er fasst sie als eines die Sprache selbst ermöglichendes Phänomen. In *Sein und Zeit* sah Heidegger das Wesen der Sprache in der Rede als einem Modus der Erschlossenheit des Daseins. Auch in den Erläuterungen zu Hölderlins Dichtung in den 30er Jahren beabsichtigt er, durch seinen Begriff von ‚Dichtung' im Zusammenhang mit der Seinsfrage nach dem Wesen der Sprache zu fragen. Insofern ergibt sich für uns die Notwendigkeit, die Interpretation Heideggers noch näher zu betrachten.

Im Aufsatz *Hölderlin und das Wesen der Dichtung* zitiert Heidegger das Gedicht Hölderlins *Andenken*: „Was bleibet aber, stiften die Dichter"[796] und betont damit, dass die Stiftung oder die Gründung dieses Bleibende im Wesen der Dichtung steckt. Das Bleibende wird auch das Himmlische genannt und dieses Himmlische legt Heidegger als das Sein aus, in dessen Offenheit das Seiende anwest. Also: Dichtung ist „worthafte Stiftung des Seins."[797]

Nun ist zu fragen: In welcher Weise jedoch ist solche Stiftung möglich? Heidegger zufolge wird sie nur durch das ‚Nennen' des Dichters möglich. „Der Dichter nennt die Götter und nennt alle Dinge in dem, was sie sind. Dieses Nennen besteht nicht darin, dass ein vordem schon Bekanntes nur mit einem Namen versehen wird, sondern indem der Dichter das wesentliche Wort spricht, wird durch diese Nennung das Seiende erst zu dem ernannt, was es ist. So wird es bekannt als Seiendes."[798]

Die Dichtung besteht im Grunde in dem ‚Nennen' des Seienden als solchem, d.h. dem Erschließen des Offenen, in dem das Seiende als solches dem menschlichen Dasein begegnet. In diesem Sinne bringt die Dichtung, d.h. das Nennen, das menschliche Dasein in einen festen Bezug zu den Göttlichen und stellt es auf den Grund der Dinge. Dass die Götter in ursprünglicher Weise genannt werden und das Wesen der Dinge zu Wort kommt, dieses anfängliche Geschehnis nennt Heidegger ‚Dichtung'.

Ist die Dichtung nun tatsächlich so etwas wie die Stiftung des Seins durch das Nennen? Kann sie direkt in die Wirklichkeit eingreifen und sie

---

[796] GA 4, 41.
[797] a.a.O.
[798] a.a.O.

verwandeln, indem sie eine reale Kraft ausübt? Ist nicht vielmehr die Dichtung das „unschuldigste aller Geschäfte“, wie Hölderlin selbst sagt, etwas Wirkungsloses und Harmloses in der bescheidenen Weise des Spiels? Es sieht wirklich so aus, als ob sie aus dem alltäglichen Leben herausgeworfen und so etwas wie ein Traum wäre im Vergleich zu der konkreten lärmenden Wirklichkeit. Die Dichtung scheint sich also dem Ernst der Entscheidungen zu entziehen, sich jederzeit unumgänglich schuldig zu machen.[799] Trotz dieses Anscheins denkt Heidegger jedoch, dass die Dichtung in einem ursprünglicheren Sinne ‚wirklich‘ ist und eine Kraft besitzt, den geschichtlichen Menschen zu binden und ihn vor wesentliche Entscheidungen zu stellen.

Für Heidegger ist die Dichtung tatsächlich die worthafte Stiftung des Seins. Insofern ist sie zweifach gebunden. Zum einen ist die Dichtung das ursprüngliche Nennen der Götter, die sich in einem Umfeld des Heiligen befinden. Dieses Nennen darf jedoch nicht als subjektivistisches Tun eines Dichters verstanden werden.

„Dem dichterischen Wort wird erst dann seine Nennkraft zuteil, wenn die Götter selbst uns zur Sprache bringen.“[800]

Das Sagen des Dichters ist das Auffangen dieser Winke, um sie an sein Volk weiterzugeben.[801] Also ist der Dichter sozusagen Prophet, der das noch nicht verwirklichte „erste Zeichen“ vernehmen und aussprechen kann. Andererseits ist die Dichtung, nach Heidegger, die Auslegung der „Stimme des Volkes“. „So nennt Hölderlin die Sagen, in denen ein Volk eingedenk ist seiner Zugehörigkeit zum Seienden im Ganzen.“[802] Aber weil diese Stimme oft verstummt und in sich selbst ermattet, bedarf sie des Dichters, der sie auslegt. So ist der Dichter, nach der Interpretation Heideggers, jener, der die zweifache Aufgabe übernimmt, erstens die Götter und das Heilige zu nennen und zweitens zugleich die Stimme des Volkes auszulegen. Insofern besitzt die Dichtung eine Kraft, die die Menschen an die Wirklichkeit bindet. Heidegger bezeichnet als ‚Dichter‘ jedoch nicht nur eine mit speziellem Talent begabte Person, sondern den

[799] vgl. a.a.O., 35.
[800] a.a.O., 45.
[801] a.a.O., 46.
[802] a.a.O.

eigentlichen Modus unseres menschlichen Daseins. Darum macht er sich Hölderlins Wort zu eigen: „Voll Verdienst, doch dichterisch wohnet / der Mensch auf dieser Erde."[803]

Zwischenbilanz: Sowohl die Sprache als Verständigungsmittel als auch als wissenschaftliches Werkzeug (organon) sind im Wesen der Sprache bzw. im Sprachwesen fundiert. Mit anderen Worten: Die Sprachwissenschaft, die Sprachphilosophie und die Logik setzen die Sprachontologie als ihre Möglichkeitsbedingung voraus. Kurzum: Der Λὸγος in der Zwiefalt von Sprache und Sein bildet also den universell-unhintergehbaren Grund allen Wissens und Erkennens und bleibt selbst ohne Grund, d.h. Ab-grund schlechthin.

[803] GA 7, 189-208.

7 Rückblick und Ausblick

Zum Abschluss stellt sich die Frage: Worin besteht der Ertrag dieser philosophischen Untersuchung? Zunächst fassen wir im Rückblick die Ergebnisse der einzelnen Kapitel zusammen.

Die Untersuchung ging im ersten Kapitel davon aus, das Phänomen der Alltäglichkeit bzw. der Durchschnittlichkeit des Daseins, die die traditionelle Metaphysik übersprungen hat, aus- und aufzuweisen. Das Dasein hat sozusagen ein Janusgesicht: ein uneigentliches und ein eigentliches. Uneigentlichkeit und Eigentlichkeit sind Explikationen des Begriffes der Möglichkeit als des Spielraums, in dem Dasein sich auf mannigfache Weise zu seinem Sein verhalten kann.[804] Streng terminologisch besagt Uneigentlichkeit: Sich so zu seinem Sein verhalten, dass man sich nicht zu eigen ist; das Dasein erfasst sich in seinem Sein lediglich implizit. Eigentlichkeit besagt dann: Sich so zu seinem Sein verhalten, dass dieses explizit erfasst wird.

Da das Dasein zunächst und zumeist uneigentlich lebt, d.h. an die Welt verfallen, ging das zweite Kapitel der Frage nach, wie es von seinem alltäglichen Zustand der Uneigentlichkeit in den Sonderzustand der Eigentlichkeit übergeht. Drei Phänomene, nämlich die Angst, der Tod und das Gewissen können Heidegger zufolge dem Dasein zur Eigentlichkeit verhelfen. Die Stimmung der Angst, das vorlaufende Verstehen des Todes und die lautlose Rede des Gewissens sind *existenzial-ontologisch* betrachtet die Bedingungen der Möglichkeit der Eigentlichkeit des Daseins als eines modifizierten Ergreifens der Uneigentlichkeit.

Im dritten Kapitel kam die Hauptthese der Dissertation, nämlich die Fundierung der Erkenntnis in der ursprünglichen Erschlossenheit zur Geltung. Das Ergebnis lautet: Die vor-theoretische Erschlossenheit besteht sowohl aus der Selbstgelichtetheit des Daseins als auch der Weltgelichtetheit. Allen möglichen Verhaltensweisen des Daseins liegt diese ganzheitliche Erschlossenheit voraus- und zugrunde.

[804] vgl. SZ § 9, 42f.

Mit dem Außenweltproblem und der Transzendenz setzte sich das vierte Kapitel auseinander. Die neuzeitliche erkenntnistheoretische Subjek-Objekt-Spaltung wurde mit einer ursprünglicheren ontologischen Fragestellung überwunden. Daraus ergibt sich: Die ontische Transzendenz ist in der ontologischen fundiert.

Das fünfte Kapitel untersuchte die Wahrheitsfrage sowohl beim frühen als auch beim späten Heidegger. Hierbei wurde festgestellt, dass es Heidegger nicht um diese oder jene Wahrheitstheorie geht, sondern um das Grundphänomen, das allen Wahrheitstheorien voraus- und zugrunde liegt, was Heidegger in *Sein und Zeit* A-letheia und später Un-Verborgenheit nennt.

Die Frage nach der Zusammengehörigkeit von Sein und Sprache wurde im sechsten Kapitel behandelt, wobei die Kontinuität und die Diskontinuität in Heideggers Sprachauffassung ans Licht kam. In der Enfaltung der Philosophie Heideggers weicht die Sprache als Rede und Modus der Erschlossenheit der Sprache als Sprache ab. Die Sprache als Verständigungsmittel und als Werkzeug (organon) der Wissenschaft gründet im Wesen der Sprache.

In der Spätphilosophie Heideggers rückten die Sprache und die Grundhaltung des Hörens in den Vordergrund. Die Erkenntnis ist nicht mehr im Verstehen fundiert wie in *Sein und Zeit*, sondern im Logos. Dabei zitiert Heidegger Johann Georg Hamann: „Vernunft ist Sprache, λόγος"[805], d.h. die Sprache ist die Mutter der Vernunft. Es nimmt kein Wunder, dass das Hauptwort *Vernunft* aus dem Zeitwort *vernehmen* abgeleitet ist. Vernunft ist demnach die Fähigkeit, etwas zu vernehmen, sich etwas sagen zu lassen.

Heideggers Philosophie des Wortes weist Ähnlichkeiten sowohl mit der christlichen Theologie des Wortes als auch mit dem Igbo[806] Konzept des Wortes (okwu) auf. Eine davon ist der Vorrang des gesprochenen Wortes vor dem geschriebenen. Das menschliche Sprechen bzw. Reden ist die Urform, in der die Sprache sich zum Ausdruck bringt. Des weiteren ähnelt der Primat des Hörens vor dem Sehen beim späten Heidegger der Hochschätzung des Hörens in der Igbo Kultur. Die Igbos drücken

[805] vgl. US, 13.
[806] Der Terminus bezeichnet ein Volk in Südost Nigeria und dessen Sprache.

dies mit einem Sprichwort aus: „Die Weisheit kommt vom Hören." Diese Lebensweisheit entspricht der biblischen Grundhaltung des Hörens. Als Gott Salomon vorschlägt: „Sprich eine Bitte aus, die ich dir gewähren soll", antwortet der weise König: „Verleih deinem Knecht ein hörendes Herz."[807] Das Herz ist im hebräischen Denken die Mitte des Menschen, wo die Gedanken reifen und die Entscheidung fallen. Das Geheimnis, ein „hörendes Herz" zu haben, liegt darin, ein Herz auszubilden, das zu hören fähig ist. Auch im Neuen Testament kommt dem Hören bzw. Zuhören eine Vorrangstellung zu. Dem Völkerapostel Paulus verdanken wir den Satz: *„fides ex auditu"*[808], d.h. der Glaube kommt vom Hören. Jesus selbst beschließt seine Lehren und Gleichnisse oft mit dem Mahnruf: „Wer Ohren (zum Hören) hat, der höre!"[809]

Das Hören bzw. der Gehorsam ist also die richtige Antwort auf das ergehende Wort. Infolgedessen schreibt Dietrich Bonhöffer: „Nur der Glaubende ist gehorsam, und nur der Gehorsame glaubt. [...] Es muss ein erster Schritt des Gehorsams gegangen werden, damit Glaube nicht frommer Selbstbetrug, billige Gnade werde."[810]

Nun stellt sich die Frage: Welchen Charakter hat also Heideggers Fundierungsdenken? Wie unterscheidet es sich von demjenigen der traditionellen Metaphysik? Diese Untersuchung hat deutlich genug gezeigt, dass es sich hierbei nicht um ableitende Begründungen von Sätzen aus anderen Sätzen handelt, dass Heidegger weder ein deduktives noch ein induktives Beweisverfahren im Sinn hat, sondern dass es ihm um eine Grundlegung im Sinne eines aufweisenden Frei-Legens eines immer schon waltenden, wenn auch in Vergessenheit geratenen Grundes geht. Grund bedeutet hierbei nicht primär das rationale Argument oder der Beweis (Apodeixis), sondern weit mehr den Boden, auf dem etwas gedeihen kann, bzw. den Spielraum, innerhalb dessen Seiendes zugänglich wird. Grund als Boden meint die Erde, auf der etwas gepflanzt werden kann, und den Humus, der alles Notwendige enthält, damit etwas wachsen und gedeihen kann. In diesem Sinne greift Heidegger in

[807] vgl. 1 Kön 3, 5.9.
[808] vgl. Röm 10, 17.
[809] vgl. Mt 11,5; 13,9.43; Mk 4,9.23; 7,16; Lk 8,8; 14,35.
[810] Bonhöffer, D.: *Nachfolge*, 35-36.

der 1949 geschriebenen Einleitung zu seiner Freiburger Antrittsvorlesung *Was ist Metaphysik*? aus dem Jahre 1929, die bezeichnenderweise „Rückgang in den Grund der Metaphysik" überschrieben ist, Descartes' Metapher der Philosophie als eines Baumes auf, dessen Wurzeln die Metaphysik, dessen Stamm die Physik und dessen Äste die einzelnen Wissenschaften sind. Und Heidegger ergänzt: Der Grund, der Boden, in dem die Wurzeln ihren Halt und der gesamte Baum seine Nahrung findet, ist die Wahrheit bzw. die Lichtung des Seins.[811] Gleichwohl wird diese nicht bedacht, weil die Wurzeln sich ganz auf den Stamm und die Äste ausrichten. Die Metaphorik des Spielraumes besagt zum einen, dass es sich nicht um einen linearen Kausalitätszusammenhang handelt; zum anderen steckt sie den Rahmen ab, worin das Entbergung-Verbergung-Spiel des Seienden stattfinden kann. Diesen Spielraum nennt Heidegger in *Sein und Zeit* Erschlossenheit und danach Offenheit des Seins.

Ähnlich wie Kant geht es Heidegger in seiner Grundlegung darum, notwendige Bedingungen der Möglichkeit aufzuweisen, mit dem Unterschied, dass es ihm nicht allein um erkenntnistheoretische Bedingungen der Möglichkeit, sondern um die ontologische Bedingung der Möglichkeit geht und darum dass diese nicht allein im transzendentalen Subjekt zu finden sind, sondern das vorgängige Verhältnis von Sein und Menschenwesen betreffen. Die Bedingung der Möglichkeit ist zwar ‚notwendiges' (*conditio sine qua non*), aber kein ‚hinreichendes' (*conditio sufficiens*) Kriterium der Erkenntnis. Es geht Heidegger aber nicht um Konstruktion, sondern vielmehr um Reduktion. Darin besteht der transzendentale Charakter seines Philosophierens.

Zwischen Bedingung und Bedingtem waltet die ontologische Differenz. Die Bedingung, die die Begegnung mit Seiendem möglich macht, ist nicht nochmals ein Seiendes, das neben anderen Seienden dem Menschen begegnen könnte. Das aus Bonaventura entnommene Motto des ersten Lehrbuchs der Ontologie, das der junge Heidegger gelesen hat, enthält die Lehre von der ontologischen Differenz:

---

[811] vgl. WiM-E; vgl. hierzu auch Wisser R.: „Martin Heideggers vierfältiges Fragen. Vor-läufiges anhand von ‚Was ist Metaphysik'?, in: ders. (Hg.): *Martin Heidegger - Unterwegs im Denken*, 15-49.

„Wie das Auge, wenn es sich den vielfältigen Unterschieden der Farben zuwendet, das Licht nicht sieht [...] so bemerkt auch das Auge des Geistes, wenn es sich auf die Seienden im Einzelnen und im Ganzen richtet, das Sein selbst [...] nicht [...] obgleich nur durch das Sein alles andere ihm begegnet [...] Das Auge des Geistes [...] hat den Eindruck, nichts zu sehen [...] ebenso wie der, der das reine Licht sieht, nichts zu sehen meint.“[812]

Mit anderen Worten: Das Sein erscheint dem Auge des Geistes wie das Nichts, weil es von allem Seienden verschieden ist. Aber es ist die Bedingung dafür, dass Seiendes diesem Auge des Geistes begegnen kann. Es ist nicht schwer, in dieser philosophischen Aussage des ersten Satzes im ersten philosophischen Buche, das der junge Heidegger gelesen hat, jenen Grundgedanken wiederzuerkennen, den Heidegger in seinem gesamten Denken nicht mehr preisgegeben hat: das SEIN, das alle Anwesenheit von Seiendem erst möglich macht, ist selbst kein Seiendes und wird daher vom menschlichen Geist als das Nichtseiende, das Nichts, erfahren. In dieses Nichts hinausgehalten, gewinnt der menschliche Geist erst die Fähigkeit, Seiendes als solches zu entdecken.

Heideggers Retranszendentalisierung der Philosophie bewahrt sie davor, zur bloßen Wissenschaftstheorie oder Sprachanalyse zu verkommen wie einige Philosophen des 20. Jahrhunderts es wünschten. Auf die Frage, was für die Philosophie noch zu tun bleibt, nachdem sich die Einzelwissenschaften neben ihr etabliert und die Aufgabe, die Welt zu erforschen, übernommen haben, antwortet Wittgenstein Folgendes: „Im Grunde nichts.“ Sie hat nur die Aufgabe, die Einsicht in die eigene Nichtsnutzigkeit zu vermitteln. Wittgenstein nimmt freilich an, dass nicht nur die professionellen Philosophen immer wieder in die Irre gehen, jeder Mensch schafft sich immer wieder philosophische Probleme und verheddert sich in ihnen. Aus diesem Grund kommt auch die philosophische Therapie niemals an ihr Ende. In einem unveröffentlichten Manuskript formuliert Wittgenstein die bloß negative Funktion der Philosophie mit aller Deutlichkeit:

---

[812] Bonaventura: *Itinerarium mentis in Deum*, V, 3; zitiert als Motto in Carl Braig: *Vom Sein. Abriß der Ontologie*, XXX.

„Philosophy is a tool which is useful only against philosophers und against the philosopher in us."[813]

Die Krise der Identität der Philosophie und ihre Aufgabe angesichts des Siegeszuges der empirischen Wissenschaften in 19. und 20. Jahrhundert bewog Heidegger zur Neugrundlegung der Philosophie. Für Heidegger ist die Philosophie weder zu den Naturwissenschaften noch zu den Geisteswissenschaften zuzurechnen. Des weiteren sei die Philosophie weder *ancilla scientiarum* noch Sprachanalyse. Sie ist eher die Seinsfrage und als solche Grundlagenforschung.[814] Das heißt: Sie erforscht den Grund, auf dem die Einzelwissenschaften enstehen können. Sie ist also die apriorische Voraussetzung der positiven Wissenschaften.

Heidegger selbst fasst sein gesamtes Denken folgendermaßen zusammen:

„Auf einen Stern zugehen, *nur dieses*. Denken ist die Einschränkung auf einen Gedanken, der einst wie ein Stern am Himmel der Welt stehen bleibt."[815]

Weil das Wahre Heraklit zufolge das Eine ist, ist Heideggers Denken ein henologisches Denken, d.h. Denken des Einen. Infolgedessen gilt meines Erachtens sein Denken als ein geistiger Kampf gegen alle Dualismen, sowohl die scheinbar selbstverständlichen Gegensätze wie Subjekt/Objekt, Gut/Böse, Leben/Tod, Richtigkeit/Falschheit, Theorie/Praxis als auch die metaphysischen Grunddisjunktionen wie Geist/Natur, Sein/Werden, Sein/Schein, Sein/Denken, Sein/Sollen etc. Es gilt die Verdoppelung der Philosophie in einer ‚ersten' und ‚zweiten', d.h. in theoretischer und praktischer Philosophie zu überwinden zu Gunsten des Grundgeschehens der Philosophie: der Wahrheit des Seins.

Zwischen dem ersten und dem zweiten Teil dieser Untersuchung gibt es sowohl Kontinuität als auch Wandel. Die Kontinuität liegt im Fundierungsdenken, das die ganze Arbeit wie ein roter Faden durchzieht und die beiden Teile zusammenhält; der Wandel hingegen liegt im Übergang von der Fundierung des Erkennens im Verstehen zur Fundierung des Erkennens im Logos. Dieser Übergang ist für Heidegger

---

813 Zitiert bei Kenny, A.: *The Legacy of Wittgenstein*, 48.

814 vgl. SZ § 3, 11.

815 AED 7.

keinesweg ein Fortschritt, sondern ein „Rück-schritt“, d.h. ein „Schritt zurück“ in den Grund aller Gründe.

8 Abkürzungsverzeichnis

AED	Aus der Erfahrung des Denkens
AZPh	Allgemeine Zeitschrift für Philosophie
DZPh	Deutsche Zeitschrift für Philosophie
EiM	Einführung in die Metaphysik
HS	Heidegger Studies
Hum	Über den Humanismus
GA	Gesamtausgabe
GMS	Grundlegung der Metaphysik der Sitten
ID	Identität und Differenz
IPQ	International Philosophical Quarterly
KPM	Kant und das Problem der Metaphysik
KpV	Kritik der praktischen Vernunft
KrV	Kritik der reinen Vernunft
KU	Kritik der Urteilskraft
LU	Logische Untersuchungen
PhJb	Philosophisches Jahrbuch
PhRd	Philosophische Rundschau
RM	The Review of Metaphysics
SG	Der Satz vom Grund

SZ	Sein und Zeit
ThPh	Theologie und Philosophie
US	Unterwegs zur Sprache
VA	Vorträge und Aufsätze
WG	Vom Wesen des Grundes
WiM	Was ist Metaphysik?
WiM-E	Was ist Metaphysik? Einleitung
WiM-N	Was ist Metaphysik? Nachwort
WuM	Wahrheit und Methode
WW	Vom Wesen der Wahrheit
ZphF	Zeitschrift für philosophische Forschung

9 Literaturverzeichnis

1 Quellenliteratur

1.1 Einzelschriften Heideggers chronologisch geordnet:

(1927) Sein und Zeit, Tübingen [17]1993.

(1929) Vom Wesen des Grundes, Frankfurt a.M. [8]1995.

(1929) Was ist Metaphysik?, Frankfurt a.M. [15]1998.

(1930) Vom Wesen der Wahrheit, Frankfurt a.M. [5]1967.

(1935/36) Die Frage nach dem Ding, Tübingen 1962.

(1946) Über den Humanismus, Frankfurt a.M. 1949.

(1947) Aus der Erfahrungen des Denkens, Pfullingen 1954.

(1952) Was heisst Denken?, Tübingen 1954.

(1953) Einführung in die Metaphysik, Tübingen [6]1998.

(1954) Vorträge und Aufsätze, Pfullingen 1954.

(1957) Identität und Differenz, Stuttgart [11]1999.

(1959) Unterwegs zur Sprache, Pfullingen 1959.

(1961) Nietzsche Bd. II, Pfullingen 1962.

(1967) Wegmarken, Frankfurt a.M. 1967.

(1969) Zur Sache den Denkens, Tübingen 1969.

1.2 Die Gesamtausgabe nach Bandzahl geordnet:

GA 1 Frühe Schriften (1912-1916), Hg.: Friedrich-Wilhelm von Herrmann, Frankfurt a.M. 1978.

GA 3 Kant und das Problem der Metaphysik. Hg.: Friedrich-Wilhelm von Herrmann, Frankfurt a.M. 1991.

GA 4 Erläuterungen zu Hölderlins Dichtung. Hg. Friedrich-Wilhelm von Herrmann, Frankfurt a.M. 1981.

GA 5 Holzwege. Hg.: Friedrich-Wilhelm von Herrmann, Frankfurt a.M. ^{2}2003.

GA 7 Vorträge und Aufsätze. Hg.: Friedrich-Wilhelm von Herrmann, Frankfurt a.M. 2000.

GA 9 Wegmarken. Hg.: Friedrich-Wilhelm von Herrmann, Frankfurt a.M. 1976.

GA 15 Seminare (1951-1973). Hg.: Curd Ochwadt, Frankfurt a.M. 1986.

GA 20 Prolegomena zur Geschichte des Zeitbegriffs. Marburger Vorlesung vom SS 1925, Hg.: Petra Jaeger, Frankfurt a.M. 1979.

GA 21 Logik. Die Frage nach der Wahrheit. Marburger Vorlesung vom WS 1925/26, Hg.: Walter Biemel, Frankfurt a.M. 1976.

GA 24 Die Grundprobleme der Phänomenologie. Marburger Vorlesung vom SS 1927, Hg.: Friedrich-Wilhelm von Herrmann, Frankfurt a.M. 1975.

GA 25 Phänomenologische Interpretation von Kants Kritik der reinen Vernunft. Marburger Vorlesung vom WS 1927/28, Hg.: Ingtraud Görland, Frankfurt a.M. ^{2}1987.

GA 26 Metaphysische Anfangsgründe der Logik im Ausgang von Leibniz. Marburger Vorlesung vom SS 1928, Hg.: Klaus Held, Frankfurt a.M. 1978.

GA 29/30 Die Grundbegriffe der Metaphysik. Welt-Endlichkeit-Einsamkeit. Freiburger Vorlesung vom WS 1929/30, Hg.: Friedrich-Wilhelm von Herrmann, Frankfurt a.M. 1983.

GA 31 Vom Wesen der menschlichen Freiheit. Einleitung in die Philosophie. Freiburger Vorlesung vom SS 1930, Hg.: Hartmut Tietjen, Frankfurt a.M. 1982.

GA 36/37 Sein und Wahrheit. 1. Die Grundfrage der Philosophie. Freiburger Vorlesung vom SS 1933, Hg.: Hartmut Tietjen, Frankfurt a.M. 2001.

GA 39 Hölderlins Hymnen „Germanien“ und „Der Rhein“. Freiburger Vorlesung vom WS 1934/35, Hg.: Susanne Ziegler, Frankfurt a.M. 1980.

GA 42 Schelling: Vom Wesen der menschlichen Freiheit (1809). Freiburger Vorlesung vom SS 1936, Hg.: Ingrid Schüßler, Frankfurt a.M. 1988.

GA 54 Parmenides. Freiburger Vorlesung vom WS 1942/43), Hg: Manfred S. Frings, Frankfurt a.M. 1982.

GA 56/57 Zur Bestimmung der Philosophie 1. Die Idee der Philosophie und das Weltanschauungsproblem. Freiburger Vorlesung vom Kriegsnotsemester 1919, Hg.: Bernd Heimbüchel, Frankfurt a.M. 1987.

GA 58 Grundprobleme der Phänomenologie. Freiburger Vorlesung vom WS 1919/20, Hg.: Hans-Helmuth Gander, Frankfurt a.M. 1992.

GA 59 Phänomenologie der Anschauung und des Ausdrucks. Theorie der philosophischen Begriffsbildung. Freiburger Vorlesung vom SS 1920, Hg.: Claudius Strube, Frankfurt a.M. 1993.

GA 60 Phänomenologie des religiösen Lebens 1. Einleitung in die Phänomenologie der Religion. Frühe Freiburger Vorlesung vom WS 1920/21, Hg.: Matthias Jung & Thomas Regehly, 2. Augustinus und der Neuplatonismus . Frühe Freiburger Vorlesung vom SS 1921, Hg. Claudius Strube, 3. Die philosophischen Grundlagen der mittelalterlichen Mystik. Ausarbeitung und Entwürfe zu einer nicht gehaltenen Vorlesung 1918/19, Hg.: ders, Frankfurt a.M. 1995.

GA 61 Phänomenologische Interpretation zu Aristoteles. Einführung in die phänomenologische Forschung. Freiburger Vorlesung vom WS 1921/22, Hg.: Walter Bröcker & Käte Bröcker-Oltmanns, Frankfurt a.M. 1985.

GA 63 Ontologie (Hermeneutik der Faktizität). Frühe Freiburger Vorlesung vom SS 1923, Hg. Käte Bröcker-Oltmanns, Frankfurt a.M. 1988.

GA 65 Beiträge zur Philosophie (Vom Ereignis). Hg.: Friedrich-Wilhelm von Herrmann, Frankfurt a.M. 1989.

2. Sekundärliteratur:

2.1 Hilfsmittel

Bast, Rainer & Delfosse, Heinrich: Handbuch zum Textstudium von Martin Heideggers ‚Sein und Zeit ‘, Stuttgart-Bad Cannstatt 1980.

Feick, Hildegard: Index zu Heideggers ‚Sein und Zeit ‘, Tübingen 1961.

Petkovšek, Robert: Heidegger Index (1919-1927), Ljubljana 1998.

Schöffer, Erasmus: Die Sprache Heideggers, Pfullingen 1962.

Heidegger Studien: seit 1985 in Berlin erscheinendes Periodikum, bringt u.a. Aufsätze zur Edition.

2.2 Wörterbuch/Lexikon

Audi, Robert (ed.): The Cambridge Dictionary of Philosophy, Cambridge University Press ^{2}1999.

Borsche, Tilman (Hg.): Klassiker der Sprachphilosophie, München 1996.

Brugger, Walter (Hg.): Philosophisches Wörterbuch, Freiburg im Breisgau ^{14}1976.

Drosdowski, Günther *et alii* (Hg.): Duden Bd. 5: Das Fremdwörterbuch, Mannheim 1990.

Grimm Deutsches Wörterbuch Bd. IV/I,1, Leipzig 1878.

Inwood, Michael: A Heidegger Dictionary, Blackwells 1999.

Kluge, Friedrich: Etymologisches Wörtebuch der deutschen Sprache, Berlin ^{20}1967.

Ritter, Joachim (Hg.): Historisches Wörterbuch der Philosophie Bd. 2, Basel 1972.

--: Historisches Wörterbuch der Philosophie Bd. 9, Basel 1972.

Vetter, Helmuth (Hg.): Wörterbuch der phänomenologischen Begriffe, Hamburg 2004.

2.3 *Allgemeine Literatur*

Adorno, Theodor W.: Jargon der Eigentlichkeit. Zur deutschen Ideologie, Frankfurt a.M. ^{3}1967.

Apel, Karl-Otto: Dasein und Erkennen. Eine erkenntnistheoretische Interpretation der Philosophie Martin Heideggers, Bonn (Diss.) 1949.

--: „Das Verstehen. Eine Problemgeschichte und Begriffsgeschichte", in: Archiv für Begriffsgeschichte 1 (1955) 142-199.

--: Transformation der Philosophie Bd. 1, Frankfurt a.M. 1976.

Aristoteles: Metaphysik, übers. v. H. Bonitz, Reinbek 1994.

--: Peri hermeneias, übers. u. erl. v. H. Weidemann, Berlin 1986.

Augustinus: Confessiones (Lateinisch-Deutsch), übers., eingel. und erl. v. Joseph Bernhart, München ^{2}1960.

Bäumer, Angelica & Benedikt, Michael (Hg.): Gelehrtenrepublik-Lebenswelt. Edmund Husserl und Alfred Schütz in der Krisis der phänomenologischen Bewegung, Wien 1990.

Bast, Rainer: Der Wissenschaftsbegriff Martin Heideggers im Zusammenhang seiner Philosophie, Stuttgart 1986.

Biemel, Walter: „Heideggers Begriff des Daseins", in Studia Catholica 24 (1949) 113-129.

--: Martin Heidegger in Selbstzeugnissen und Bilddokumenten, Hamburg 1983.

--: Gesammelte Schriften Bd. 1. Schriften zur Philosophie, Stuttgart 1996.

Blumenberg, Hans: „Licht als Metapher der Wahrheit", in: Studium Generale 7 (1956) 432-447.

Bock, Irmgard: Heideggers Sprachdenken, Meisenheim 1966.

Bollnow, Otto Friedrich: Das Verstehen. Drei Aufsätze zur Theorie der Geisteswissenschaften, Mainz 1949.

--: Philosophie der Erkenntnis, Stuttgart 1970.

Bonaventura: Itinerarium mentis in Deum, 1259-60.

Bonhoeffer, Dietrich: Nachfolge, München ^{11}1976.

Borghi, Maurizio: „Heidegger-Sprache-Übersetzung. Ein internationales Kolloquium in Lissabon", in: Heidegger Studies vol. 19 (2003) 179-183.

Boss, Medard: Grundriss der Medizin und der Psychologie, Bern ^{2}1975.

Braig, Carl: Vom Sein. Abriß der Ontologie, Freiburg 1896.

Brand, Gerd: „Husserls Lehre von der Wahrheit", in: Philosophische Rundschau 17 (1970) 57-94.

Brandner, Rudolf: Heidegger: Sein und Wissen. Eine Einführung in sein Denken, Wien 1993.

--: Warum Heidegger keine Ethik geschrieben hat, Wien 1992.

Brentano, Franz: Psychologie vom empirischen Standpunkt Bd. 1, Leipzig 1874.

Bretschneider, Willy: Sein und Wahrheit. Über die Zusammengehörigkeit von Sein und Wahrheit im Denken Martin Heideggers, Meisenheim am Glan 1965.

Camele, A.M.: „Heideggerian Ethics“, in: Philosophy Today 21 (1977) 284-293.

Caputo, John: „Husserl, Heidegger and the question of a hermeneutic phenomenology“, in: Husserl Studies 1 (1984) 157-178.

--: The Mystical Element in Heidegger's Thought, Ohio 1978.

--: Heidegger und Aquinas. An Essay on Overcoming Metaphysics, New York 1982.

Cohen, Herrmann: Logik der reinen Erkenntnis, Berlin ^{2}1914.

Coreth, Emerich *et alii*: Philosophie des 19. Jahrhunderts, Stuttgart ^{3}1997.

-- & Schöndorf, Harald: Philosophie des 17. und 18. Jahrhundert, Stuttgart ^{3}2000.

Dahlstrom, Daniel: „Heideggers method: philosophical concepts as formal indication“ in: The Review of Metaphysics 47 (1994) 775-795.

Descartes, René: Discours de la méthode (1637), übers. v. L. Gäbe, Hamburg 1997.

--: Meditationes de prima philosophia (1641), übers. v. L. Gäbe, Hamburg ^{3}1992.

--: Principia philosophiae (1646), übers. v. A. Buchenau, Hamburg ^{8}1992.

--: Regulae ad directionem ingenii, übers. v. H. Springmeyer, Hamburg 1973.

Dilthey, Wilhelm: „Beiträge zur Lösung der Frage vom Ursprung unseres Glaubens an die Realität der Außenwelt und seinem Recht", in: ders.: Gesammelte Schriften Bd. V, Stuttgart [7]1982.

--: „Der Aufbau der geschichtlichen Welt in den Geisteswissenschaften" in: ders.: Gesammelte Schriften Bd. VII, Göttingen/Stuttgart [2]1958.

Disse, Jörg: „Liebe und Erkenntnis", in: Münchner Theologische Zeitschrift 3 (1999) 215-227.

Dreyfus, Hubert L: Being-in-the-World. A Commentary on Heideggers Being and Time, div. 1, Massachusetts 1992.

Dreyfus, H.L. & Hall, Harrison (ed.): Heidegger: A Critical Reader, Cambridge 1992.

Droysen, Johann Gustav: Historik. Vorlesungen über Enzyklopädie und Methodologie der Geschichte, hrsg. v. R. Hübner, Darmstadt [4]1960.

Esterbauer, Reinhold (Hg.): Orte des Schönen, Würzburg 2003.

Fahrenbach, Helmut: Existenzphilosophie und Ethik, Frankfurt a.M. 1970.

Fehér, István M.: „Verstehen bei Heidegger und Gadamer", in: G. Figal & H.-H. Gander (Hg.): Dimension des Hermeneutischen Heidegger und Gadamer Schriftenreihe der Martin-Heidegger-Gesellschaft Bd. 7., 89-115.

Ferrari, Massimo: Categorie e a priori, Bologna 2003.

Fichte, J.G.: Sämtliche Werke Bd. 1, hrsg. v. I.H. Fichte, Leipzig 1834 f.

Figal, Günter: Martin Heidegger – Phänomenologie der Freiheit, Frankfurt a.M. 1988.

--: Heidegger zur Einführung, Hamburg 1992.

Fink-Eitel, Heinrich: „Die Philosophie der Stimmungen in Heideggers ‚Sein und Zeit '“, in: Allgemeine Zeitschrift für Philosophie 17 (3, 1992) 27-44.

Floris, Luciana: Lo specchio magico. Il tema della parola nel pensiero di Martin Heidegger, Cagliari 2004.

Forum für Philosophie Bad Homburg (Hg.): Martin Heidegger: Innen- und Außensichten, Frankfurt a.M. 1989.

Franzen, Winfried: Von der Existenzialontologie zur Seinsgeschichte. Eine Untersuchung über die Entwicklung der Philosophie Martin Heideggers, Meisenheim am Glan 1975.

--: Martin Heidegger, Stuttgart 1976.

Fürst, Maria *et alii* (Hg.): Mesotes, Supplementband: Martin Heidegger, Wien 1991.

Gadamer, Hans-Georg: Wahrheit und Methode. Grundzüge einer philosophischen Hermeneutik, Tübingen ^{2}1965.

-- (Hg.): Das Problem der Sprache, München 1967.

--: „Hermeneutik“, in: J. Ritter (Hg.): Historisches Wörterbuch der Philosophie Bd. III, 1061-1073.

--: Hegel, Husserl, Heidegger, Tübingen 1987.

--: Der Anfang der Philosophie, Stuttgart 1996.

--: Der Anfang des Wissens, Stuttgart 1999.

--: „Das Sein, das verstanden werden kann, ist Sprache“, Frankfurt a.M. 2001.

Gelven, Michael: A Commentary on Heidegger's Being and Time, Illinois 1989.

Gethmann, Carl Friedrich: Verstehen und Auslegung. Das Methodenproblem in der Philosophie Martin Heideggers, Bonn 1974.

--: Dasein: Erkennen und Handeln. Heidegger im phänomenologischen Kontext, Berlin 1993.

--: „Zu Heideggers Wahrheitsbegriff“, in: Kant-Studien 65 (1974) 186-200.

Gethmann-Siefert, Annemarie & Pöggeler, Otto (Hg.): Heidegger und die praktische Philosophie, Frankfurt a.M. 1988.

Grabmann, Martin: „Thomas von Erfurt und die Sprachlogik des mittelalterlichen Aristotelismus (1943)“, in: ders.: Gesammelte Akademieabhandlungen II, München 1979.

Grondin, Jean: Hermeneutische Wahrheit? Zum Wahrheitsbegriff Hans-Georg Gadamers, Weinheim ^{2}1994.

Guignon, Charles B.: Heidegger and the Problem of Knowledge, Indianapolis 1983.

-- (ed.): The Cambridge Companion to Heidegger, Cambridge University Press 1993.

Guilead, Reuben: Être et Liberté: une étude sur le dernier Heidegger, Louvain 1965.

Guzzoni, Ute: „Das Erstaunliche und die Philosophie“, in: Information Philosophie 2 (2001) 7-19.

Habermas, Jürgen: Erkenntnis und Interesse, Frankfurt a.M. 1968.

Haeffner, Gerd: Heideggers Begriff der Metaphysik, München ^{2}1981.

--: Philosophische Anthropologie, Stuttgart ^{3}2000.

--: „Denken am Ende der Metaphysik. Ein Rückblick auf das Werk Martin Heideggers“, in: Stimmen der Zeit 194 (1976) 517-529.

--: „Neue Literatur zur Problematik von ‚Sein und Zeit'“, in: Theologie und Philosophie 52 (1977) 408-428.

--: „Grammatik des Geistes. Zu Tugendhats Analyse des Selbstbewußtseins und der Selbstbestimmung“, in: Theologie und Philosophie 55 (1980), 250-259.

--: „Heidegger, Martin: *Beiträge zur Philosophie* (Gesamtausgabe, Bd. 65)“, in: Theologie und Philosophie 65 (1990) 448-450.

Halder, Alois (Hg.): Auf der Suche nach dem verborgenen Gott, Düsseldorf 1987.

Han, Byung-Chul: Heideggers Herz: Zum Begriff der Stimmung bei Martin Heidegger, München 1996.

Happel, Markus (Hg.): Heidegger – neu gelesen, Würzburg 1997.

Hartmann, Klaus: „The Logic of Deficient and Eminent Modes in Heidegger“, in: Journal of the British Society for Phenomenology 5 (1974) 118-134.

Hartmann, Nicolai: Grundzüge einer Metaphysik der Erkenntnis, Berlin 1925.

Hegel, G.W.F.: Werke in zwanzig Bänden, hrsg. von E. Moldenhauer & K.M. Michel, Frankfurt a.M. 1969 f.

--: Jenaer Schriften, Bd. 2.

--: Vorlesung über die Geschichte der Philosophie III, Bd. 20.

--: Phänomenologie des Geistes, hrsg. von H-F. Wessels & H. Clairmont, Hamburg 1988.

Herrmann, Friedrich-Wilhelm von: „Befindlichkeit und Verstehen in ihrer Stellung zur Seinsfrage. Eine Einleitung in das Denken von *Sein und Zeit*", in: Philosophische Perspektiven 5 (1973) 162-170.

--: Hermeneutische Phänomenologie des Daseins. Eine Eläuterung zu „Sein und Zeit" Bd. 1: „Einleitung: Die Exposition der Frage nach dem Sinn von Sein." Frankfurt a.M. 1987.

--: Weg und Methode. Zur hermeneutischen Phänomenologie des seinsgeschichtlichen Denkens, Frankfurt a.M. 1990.

--: Hermeneutik und Reflexion. Der Begriff der Phänomenologie bei Heidegger und Husserl, Frankfurt a.M. 2000.

--: Subjekt und Dasein. Grundbegriffe von ‚Sein und Zeit', Frankfurt a.M. [3]2003.

Höffe, Otfried (Hg.): Klassiker der Philosophie II, München 1981.

Husserl, Edmund: Logische Untersuchungen 2/1. Untersuchungen zur Phänomenologie und Theorie der Erkenntnis (Husserliana Bd. XIX,1), hrsg. v. Ursula Panzer, Den Haag 1984.

--: Logische Untersuchungen 2/2. Untersuchungen zur Phänomenologie und Theorie der Erkenntnis (Husserliana Bd. XIX, 2), hrsg. v. Ursula Panzer, Den Haag 1984.

--: Die Krisis der europäischen Wissenschaften und die transzendentale Phänomenologie. Eine Einleitung in die phänomenologische Philosophie (Husserliana Bd. VI), hrsg. v. W. Biemel, Den Haag 1954.

--: Ideen zu einer reinen Phänomenologie und phänomenologischen Philosophie. Erstes Buch. Allgemeine Einführung in die reine Phänomenologie (Husserliana Bd. III,1), hrsg. v. Karl Schuhmann, Den Haag, 1976

--: Cartesianische Meditationen und Pariser Vorträge (Husserliana Bd. 1), hrsg. v. S. Strasser, Den Haag 1950.

-- : Erfahrung und Urteil. Untersuchung zur Genealogie der Logik, hrsg. v. L. Landgrebe, Hamburg 1948.

Inwood, Michael: Heidegger, Freiburg 1999.

Jahraus, Oliver: Martin Heidegger. Eine Einführung, Stuttgart 2004.

Jamme, Christoph & Harries, Karsten (Hg.): Martin Heidegger: Kunst-Politik-Technik, München 1992.

Jonas, Hans: Zwischen Nichts und Ewigkeit. Zur Lehre vom Menschen, Göttingen ^{2}1987.

--: Philosophie. Rückschau und Vorschau am Ende des Jahrhunderts, Frankfurt a.M. 1993.

Kahn, Charles H.: The Verb 'Be' in Ancient Greek, Dordrecht 1973.

Kant, Immanuel: Kritik der reinen Vernunft, hrsg. v. Jens Timmermann, Hamburg 1998.

--: Kritik der praktischen Vernunft, hrsg. v. Horst D. Brandt & Heiner F. Klemme, Hamburg 2003.

--: Kritik der Urteilskraft, hrsg. v. Karl Vorländer, Hamburg ^{7}1990.

--: Grundlegung zur Metaphysik der Sitten (IV 385-463).

--: Anthropologie in pragmatischer Hinsicht (VII 117-334).

Kenny, Anthony: The Legacy of Wittgenstein, Oxford 1948.

Kettering, Emil: NÄHE. Das Denken Martin Heideggers, Pfullingen 1987.

Kierkegaard, Sören: Der Begriff der Angst, in: Gesammelte Werken, hrsg. v. Emanuel Hirsch, Düsseldorf/Köln 1950.

Kisiel, Theodore: The Genesis of Heidegger's Being and Time, Los Angeles 1993.

-- & van Buren, John (ed.): Reading Heidegger from the Start. Essays in His Earliest Thoughts, New York 1994.

Klostermann, Vittorio (Hg.): Durchblicke: Martin Heidegger zum 80. Geburtstag, Frankfurt a.M. 1970.

Kockelmans, Joseph: On Heidegger and Language, Evanston 1972.

--: On the Truth of Being. Reflections on Heidegger's Later Philosophy, Bloomington 1985.

--: (ed.): A Companion to Martin Heidegger's "Being and Time", Washington D.C. 1986.

Kremer, Klaus: „Zur ontologischen Differenz Plotin und Heidegger", in: Zeitschrift für philosophische Forschung 43 (1989) 673-694.

Kreiml, Josef: Zwei Auffassungen des Ethischen bei Heidegger: ein Vergleich von *Sein und Zeit* mit dem ‚Brief über den Humanismus', Regensburg 1987.

Kroug, Wolfgang: „Das Sein zum Tode bei Heidegger und die Probleme des Könnens und der Liebe, in: Zeitschrift für philosophische Forschung 7 (1953) 392-415.

Lee, Yu-Taek: Vom Seinkönnen zum Seinlassen. Heideggers Denken der Freiheit, Würzburg 2000.

Levitzky, Sergei A.: Die Tragödie der Freiheit, Sankt Augustin 1989.

Lochmar, Achim & Peucker, Henning (Hg.): Subjekt als Prinzip?, Würzburg 2004.

Luckner, Andreas: Martin Heidegger: „Sein und Zeit", München 1997.

Luther, Martin: Weimarer Ausgabe, ND 1966, Bd. 10, Abt. 3, 1 (Predigten des Jahres 1522: Acht Sermone, Predigt 90: Dominica Invocavit).

Macann, Christopher E.: Martin Heidegger: Critical Assessment vol. IV, London 1992.

Margreiter, Reinhard & Leidlmair, Karl (Hg.): Heidegger: Technik-Ethik-Politik, Würzburg 1991.

Marten, Rainer: Heidegger lesen, München 1991.

Marx, Werner: Gibt es auf Erden ein Maß? Grundbestimmungen einer nicht-metaphysischen Ethik, Hamburg 1983.

--: Die Phänomenologie Edmund Husserls, München ^{2}1987.

Merker, Barbara: Selbsttäuschung und Selbsterkenntnis. Zu Heideggers Transformation der Phänomenologie, Frankfurt a.M. 1988.

Mittelstrass, Jürgen: Über Philosophische Sprache (Bonner Philosophische Vorträge und Studien 11), Bonn 2000.

Müller, Max: Existenzphilosophie im geistigen Leben der Gegenwart, Heidelberg ^{3}1964.

Murray, Michael (ed.): Heidegger and Modern Philosophy: Critical Essays, New Haven 1978.

Oh, Hee Cheon: Martin Heidegger: Ontologische Differenz und der Anfang des Wissens, Frankfurt a.M. 2002.

Papenfuss, Dietrich & Pöggeler, Otto (Hg.): Zur philosophischen Aktualität Heideggers Bd.1, 2 & 3, Frankfurt a.M. 1991.

Patzig, Günther: Erklären und Verstehen, in: Neue Rundschau 84 (1973) 392-413.

Platons Dialoge, übers. u. erl. v. O. Apelt, Leipzig 1919 f.

Pocai, Romano: Heideggers Theorie der Befindlichkeit. Sein Denken zwischen 1927 und 1933 (Symposion Bd. 107), Freiburg/München 1996.

Pöggeler, Otto: Der Denkweg Martin Heideggers, Pfullingen ^{3}1990.

-- (Hg.): Heidegger Perspektive zur Deutung seines Werkes, Weinheim ^{3}1994.

--: „Heideggers Neubestimmung des Phänomenbegriffs", in: Phänomenologische Forschung 9 (1980) 124-162.

--: Neue Wege mit Heidegger, München 1992.

Praus, Gerold: Erkennen und Handeln in Heideggers „Sein und Zeit", Freiburg 1977.

Puntel, Lorenz B.: „Idee und Problematik einer formalen Semantik. Zu Tugendhats „Vorlesungen zur Einführung in die sprachanalytische Philosophie", in ZpF 31(1977) 413-427.

Rapp, Friedrich: „Ontologie ohne Ethik? Zur Klärung der Heidegger-Kontroverse", in: Zeitschrift für philosophische Forschung 43 (1989), 695-701.

Reid, James D.: „Ethical Criticism in Heidegger's Early Freiburg Lectures", in: The Review of Metaphysics 59 (2005) 33-71.

Rentsch, Thomas (Hg.): Martin Heidegger Sein und Zeit, Berlin 2001.

Richardson, John: Existential Epistemology, Oxford 1989.

Richardson, William James: Heidegger: Through Phenomenology to Thought, The Hague 1963.

--: „Heideggers Critique of Science", in: The New Scholasticism 42 (1968) 511-536.

Rickert, Heinrich: Die Grenzen der naturwissenschaftlichen Begriffsbildung Eine logische Einleitung in die historischen Wissenschaften, Tübingen ^{3}1921.

--: Der Gegenstand der Erkenntnis. Einführung in die Transzendentalphilosophie, Tübingen ^{6}1928.

Rohs, Peter: „Rezension von Gerold Prauss Erkennen und Handeln in Heideggers ‚Sein und Zeit '", in: Philosophisches Jahrbuch 85 (1978) 424-426.

Sartre, Jean-Paul: Das Sein und das Nichts. Versuch einer phänomenologischen Ontologie, Hamburg ^{4}1970.

Schaeffler, Richard: Frömmigkeit des Denkens? Martin Heidegger und die katholische Theologie, Darmstadt 1978.

Scheler, Marx: „Idealismus-Realismus", in: Philosophischer Anzeiger 2 (1927-1928) 255-324.

--: Liebe und Erkenntnis, München ^{2}1970.

--: Erkenntnis und Arbeit, Frankfurt a.M. 1977.

Schelling, F.W.J.: Sämtliche Werke14 Bde, hrsg. v. K.F.A. Schelling, Stuttgart 1856-62.

Schleiermacher, F.D.E: Hermeneutik, hrsg. v. H. Kimmerle, Heidelberg 1959.

Schmitt, Richard: Martin Heidegger on Being Human. An Introduction to Sein und Zeit, New York 1969.

Schramm, Alfred (Hg.): Philosophie in Österreich 1996, Wien 1996.

Schulz, Walter: Vernunft und Freiheit, Stuttgart 1981.

Sinn, Dieter: „Heideggers Spätphilosophie", in: Philosophische Rundschau 14 (1966/67) 81-182.

Spaemann, Robert: Moralische Grundbegriffe, München ^{2}1983.

Stevenson, Leslie: „Heidegger on Cartesian Scepticism“, in: British Journal for the History of Philosophy 1 (1993) 81-98.

Stünkel, Knut Martin: Formal anzeigendes Philosophieren. Heideggers Denken 1916-1976, Bielefeld (Diss.) 2002.

Tanzer, Mark Basil: „Heidegger on Being's Oldest Name: 'Τὸ Χρεών'“, in: Heidegger Studies vol. 15 (1999) 81-96.

Thomä, Dieter (Hg.): Heidegger-Handbuch, Stuttgart 2003.

Thomas von Aquin: Summa contra gentiles liber 1., übers., eingel. und erl. von Anton C. Pegis, Garden City, N.Y. 1955.

--: De veritate (Lateinisch-Deutsch), hrsg. v. Albert Zimmermann, Hamburg 1986.

--: Kommentar zum Johannesevangelium, 1269-72.

Thurnher, Rainer.: „Hermeneutik und Verstehen in Heideggers ‚Sein und Zeit '“, in: Salzburger Jahrbuch für Philosophie 28/29 (1983/84) 101-114.

--: „Heideggers ‚Sein und Zeit ' als philosophisches Programm“, in: Allgemeine Zeitschrift für Philosophie 11 (3, 1986) 29-51.

--: „Verstehen als Existenzial. Zur Bedeutung und Wirkungsgeschichte von Heideggers hermeneutischen Ansatz“, in: Scientia 18 (1989) 3-17.

--: „Gott und Ereignis - Heideggers Gegenparadigma zur Onto-Theologie“, in: Heidegger Studies vol. 8 (1992) 81-102.

--: Wandlungen der Seinsfrage. Zur Krisis im Denken Heideggers nach „Sein und Zeit“, Tübingen 1997.

Tietz, Udo: „Dasein-Mitsein-Sprache: Heideggers Auffassung über das ‚Wesen der Sprache' in ‚Sein und Zeit '", in: Deutsche Zeitschrift für Philosophie 38 (1990), 1152-1160.

Tugendhat, Ernst: Der Wahrheitsbegriff bei Husserl und Heidegger, Berlin 1967.

--: „Die Seinsfrage und ihre sprachliche Grundlegung", in: Philosophische Rundschau 24 (1977) 161-176.

--: Vorlesungen zur Einführung in die sprachanalytische Philosophie, Frankfurt a.M. 1976.

--: „Erschlossenheit, Erschließen", in: Historisches Wörterbuch der Philosophie Bd. II, 726.

--: Selbstbewußtsein und Selbstbestimmung, Frankfurt a.M 1979.

--: Aufsätze 1992-2000, Frankfurt a.M. 2001.

Valicella, William: „Kant, Heidegger and the Problem of the Thing in Itself", in: International Philosophical Quarterly 23 (1983) 35-43.

Vetter, Helmut (Hg.): Siebzig Jahre *Sein und Zeit*. Wiener Tagungen zur Phänomenologie 1997, Frankfurt a.M. 1999.

-- *et alii* (Hg.): Verantwortung: Beiträge zur praktischen Philosophie, Wien 1987.

-- & Flatscher, Matthias (Hg.): Hermeneutische Phänomenologie - phänomenologische Hermeneutik, Frankfurt a.M. 2005.

Vigo, Alejandro G.: „Welt als Phänomen. Methodische Aspekte in Heideggers Welt-Analyse in Sein und Zeit", in: Heidegger-Studies 15 (1999) 37-65.

Vogel, Lawrence: The Fragile „We". Ethical Implications of Heidegger's „Being and Time", Illionis 1994.

Weiland, René (Hg.): Philosophische Anthropologie der Moderne, Weinheim 1995.

Willer, Malte: „Der Wahrheitsbegriff in Martin Heideggers *Sein und Zeit*. Versuch einer Neubeleuchtung", in: Philosophisches Jahrbuch 113 (2006) 78-98.

Wisser, Richard (Hg.): Martin Heidegger - Unterwegs im Denken, Freiburg/München 1987.

Wittgenstein, Ludwig: Philosophische Untersuchungen, in: Ludwig Wittgenstein Schriften Bd. 1, Frankfurt a.M. 1969.

--: Tractatus logico-philosophicus. Logisch-philosophische Abhandlung, in: Ludwig Wittgenstein Bd. 1, Frankfurt a.M. 1969.

Wuchterl, Kurt: Bausteine zu einer Geschichte der Philosophie des 20. Jahrhunderts, Stuttgart 19

10 Personenregister

A

B

C

D

E

F

G

P

R

S

T

V

W

Z

11 Sachregister

A

B

C

D

E

I

K

L

M

N

O

P

R

S

T

U

V

W

Z

FSC
www.fsc.org
MIX
Papier | Fördert
gute Waldnutzung
FSC® C083411

Kolibri 360 GmbH
Ferdinand-Jühlke-Straße 7
99095 Erfurt, Deutschland
produktsicherheit@kolibri360.de

Druck:
CPI Druckdienstleistungen GmbH
im Auftrag der
Kolibri 360 GmbH
Ferdinand-Jühlke-Str. 7
99095 Erfurt